Sabine Kaufmann

Handbuch für die frühe mathematische Bildung

Schroedel

Bildquellenverzeichnis

63.1: AKG, Berlin
63.3: mauritius images
Alle anderen Fotos: Sabine Kaufmann

Druck A^2 / Jahr 2011

Redaktion: Petra Hartisch
Herstellung: Gundula Wanjek-Binder, Hannover
Illustrationen: Hela Woernle
Satz und technische Umsetzung: media service schmidt, Hildesheim
Druck und Bindung: westermann druck GmbH, Braunschweig

ISBN 978-3-507-**34065**-7

Inhaltsverzeichnis

Vorwort

Obwohl sich bereits 1971 der Deutsche Bildungsrat für einen Ausbau des Elementarbereichs ausgesprochen hat, ist diesbezüglich erst in den letzten Jahren, auch durch die inzwischen in allen Bundesländern formulierten Bildungs- bzw. Orientierungspläne, Bewegung in die Landschaft der Kindertagesstätten gekommen.
Erkenntnisse aus der neurowissenschaftlichen und entwicklungspsychologischen Forschung, international geführte Diskussionen über frühkindliche Förderung und nicht zuletzt die Ergebnisse der TIMS- und PISA- Studien haben dazu geführt, über neue Konzepte für die pädagogische Erziehungs- und Bildungsarbeit im vorschulischen Bereich und deren Verzahnung mit dem Primarbereich nachzudenken.

Wenngleich vieles in den Orientierungsplänen Beschriebene in manchen Einrichtungen bereits zuvor Standard war, so erhielt es erst mit den Orientierungsplänen Verbindlichkeit. Dadurch wurden die Kindertagesstätten als Orte frühkindlicher Bildung erheblich gestärkt und als Teil des Bildungssystems ernst genommen.
Allerdings darf nicht unerwähnt bleiben, dass zwischen Theorie und Praxis, zwischen Soll- und Ist-Zustand vielerorts noch eine erhebliche Diskrepanz besteht. Sicherlich sind es auch finanzielle Gründe in den einzelnen Bundesländern, die die Umsetzung behindern: Kleinere Gruppen, eine erweiterte Erzieherinnenausbildung und Fortbildungen für die praktizierenden Erzieherinnen, gesicherte Vor- und Nachbereitungszeiten sind Voraussetzung für eine erfolgreiche Praxis.

Nun gehört die Mathematik nicht zu denjenigen Feldern, in denen die Kindergärten sich bislang besonders stark betätigten. Insbesondere in diesem Bereich werden immer wieder Befürchtungen laut, dass die Kindertagesstätten zur Vorbereitungsinstanz für die Grundschule würden, Grundschulinhalte vorweggenommen, der Alltag der Kinder verschult würde. Die Angst vor Verschulung führt häufig dazu, dass viele Erzieherinnen zwar einer ganzheitlichen Förderung basaler Kompetenzen aufgeschlossen gegenüber stehen, strukturierte, inhaltsbezogene Angebote jedoch eher abgelehnt werden. Viele grundlegende Fähigkeiten entwickeln sich jedoch nicht von selbst, sondern bedürfen der Anregung und Förderung durch gezielte Angebote.
Damit individuelle Lernprozesse von Anfang an unterstützt werden können, muss die künstliche Trennung in Altersstufen und in für die verschiedenen Einrichtungen vorgesehene Inhalte aufgehoben werden. Die Kindheit muss als gesamte Lebensphase und in gemeinsamer Verantwortung der Elementar- und Primarpädagogen und -pädagoginnen für den Entwicklungs-, Lern- und Bildungsweg in den Blick genommen werden. Dabei wird eine klassische Schuldidaktik mit unterrichtsorientierten Lernformen im Kindergarten selbstverständlich nicht angestrebt.
Vielmehr soll es darum gehen, geeignete Arrangements bereitzustellen, um die Neugier und das Interesse der Kinder zu wecken, ihnen Raum zu geben für eigene Entdeckungen.
Um dabei tatsächlich eine individuelle Förderung zu gewährleisten, ist es notwendig, durch genaue Beobachtung die Entwicklung des einzelnen Kindes stets im Blick zu haben. Dadurch erhält die Erzieherin auch Hinweise, welche Interventionen und Hilfen eventuell notwendig sind, um jedem Kind einen bestmöglichen Schulstart und von Anfang an eine möglichst gute schulische Lernbiographie in Mathematik zu ermöglichen. Dies scheint vor allem deshalb wichtig, weil Untersuchungen gezeigt haben, dass die im Zusammenhang mit der Mathematik stehenden Kenntnisse der Kinder bei Schuleintritt einen entscheidenden Einfluss auf ihre späteren schulischen Leistungen in Mathematik haben.

Das Handbuch gliedert sich in drei Hauptabschnitte. Im ersten Abschnitt geht es vor allem um Aspekte, die die Bedeutsamkeit und Notwendigkeit vorschulischer mathematischer Bildung begründen. Der zweite Abschnitt widmet sich schwerpunktmäßig der Art und Weise wie mathematische Lernprozesse initiiert werden können. Im letzten, umfangreichsten Abschnitt werden verschiedene inhaltliche Bereiche erläutert und mit Beispielen für die praktische Arbeit ergänzt. Die Einteilung in inhaltliche Bereiche wurde hier gewählt, um zum einen eine bessere Lesbarkeit und eine höhere Systematik zu gewährleisten, zum anderen, um die angestrebte institutionenübergreifende Kontinuität im Bildungsverlauf zu betonen. Selbstverständlich bestehen zwischen den Bereichen zahlreiche Querverbindungen. Durch die ausführliche Darstellung der verschiedenen mathematischen Bereiche im dritten Abschnitt wird deutlich, dass sich frühe mathematische Bildung nicht auf Mengen und Zahlen beschränkt, wenngleich sich der erste Abschnitt schwerpunktmäßig darauf bezieht. Dies liegt darin begründet, dass das Rechnen traditionell im Mathematikunterricht der Grundschule eine zentrale Rolle einnimmt und auch in der Forschung bezüglich der Entwicklung des mathematischen Denkens vor allem die Entwicklung des Zahlbegriffs und der Rechenkompetenzen in den Blick genommen werden.

Zu den verwendeten Begriffen:
- Im Handbuch werden die Begriffe *Kindertagesstätte* und *Kindergarten* synonym benutzt für Einrichtungen für Kinder über 3 Jahren.
- Während der Begriff *Förderung* im Alltagswortschatz häufig für Interventionen bei sichtbaren oder drohenden Defiziten verwendet wird, bedeutet Förderung im Sinne des Handbuchs die bestmögliche Unterstützung eines jeden Kindes bei seinen individuellen Lernprozessen. Das bedeutet, dass es durchaus auch Fördermaßnahmen für Kinder geben kann und muss, die in ihrer Entwicklung ihren Altersgenossen weit voraus sind.
- *Elementarpädagoge, Kindergärtner, Erzieher:* Im Handbuch wird in der Regel die Berufsbezeichnung Erzieher gewählt. Da die überwiegende Zahl der Erzieher Frauen sind, wird die weibliche Form verwendet, die selbstverständlich alle männlichen Erzieher einschließt.

Besonderer Dank
gilt den Fachkräften und Kindern des Kindergartens „Sternschnuppe“ in Schatthausen, die die Erprobung sowie die zahlreichen Fotos ermöglicht haben.

Fotos:
Werner Breunig
Sabine Kaufmann
Tim Strübig

Maren Bernauer
Andrea Hartmann
Franziska Heinemann
Lena Hinterschuster
Ann-Marie Straulino

1. Die Bedeutsamkeit früher mathematischer Bildung

Neben neueren entwicklungs- und lernpsychologischen Erkenntnissen (Kap. 1.3/1.4), solchen aus der Hirnforschung (1.2) und Ergebnissen aus der Bildungsforschung, die Zusammenhänge zwischen individuellen Vorkenntnissen und schulischer Leistung aufzeigen konnten (Kap. 1.5), waren es nicht zuletzt auch die Ergebnisse der internationalen Vergleichsuntersuchungen, die dazu beigetragen haben, dass der Elementarbereich in den Fokus der bildungspolitischen Diskussion gerückt ist (Kap. 1.1): Die besten Ergebnisse werden dort erzielt, wo bereits bei der vorschulischen Arbeit neue pädagogische, psychologische und neurologische Erkenntnisse berücksichtigt werden. Speziell für den mathematischen Bereich konnte in der zweiten Pisa-Erhebung ein Zusammenhang zwischen der mathematischen Kompetenz der 15-Jährigen und der Dauer des Kindergartenbesuchs nachgewiesen werden. Zwar wurde der Beitrag zur Vorhersage als gering, jedoch als durchaus nennenswert beurteilt (Prenzel u. a. 2004).

1.1 Der Bildungsauftrag des Kindergartens

Nicht erst seit dem 21. Jahrhundert wird dem Kindergarten neben der Erziehungs- und Betreuungsfunktion auch eine Bildungsfunktion zugeschrieben. In den Beschlüssen der Jugendministerkonferenz im Jahr 2002 wurden die Träger jedoch aufgefordert, den Bildungsauftrag in der Kindertagesbetreuung zu intensivieren, im Rahmen ihrer Möglichkeiten konsequent umzusetzen und neue Wege der Gestaltung von Bildungsprozessen zu initiieren. Die Kindertagesstätten wurden in die Pflicht genommen, die Kinder nach ihren individuellen Fähigkeiten zu fördern und das Lernen frühzeitiger anzusetzen. Ohne dies zu präzisieren wurde allgemein gefordert: „Kindertagesstätten sind nicht allein als Spielraum zu verstehen, sondern müssen sich auch der Bildung im ganzheitlichen Sinne widmen“ (Jugendministerkonferenz 2002).
Im Jahr 2004 verständigten sich die Jugendminister der Länder dann auf einen gemeinsamen Rahmen für die frühe Bildung in Kindertageseinrichtungen (Jugendministerkonferenz 2004). Es wurde betont, dass die Kindertageseinrichtungen zwar Bildungsinstitutionen mit eigenem Profil sind, dass jedoch Wert auf die Anschlussfähigkeit des in ihnen erworbenen Wissens und der erlernten Fähigkeiten und Fertigkeiten an die Grundschule zu legen ist. Die Länder wurden aufgefordert, den Rahmenplan auf Landesebene zu konkretisieren, auszufüllen und zu erweitern. Eine Fächerorientierung oder Orientierung an Wissenschaftsdisziplinen wurde zwar abgelehnt, es wurden jedoch sechs Bildungsbereiche benannt, die gefördert werden sollten. Bezüglich der Mathematik wurde vorgegeben, dass die Kinder den „entwicklungsgemäßen Umgang mit Zahlen, Mengen und geometrischen Formen, mathematische Vorläuferkenntnisse und -fähigkeiten“ erwerben sollen.
Infolge dieser Beschlüsse entstanden in allen Bundesländern Papiere, deren verschiedene Benennungen (Bildungsplan, Orientierungsplan, Rahmenplan, Bildungsprogramm, Grundsätze für die Bildungsarbeit, Bildungsempfehlungen, Bildungsvereinbarungen ...) bereits darauf hinweisen, dass diese bezüglich Inhalt, Zielformulierungen, Hinweisen für die praktische Umsetzung, Umfang und Verbindlichkeit recht uneinheitlich ausfielen. Zwar erwähnen alle Bildungspläne die Mathematik als Bildungsbereich, die Ausführungen fielen jedoch recht unterschiedlich aus. Hinweise darauf, welche Kompetenzbereiche zur mathematischen Bildung zählen, fehlen teilweise ganz oder sind sehr knapp gehalten. In manchen Landesplänen wird hingegen ein umfassendes Verständnis von mathematischer Bildung aufgezeigt.
2008 stellte die Jugendministerkonferenz fest, dass es gilt, die Bildungspläne inhaltlich weiterzuentwickeln.

Zur Geschichte

Der Gedanke, den Kindergärten eine Bildungsfunktion zuzuweisen, ist keine Idee des 21. Jahrhunderts; auch die mathematische Bildung wurde bereits viel früher in den Blick genommen. Allerdings sind in der Geschichte des Kindergartens immer wieder widerstreitende Konzepte erkennbar, die einmal mehr die Kindorientierung oder die Fachorientierung betonten.

Bereits zu Beginn des 19. Jahrhunderts entstanden in Deutschland erste Einrichtungen zur Betreuung von Kleinkindern, da die veränderten wirtschaftlichen und sozialen Verhältnisse im Zuge der Industrialisierung eine Betreuung der Kleinkinder außerhalb der Familie notwendig machten. Diese Kinderbewahranstalten hatten jedoch vorrangig die Aufgabe, die Kinder aus der Industriearbeiterschaft vor Verwahrlosung zu bewahren, wenn die Eltern tagsüber arbeiteten. Die Beaufsichtigung der Kinder stand in diesen Einrichtungen im Vordergrund.

Wichtige Impulse erhielt die Kindergartenpädagogik dann von Friedrich Fröbel, der 1840 den ersten „Kindergarten" gründete. Im Kindergarten sollte eine Atmosphäre geschaffen werden, in der die Kinder sich – wie Blumen in einem Garten – frei entwickeln können. Seine Ideen wurden von den zahlreichen Vertretern der Fröbel-Bewegung weiter getragen, so dass diese in den Kindergärten des 19. Jahrhunderts, die vor allem von konfessionellen Trägern unterhalten wurden, eine große Verbreitung erfuhren. Fröbel sah die Aufgabe des Kindergartens in der Sinnesschulung, der Ausbildung des Verstandes, der motorischen Förderung, der Persönlichkeitsentwicklung und der Vorbereitung auf die Schule. Schon im 19. Jahrhundert plädierte Fröbel dafür, den Kindergarten als erste Stufe des allgemeinen Bildungssystems zu sehen. Mit seinen „Spielgaben" stellte er Elemente mathematischer Bildung in den Mittelpunkt seines Konzepts (Berger nach Gasteiger 2010). Die Spielgaben sind geometrische Körper mit spezifischen Eigenschaften (Kugel, Walze, Würfel aus acht kleineren Würfeln, Würfel aus acht Quadern, Würfel aus Würfeln und Quadern). Zu diesen Spielgaben machte Fröbel auch inhaltliche Vorschläge: Elementare Erfahrungen zu den Eigenschaften sollen gemacht und auf andere Gegenstände übertragen werden, mit den Einzelteilen sollen Gegenstände gebaut und nachgebaut werden, Bauwerke verändert, Muster gelegt und mathematische Erkenntnisse über die Eigenschaften der verschiedenen Körper, aber auch über Zahlbeziehungen, beispielsweise durch verschiedene Teilungshandlungen am Würfel, gesammelt werden (Gasteiger 2010). Fröbels Theorie des Lernens durch Spielgaben ist jedoch immer eingebettet in ganzheitliche Überlegungen. Gasteiger vermutet, dass dies der Grund dafür war, dass der mathematische Gehalt von Fröbels Gedankengut vielfach nicht gesehen wurde.

Ab Beginn des 20. Jahrhunderts prägte das Gedankengut der reformpädagogischen Bewegung die Kindergärten. Vor allem von Maria Montessori kamen wesentliche Anstöße zur Erziehung von Vorschulkindern und auch zur Ausbildung von Kindergärtnerinnen. Die Erziehung zur selbstständigen und freien Persönlichkeit steht im Vordergrund; selbstständiges, forschendes Lernen soll erlernt werden. Das von Maria Montessori entwickelte Material ist daher so konzipiert, dass die Kinder zu spontaner Aktivität angeregt werden und umfasst verschiedene Kategorien. Neben dem Sinnesmaterial, dem Material für die Übungen des praktischen Lebens und dem sprachlichen Material, entwickelte sie auch zahlreiche mathematische Materialien (z. B. Zahlenrolle, numerische Stangen, Zahlenkarten und konstruktive Dreiecke), die bereits im Elementarbereich die selbsttätige Auseinandersetzung mit Zahlen, Mengen, Größen, Mustern, Raum und Form anregen sollen.

In der Weimarer Republik wurde dem Kindergarten dann ein für die Grundschule grundlegender Bildungsauftrag zugesprochen, allerdings nur für die Kinder, deren Eltern diesen nicht erfüllen konnten (Hoffmann 1971).

Mit Beginn der nationalsozialistischen Herrschaft wurden ab 1933 die reformpädagogischen Ansätze in Deutschland niedergeschlagen. Es wurde versucht, die Einrichtungen in freier Trägerschaft der staatlichen Kontrolle zu unterwerfen. Die Erziehung zu Gehorsam und blindem Gefolgschaftsdenken, Gesundheitserziehung, Gymnastik und Sport standen fortan im Vordergrund. Eine weitergehende Bildungsfunktion wurde den Kindergärten abgesprochen.

Nach Kriegsende entwickelten sich die Kindergärten in Ost- und Westdeutschland in unterschiedlicher Weise. In der DDR entstand ein flächendeckendes Angebot an staatlichen Einrichtungen, um den Einbezug der Frauen in den Arbeitsmarkt zu ermöglichen. Zentrale Bildungs- und Entwicklungspläne regelten die Arbeit in den Kindergärten. Der Kindergarten galt in der DDR als Eingangstufe des schulischen Bildungswesens. Nach 1990 wurden die Bildungspläne abgeschafft, die Kindergärten den Maßgaben der westlichen Bundesländer angepasst.

In den westlichen Bundesländern hingegen wurde die vorschulische Bildung, Erziehung und Betreuung nach Kriegsende zunächst primär in die Verantwortung der Familien gestellt. Die Kindergärten wurden lediglich als Noteinrichtungen gesehen, sofern die Familien die Betreuung der Kinder nicht gewährleisten konnten. Vor allem die freien Wohlfahrtsverbände widmeten sich dieser Aufgabe, konnten jedoch aufgrund geringer staatlicher Unterstützung, Personalmangels und hoher Kinderzahlen wenig pädagogische Arbeit leisten.

In Folge des „Sputnikschocks" (1957) wurde im Westen die große Bedeutung der Bildung erkannt. Das gesamte Bildungssystem sollte neu überdacht werden, um bei der expandierenden Wirtschaftslage international wettbewerbsfähig zu bleiben. Das Potential des Kindergartens wurde entdeckt. Die frühkindlichen Bildungschancen sollten genutzt, durch entwicklungsgemäße Anregungen sollten die Kinder bereits früh auf die neuen Erfordernisse vorbereitet werden. Es entwickelte sich eine Diskussion um Chancengleichheit, kompensatorische Erziehung und die Veränderung der curricularen Ansätze.
Der funktionsorientierte Ansatz ging davon aus, dass dem Erlernen aller schulischen Inhalte, allgemeine, nichtfachliche psychische Funktionen zugrunde liegen, die im Kindergarten gefördert werden sollten. Der disziplinorientierte Ansatz hingegen orientierte sich an der Propädeutik der Schulfächer.
Zudem stützten neue lerntheoretische Erkenntnisse diese Überlegungen, so dass der Strukturplan für das Bildungswesen von 1970 vorsah, den Kindergarten zum Elementarbereich des Bildungswesens auszubauen. „Neu ist, dass sich heute, aufgrund einer neuen Einschätzung der Lernfähigkeit des Kindes, der pädagogische Ansatz der Förderung schwerpunkthaft vom Reifevorgang auf das Lernen verlagert hat. So bekommen Lernaktivitäten ein größeres Gewicht, die auch Kindern mehr Freude machen" (Deutscher Bildungsrat 1970).
Gleichzeitig wurde vorgeschlagen, die Kinder ab fünf Jahren in Vorklassen zusammenzufassen, um eine stärkere schulbezogene Förderung zu ermöglichen. Durch die Zusammenarbeit von Grundschullehrerinnen, Erzieherinnen und Sozialpädagogen in dieser Eingangsstufe sollte eine Verzahnung von Grundschule und Kindergarten erreicht werden. Die Vorschläge zur Eingangsstufe konnten sich jedoch nicht durchsetzen.

In Folge des Strukturplans entstand eine Vielzahl von unterschiedlichen Entwürfen und Empfehlungen zur Vorschulerziehung, die die Praxis mehr oder weniger beeinflussten: Wissenschaftsorientierte Ansätze, die Grundlehrgänge für Sprache, Mathematik und Naturwissenschaften empfahlen und funktionsorientierte Ansätze, die darauf abzielten, dass die Kinder spezielle Fähigkeiten, Qualifikationen und Verhaltensweisen erwerben sollten, führten vielerorts zu einer Verschulung des Kindergartens. Bezüglich der mathematischen Bildung beeinflussten vor allem Piagets Untersuchungen die Kindergärten: Mathematische Bildung wurde angestrebt, allerdings wurden Zahlen wenig oder gar nicht thematisiert. Stattdessen sollte logisches Denken mittels Aufgabenstellungen zum Klassifizieren, Ordnen, Vergleichen, zur Mengeninvarianz und zur Seriation gefördert werden, da nach Piaget diese sogenannten pränumerischen Fähigkeiten Voraussetzung für den Zahlbegriffserwerb darstellen. Eine Verbreitung der Ergebnisse aus den Erprobungsprogrammen erfolgte nicht, und so wurde nach 1978 die „hohe Theorie der Curriculumsdiskussion" durch die „einfache Theorie der Praxis" abgelöst (Roux). Roux sieht die Gründe hierfür vor allem darin, dass die Leitziele und Ideen der Reform sich für die Praktiker als zu abstrakt und anspruchsvoll erwiesen und auch die Fachschulen nicht in die Diskussion einbezogen wurden. Es erfolgte wieder eine Hinwendung zu Aspekten der ganzheitlichen Pädagogik. Der Situationsansatz forderte, den Bezug zu den Lebenssituationen der Kinder und das Lernen in Erfahrungszusammenhängen in den Vordergrund zu stellen.

In den 1990er Jahren wurde dann vor allem das im internationalen Vergleich recht hohe Einschulungsalter und die hohen Zurückstellungsraten diskutiert. Allerdings stand in diesem Zusammenhang nicht mehr die in den 1970er Jahren angedachte engere Verzahnung von Kindergarten und Grundschule im Fokus, vielmehr sollte eine Neugestaltung der ersten beiden Grundschuljahre erfolgen, um Rückstellungen und Selektion zu reduzieren. Unterschiedliche Verweildauer in den Eingangsklassen, Jahrgangsmischung, differenzierte und individualisierte Gestaltung des Anfangsunterrichts, neue Lernformen, Beobachtung und Förderung standen im Vordergrund der Bildungsdebatte. Für den Kindergarten blieb die kognitive Förderung im Hintergrund.

Erst Anfang des 21. Jahrhunderts geriet der Bildungsaspekt und damit auch die mathematische Förderung im Elementarbereich durch die PISA-Ergebnisse und neue Forschungsergebnisse erneut in den Fokus des staatlichen und wissenschaftlichen Interesses. Die ab Mitte der 1980er Jahre erfolgte Entwicklung des Mathematikunterrichts in der Grundschule, nahm auch auf den vorschulischen Bereich Einfluss: Mathematiklernen wird als konstruktiver Prozess beschrieben und das entdeckende Lernen als Unterrichtsprinzip formuliert. Anwendungsorientierung und Strukturorientierung werden als gleichberechtigte Ziele anerkannt und mathematische Aktivitäten, wie entdecken, beschreiben und begründen, erhalten als allgemeine Kompetenzen gleiche Bedeutsamkeit wie inhaltliche Kompetenzen.
Entsprechend der Veränderungen des Kindergartens hat sich auch die Erzieherausbildung im Laufe der Zeit verändert.
Da die Betreuerinnen in den Bewahranstalten des frühen 19. Jahrhunderts lediglich die Aufgabe der Beaufsichtigung von Kindern erfüllen sollten, bestand kein Anlass für eine institutionalisierte Ausbildung der Betreuungspersonen. Erst als in Folge des Wandels der gesellschaftlichen und ökonomischen Verhältnisse sich das Ziel der Kleinkinderziehung änderte und neben der Verwahrung auch körperliche, geistige und seelische Vorbereitung auf die Schule und die Bedingungen der Arbeitswelt angestrebt wurde, wurde auch die Frage nach der Ausbildung aktuell.

Die ersten Ausbildungsstätten für pädagogische Fachkräfte wurden 1836 von Fliedner („Seminar für Kleinkinderlehrerinnen") und 1849 von Fröbel („Anstalt für allseitige Lebenseignung durch entwickelnd-erziehende Menschenbildung) gegründet. Neben der einjährigen Ausbildung in theoretischen und praxisbezogenen Unterrichtsfächern wie Pädagogik, Religion, Geschichte, Menschenkunde, Singen und Zeichnen wurden von Fröbel auch berufsbegleitende Seminare und Fortbildungen angeboten.

1908 wurde dann die Kindergärtnerinnenausbildung im Rahmen der Neuordnung des Mädchenschulwesens staatlich geregelt. Ein einjähriger Fachkurs an einer allgemeinen Frauenschule bereitete die künftigen Kindergärtnerinnen auf ihre Arbeit vor. 1928 wurde dann eine zweijährige Ausbildung für Hortnerinnen und Kindergärtnerinnen eingeführt, an die die einzelnen Bundesländer nach dem zweiten Weltkrieg, währenddessen die Ausbildung an den Zwecken des nationalsozialistischen Regimes orientiert war, im Wesentlichen anknüpften. Die Rahmenvereinbarungen der Kultusministerkonferenz von 1967, die in allen Bundesländern eine dreijährige Ausbildung zum „Staatlich anerkannten Erzieher" an Fachschulen vorsah, wurde in den Folgejahren in den Ländern verschiedentlich umgesetzt. 1982 trat die „Rahmenvereinbarung über die Ausbildung und Prüfung von Erziehern/Erzieherinnen" in Kraft, die die inzwischen stark auseinander entwickelten Ausbildungsordnungen wieder mehr vereinheitlichen sollten (Nagel 2000). Diese Vereinbarungen bezogen sich, genauso wie die Beschlüsse der Jugendminister- und Kultusministerkonferenz der folgenden Jahre, vor allem auf die Binnenstruktur der Ausbildung. Das Grundkonzept, fachtheoretische Ausbildung an Fachschulen und fachpraktische Ausbildung, blieb erhalten.

Seit Beginn des 21. Jahrhunderts, als Universitäten und Fachhochschulen begannen, Diplom-Studiengänge auf Bachelor-/Master-Studiengänge umzustellen, sind etliche Bachelor- und auch Master-Studiengänge für die Pädagogik der frühen Kindheit eingerichtet worden oder sind in Planung. 2005 stellt die Jugendministerkonferenz fest, „dass die akademischen Aus-, Fort- und Weiterbildungsangebote durch die Länder und die Träger ausgeweitet werden". Gleichzeitig wird jedoch davon ausgegangen, „dass die Fachschulbzw. Fachakademieausbildung noch für viele Jahre vorherrschend sein wird".

1.2 Erkenntnisse aus der Hirnforschung

Das Gehirn besteht bereits bei der Geburt aus etwa 100 Millarden Nervenzellen. Wenngleich schon zu diesem Zeitpunkt viele Verbindungen vorhanden sind, ist das Gehirn durch unzureichende Verbindungen noch unvollkommen. Klatte (2007) vergleicht die Situation mit dem Internet, wenn es keine Verbindungen zwischen den unzähligen Rechnern gäbe: zwar ist das Kommunikationspotenzial vorhanden, es kann aber nicht genutzt werden.

Während der ersten drei Lebensjahre bilden sich unzählige Dendriten, über die die Zellen Informationen von anderen aufnehmen, und synaptische Verbindungen, durch die Informationen an andere Zellen weitergeleitet werden. Dabei werden bedeutend mehr Verbindungen hergestellt, als benötigt werden. Etwa die Hälfte der Verbindungen werden im Verlauf der Entwicklung wieder abgebaut. „Welches Muster von Verschaltungen dabei letztlich entsteht, hängt in hohem Maße von den Erfahrungen des Kindes in seiner Umwelt ab. Hierbei gilt das Prinzip „use it or loose it“: Verbindungen, die nicht gebraucht werden, werden abgebaut; Verbindungen die häufig aktiviert werden, werden gestärkt. Neurowissenschaftlich gesehen bedeutet Lernen die Veränderung von Verbindungen zwischen Nervenzellen im Gehirn“ (Klatte 2007).
Aus der Vielzahl der einströmenden Eindrücke und Wahrnehmungen, merkt sich das Gehirn am leichtesten solche, die sich in die vorhandenen Gedächtnisinhalte integrieren lassen. Auch Informationen, die mit Emotionen verknüpft sind, die neuartig oder ungewöhnlich sind und einen direkten Lebensbezug haben, werden leichter behalten.

Die Überproduktion und Selektion von Synapsen hat in verschiedenen Gehirnregionen unterschiedliche Höhepunkte an Geschwindigkeit und an Intensität. In diesem Zusammenhang wird oft von „Entwicklungsfenstern“ oder „sensiblen Phasen“ gesprochen, in denen das Gehirn für bestimmte Lernerfahrungen besonders empfänglich ist. Allerdings konnte die Annahme, dass sich das Zeitfenster irgendwann definitiv schließen würde, glücklicherweise lediglich für das Sehen und für bestimmte Aspekte des Spracherwerbs bestätigt werden.
Die Überschussproduktion ermöglicht des Weiteren eine schnelle und flexible Anpassung an die Umwelt. Das Gehirn hat die Möglichkeit, sich in viele verschiedene Richtungen zu entwickeln. Es ist sogar in der frühen Entwicklungsphase in der Lage, Schädigungen in manchen Bereichen durch eine Neuorganisation ganz oder teilweise zu kompensieren (Klatte 2007). Daraus ergeben sich vielfältige Chancen und eine große Bedeutung für die frühkindliche Bildung.

Nach Textor (b, ohne Jahr) entwickeln Kinder ein stärker strukturiertes Gehirn mit größeren Neuronen und mehr Synapsen, wenn ihre Neugier, ihr Forschungsdrang und ihr Verständnis von der Welt gefördert wird, wenn sie viel selbst ausprobieren und experimentieren können, wenn sie mit immer neuen Herausforderungen konfrontiert werden, Aufgaben selbstständig lösen und ihr Wissen weitergeben, also darüber sprechen, was sie wissen bzw. was sie gelernt haben.

1.3 Lern- und entwicklungspsychologische Ansätze

Für die Entwicklung des Denkens werden bereichsübergreifende und bereichsspezifische Erklärungsansätze unterschieden.
In bereichsübergreifenden Ansätzen werden die kognitiven Leistungen isoliert betrachtet, ohne die konkreten Inhalte zu beachten. So ging beispielsweise Piaget davon aus, dass seine Theorie zur kognitiven Entwicklung für alle Bereiche des Denkens gleichermaßen gilt. Auch die Informationsverarbeitungstheorien zählen zu den bereichsübergreifenden Ansätzen. Zwar gehen diese nicht wie Piaget davon aus, dass die Kinder aufgrund grundsätzlicher, entwicklungsbedingter Einschränkungen des Denkens scheitern, jedoch nehmen sie an, dass die begrenzten kognitiven Kapazitäten, wie z. B. die eingeschränkte Gedächtnisleistung, dafür ursächlich sind.
Allerdings hat die Forschung gezeigt, dass sich die kognitiven Leistungen in den verschiedenen Inhaltsbereichen unterscheiden (Fthenakis 2009). Deshalb werden in bereichsspezifischen Ansätzen die kognitiven Fähigkeiten immer im Zusammenhang mit den angeborenen und der sich entwickelnden Wissensbasis untersucht.

Bereichsübergreifende Ansätze

Piagets Theorie der kognitiven Entwicklung

Piagets Untersuchungen und Erkenntnisse haben die Entwicklungstheorie auf dem Gebiet der kognitiven Entwicklung stark geprägt und die pädagogische Arbeit viele Jahrzehnte beeinflusst. Einige seiner Erkenntnisse wurden jedoch zwischenzeitlich überprüft und teilweise widerlegt. Da in fast jedem Lehrbuch der Entwicklungspsychologie seine Theorie umfassend dargestellt wird, soll an dieser Stelle auf eine ausführliche Darstellung verzichtet werden und lediglich auf die zentralen Punkte eingegangen werden.

Bei aller Kritik ist hervorzuheben, dass sich durch Piaget in der Kognitionspsychologie ein Wandel zu einer aktivistischen Sichtweise vollzogen hat. Während in der zuvor vorherrschenden passivistischen Theorie davon ausgegangen wurde, dass die Entstehung von Wissen durch die Wirkung äußerer Ursachen entsteht, dass also der Lernende weitgehend passiv bleiben kann und mit Wissen „beladen“ wird, wird in der aktivistischen Position angenommen, dass Wissen als Ergebnis einer Wechselwirkung zwischen innen und außen besteht, dass sich jedoch der Lernende sein Wissen aktiv erarbeiten muss.
Piagets Forschungsansatz, seine „klinischen Interviews“ beeinflussten maßgeblich die künftigen entwicklungspsychologischen Untersuchungen und auch seine Grundlagen der genetischen Epistemologie im Sinne von flexibler und reversibler geistiger Aktivität wurden nicht in Frage gestellt. Gleichwohl blieb die Kritik an seinen Untersuchungen nicht aus. Neben der generellen Kritik, die sich auf forschungsmethodologische Fragen, unklare Anforderungen und Untersuchungssituationen bezieht, wird auch sein homogenes Stufenkonzept angezweifelt.

Piaget teilte die kognitive Entwicklung in vier Stadien auf, die verdeutlichen, wie sich das Denken zunehmend von Wahrnehmung, Anschauung und Handeln löst und abstrakter wird (verursacht durch die Reifung). Diese Stufentheorie mit ihren genau definierten Altersspannen sah Piaget für alle Kinder gleichermaßen gültig.

Spätere Forschungsarbeiten konnten jedoch zeigen, dass die kognitive Entwicklung schneller verläuft als von Piaget angenommen. Zudem wurden große Unterschiede in der kognitiven Entwicklung einzelner Kinder festgestellt, was die angenommene Universalität seines Stufenmodells widerlegte. Des Weiteren zeigte sich, dass sich die kognitive Entwicklung viel stärker von außen beeinflussen lässt, als von Piaget angenommen (Textor a, ohne Erscheinungsdatum).

Klinische Methode
Unzufrieden mit den bislang vorherrschenden Verfahren in der Psychologie, die sich vor allem auf standardisierte Tests und freie Beobachtung beschränkten, integrierte Piaget die sogenannte klinische Methode, die er aus seiner Arbeit in psychiatrischen Kliniken kannte, in seine entwicklungspsychologischen Untersuchungen. Wie bei der Arbeit in der Psychiatrie ging es ihm auch bei seinen Untersuchungen mit Kindern darum, durch behutsames Nachfragen zu erreichen, dass sein Gegenüber seine Denkprozesse offen legt.
Anders als bei standardisierten Tests sind lediglich die Leitfragen vorgegeben, anschließend werden die Antworten aufgegriffen und weitere Fragen formuliert, die sich auf die vorangehenden Antworten oder Handlungen beziehen. Er war der Meinung, dass damit einerseits, im Gegensatz zu standardisierten Tests, bei denen die Fragen genau vorgegeben sind, die Vielschichtigkeit und Reichhaltigkeit des Denkens besser erfasst werden kann, da der Kontext mitberücksichtigt wird. Andererseits erhoffte er, durch die Vorgabe von Leitfragen der allzu großen Offenheit und der Gefahr der Beliebigkeit bei freien Beobachtungen entgegenwirken zu können.

Piaget folgerte aus seinen Untersuchungen, dass für kleine Kinder vor dem sechsten Lebensjahr das geistige Leben überhaupt nicht existiere. Kleinkinder seien egozentrisch, hätten also noch nicht ein Bewusstsein ihrer selbst entwickelt und könnten dementsprechend die Welt noch nicht objektiv sehen (Astington 2000 in Textor a). Er geht davon aus, dass aufgrund des egozentrischen Denkens im Stadium des präoperatorischen Denkens (2 bis 6/7 Jahre), das Kind unfähig sei kausal zu denken, transitive Schlüsse zu ziehen und mehrere Merkmalsdimensionen gleichzeitig zu beachten. Diese Defizite werden nach Piaget erst in der konkret operativen Phase (7/8 bis 12 Jahre) überwunden.

Sodian (2005) beschreibt hingegen Untersuchungen von Flavell, bei denen gezeigt werden konnte, dass bereits zweijährige Kinder in der Lage sind zu erkennen, dass es unterschiedliche Wahrnehmungsperspektiven gibt, dass also ein anderer etwas sehen kann, was es selbst nicht sieht und umgekehrt. Hierfür wurde zwischen Versuchsleiter und Kind eine Trennwand aufgestellt. Wurde Snoopy auf die Seite des Kindes gestellt, dann konnten 2- bis 3-jährige Kinder erkennen, dass der Versuchsleiter Snoopy nicht sehen kann. Genauso war es im umgekehrten Fall. Dass ein Objekt aus unterschiedlichen Wahrnehmungsperspektiven unterschiedlich aussehen kann, wird allerdings erst von 4-Jährigen erkannt. Dies wurde mit einem Bild überprüft, das zwischen den Versuchsleiter und das gegenübersitzende Kind gelegt wurde. Sodian folgert daraus: „Die Befunde von Flavell und Kollegen zeigen nicht nur, dass Kinder früher zu nicht-egozentrischen Antworten fähig sind als Piaget angenommen hat, sondern dass sie in höchst unterschiedlichen Altersbereichen zu unterschiedlichen Perspektivenübernahmeleistungen fähig werden, dass es also nicht stimmen kann, dass das Denken des Kindes in irgendeinem Altersbereich durch das globale Merkmal „Egozentrismus“ gekennzeichnet ist.“

Auch bezüglich des kausalen Denkens gab es Befunde, die belegen konnten, dass Kinder viel früher als von Piaget angenommen zu diesem fähig sind (s. Kap. 1.4).

Informationsverarbeitungsmodelle

Nach Hasselhorn (2005) sind die kognitiven Voraussetzungen für intentionales und explizites Lernen im Vorschulalter aufgrund des phonologischen Arbeitsgedächtnisses noch stark eingeschränkt: Um die ankommenden Informationen zu verstehen, müssen sie im Kurzzeitgedächtnis weiterverarbeitet werden. Das Kurzzeitgedächtnis ist eine Art Arbeitsgedächtnis, in dem die Informationen für kurze Zeit präsent bleiben, um sie mit den Inhalten eines anderen Speichermechanismus, dem Langzeitgedächtnis, abzugleichen.
Das Arbeitsgedächtnis verfügt über zwei Systeme: Das eine ist für die Verarbeitung visuell-räumlicher Informationen, das andere für die Verarbeitung sprachlich-akustischer Informationen zuständig (Baddeley 1986 in Hasselhorn 2005). Das sprachliche Teilsystem wird in zwei Komponenten unterschieden: Zum einen der „phonetische Speicher“ der ca. 2 Sekunden anhält, zum anderen der „innere Nachsprechprozess“, der es ermöglicht, die Verweildauer im Kurzzeitgedächtnis zu erhöhen, um alle Informationen präsent zu halten, die benötigt werden, um einen Lernschritt erfolgreich abzuschließen. Da das innere Nachsprechen bei den meisten Kindern erst im 6. Lebensjahr automatisiert wird, sei explizites und intentionales Lernen im Vorschulalter nur begrenzt möglich. Unbeabsichtigtes, eher beiläufiges Lernen hingegen entstehe häufig allein dadurch, dass Personen mit Informationen konfrontiert würden. So könne z. B. die spielerische Erfahrung mit Schrift Kinder bereits sehr früh beiläufig mit verschiedenen Aspekten von Schrift vertraut machen, sodass ihnen später der absichtliche und gezielte Erwerb der Schriftsprache viel leichter gelinge.
Im Vorschulalter solle deshalb mehr auf implizite und inzidentelle Lernprozesse gesetzt werden, für die bereits ein großes Potenzial verfügbar sei. Vor allem die motivationalen Voraussetzungen erweisen sich als überaus günstig. Nach Hasselhorn (2005) herrscht bei 4- bis 8-Jährigen ein „Überoptimismus“ vor: die Kinder empfinden sich als Alleskönner, sind der Meinung, dass sie jegliche Anforderung bewältigen können, wenn sie sich nur genug anstrengen. Dieses positive Kompetenzgefühl beeinflusst die Initiierung, die Anstrengungsintensität und die Ausdauer des Lernverhaltens positiv. Es löst die Bereitschaft aus, Zeit und Anstrengung in Lernprozesse zu investieren, was insbesondere diejenigen Lernprozesse begünstigt, bei denen durch wiederholtes Üben die Verinnerlichung von Konzepten oder die Automatisierung von Fertigkeiten erzielt werden.

Bereichsspezifische Ansätze

Privilegierte Wissensdomänen

Nach Gisbert (2004) versteht man unter privilegierten Wissensdomänen solche, in denen bereits Säuglinge und Kleinkinder komplexes Wissen aufweisen und im Laufe der Entwicklung elaborierte implizite Theorien erwerben, ohne dass es einer gerichteten Unterweisung bedarf. Hierzu zählen beispielsweise die Objektpermanenz, die Kausalität, die Unterscheidung zwischen belebten und unbelebten Objekten, die Theory of Mind (s. u.), frühe Zahlkonzepte und Sprache. Hingegen versteht man unter nicht privilegierten Wissensdomänen solche, die nur dann erworben werden, wenn sie intentional unterrichtet bzw. erworben werden.

Ausgehend davon, dass sich die kognitiven Funktionen von Säuglingen nicht wesentlich von denen Erwachsener unterscheiden, wächst jedoch das bereichsspezifische Wissen. Die kindlichen Erklärungsmuster werden als „intuitive Theorien" bezeichnet. Diese intuitiven Theorien der Kinder verändern sich mit dem Zuwachs an bereichsspezifischem Wissen. „Erfahrungs- und Wissenszuwachs in den Kerngebieten intuitiver Theorien ist somit auch mit einem Theoriewandel verbunden, der die Denkprozesse als ganze ändert" (Gisbert 2004).
Die Annahme dieser Theorie hat zur Folge, dass die Erweiterung des Wissens- und Erfahrungsbereichs der Kinder bereits vor der Schule als notwendig für deren Entwicklung gesehen wird.

Zu den privilegierten Wissensdomänen zählen

- Objektpermanenz
  Unter Objektpermanenz versteht man die Fähigkeit eine Vorstellung von einem Objekt aufzubauen und im Gedächtnis zu behalten, auch wenn dieses Objekt nicht mehr wahrgenommen wird. Mit Habituationsexperimenten konnte belegt werden, dass Kinder bereits mit 4 Monaten wissen, dass ein Objekt auch dann weiter existiert, wenn man es nicht mehr sieht. Sie reagierten mit Überraschung, wenn wider Erwarten ein Objekt verschwunden war, das kurzzeitig hinter einem Schirm verborgen wurde (Baillargeon 1987).
- Verständnis von Kausalität
  Sodian (2005) beschreibt ein Experiment von Baillargeon und Gelman, bei denen 3- bis 4-Jährige beim Betrachten einer Kettenreaktion von umfallenden Dominosteinen erkannten, dass beispielsweise ein zu kurzes Anstoßstöckchen oder ein herausgenommener Stein, nicht jedoch die Farbe oder das Material der Steine oder des Stabs die Kettenreaktion unterbrechen könnte. In einem Habituationsexperiment von Leslie und Kollegen konnte sogar gezeigt werden, dass bereits sechs Monate alte Babys zwischen kausalen und nicht-kausalen Ereignissequenzen unterscheiden können: Den Säuglingen wurde ein Film gezeigt, in dem ein Objekt A mit einem Objekt B zusammenstößt und der Eindruck entsteht, dass Objekt A Objekt B in Bewegung setzt. Bei kausaler Interpretation müssten sie überrascht sein, wenn die Sequenz in umgekehrter Reihenfolge gezeigt wird, da dadurch Ursache und Wirkung vertauscht werden. Tatsächlich konnte der Überraschungseffekt nachgewiesen werden. In der Kontrollgruppe, in der eine Sequenz ohne kausalen Zusammenhang gezeigt wurde, zeigten sich die Kinder bei der umgekehrten Reihenfolge nicht überrascht.
  Sodian geht davon aus, dass die Veränderungen in den Kausalerklärungen nicht auf Veränderungen des kausalen Denkens selbst, sondern auf die Veränderungen im Verständnis der zu erklärenden Phänomene zurückzuführen sind. Auch Gisbert (2004) hält für die Vorhersage oder Erklärung physikalischer Ereignisse die Vertrautheit der Kinder mit den betreffenden Phänomenen für entscheidend: Mit dem Erwerb von physikalischem Wissen durch Erfahrungen gelingt es den Kindern immer besser, kausale Regeln richtig anzuwenden.
  Entsprechend kann auch das Phänomen des kindlichen Animismus erklärt werden.
  So denken Kinder beispielsweise oft, dass die Sonne scheine, weil sie möchte, dass es die Menschen warm hätten. Während Piaget die Ursache – abgeleitet von seiner Annahme des Egozentrismus – in der beschränkten Fähigkeit zum kausalen Denken sieht, folgert Sodian mit Hinweis auf die Befunde zum frühen Grundverständnis mechanischer Kausalität, dass animistische Deutungen auf die begrenzte Fähigkeit

des Kindes schließen lassen, zwischen Lebewesen und unbelebten Objekten zu differenzieren und dass jüngeren Kindern biologische bzw. physikalische Kenntnisse fehlen, um bestimmte Naturphänomene zu erklären. Ein erster Hinweis darauf, dass zwischen belebten und unbelebten Objekten unterschieden werden kann, kann in der unterschiedlichen Reaktion von Säuglingen in den ersten Lebenswochen gesehen werden: während versucht wird, mit Menschen und Tieren zu kommunizieren, geschieht dies nicht mit unbelebten Objekten. Dennoch sind sich Kinder vor dem 10. Lebensjahr häufig über die Lebendigkeit und die Eigenschaften von Pflanzen noch unsicher, auch wenn das biologische Wissen während der Vorschul- und Grundschulzeit immer mehr ausgebaut und differenziert wird (Gisbert 2004).

- Theory of mind
  Theory of mind bezeichnet die Fähigkeit, Gefühle, Wünsche, Bedürfnisse, Absichten, Zweifel, Erwartungen und Meinungen bei sich selbst und anderen Menschen zu erkennen bzw. zu vermuten und zur Erklärung des Erlebens und Verhaltens anzuwenden.
  Nach Gisbert (2004) haben bereits 3-Jährige ein erstes Verständnis für die kausalen Zusammenhänge zwischen Gedanken, Absichten, Überzeugungen, Wünschen und Handlungen. Allerdings kann beispielsweise die Ursache falscher Überzeugungen aus der Wahrnehmung noch nicht abgeleitet werden. So können Kinder beispielsweise erst mit 4 Jahren annehmen, dass ein anderes Kind vermutet, dass Kekse in der Keksdose sind, obwohl sie selbst wissen, dass sich darin Buntstifte befinden. Nach Sodian verstehen 4-Jährige, dass man durch visuellen Zugang zu Wissen kommt, aber erst 6-Jährige verstehen, dass auch schlussfolgerndes Denken zu Wissen führt.
- Frühe Zahlkonzepte
  Dass frühe Zahlkonzepte ebenfalls als privilegierte Wissensdomänen eingestuft werden können, belegen Befunde aus der Säuglingsforschung (s. Kap. 1.4). Aus den Untersuchungen von Gelman & Cohen (1988) wird gefolgert, dass auch die Zählprinzipien (s. Kap. 1.4) implizit richtig angewendet werden.
- Sprache
  Auch wenn die menschliche Fähigkeit zum Spracherwerb angeboren ist, so kann sich Sprache doch nur in der Interaktion mit einer sprechenden Umwelt entwickeln. Entscheidend für die Sprachentwicklung ist der sprachliche Austausch. Allerdings zeigen sich Verbesserungen des Wortschatzes nur dann, wenn Kinder die Möglichkeit zum Dialog haben und nicht dadurch, dass die Kinder der Sprache bloß passiv ausgesetzt sind (Gisbert 2004).

1.4 Die Entwicklung mathematischer Kompetenzen

Wie in diesem Buch mehrfach betont, beziehen sich mathematische Kompetenzen nicht lediglich auf Mengen, Zahlen und Operationen. Trotzdem soll hier eine Beschränkung auf die Entwicklung der numerischen Kompetenzen erfolgen. Zum einen ist die Entwicklung in den anderen Bereichen weit weniger erforscht, zum anderen steht der Umgang mit Zahlen auch heute noch im Vordergrund des Mathematikunterrichts der Grundschule.

Ergebnisse aus der Säuglingsforschung

Mathematische Kompetenzen entwickeln sich nicht erst ab der Einschulung. Nach Dehaene (1999) ist das menschliche Gehirn sogar mit einem angeborenen Mechanismus für das Erfassen numerischer Größen ausgestattet, der im Laufe der Evolution erworben wurde. Die Säuglingsforschung konnte belegen, dass Babys schon im ersten Lebensjahr einige Aspekte der Arithmetik verstehen.

Mengendiskrimination

Starkey, Spelke & Gelman (1990) führten bereits 1980 Versuche mit Kindern im Alter von 16 bis 30 Wochen durch, aus denen gefolgert werden kann, dass ein Baby den Unterschied zwischen den Anzahlen zwei und drei erkennt. Den Kindern wurden Dias gezeigt, auf denen zwei Punkte in verschiedenem Abstand zu sehen waren, wobei Blickrichtung und Blickdauer beobachtet wurden. Nach einigen Bildern verkürzte sich die Aufmerksamkeitsdauer der Kinder auf den ihnen dargebotenen Reiz auf 1,9 Sekunden. Als danach statt zweier Objekten drei gezeigt wurden, erhöhte sich die Blick-

dauer auf 2,5 Sekunden. Durch unterschiedliches Anordnen der Punkte und Vermeiden unterschiedlicher Anordnungen aufgrund der Dichte oder der Gesamtlänge der Reihen, sollte ausgeschlossen werden, dass die Reaktionen der Kinder auf andere Veränderungen zurückzuführen sind.
Auch später durchgeführte Untersuchungen bestätigen diese Ergebnisse. Dehaene (1999) berichtet von Versuchen von Strauss & Curtis, die statt Punkten Farbaufnahmen von Gegenständen benutzten, welche groß, klein, geordnet, ungeordnet, aus der Nähe und der Ferne aufgenommen waren. Auch hier reagierten die Kinder lediglich auf die Veränderung der Anzahl. Bijeljac-Babic machte Versuche mit Tonfolgen: Zwei- und dreisilbige Wörter konnten von erst vier Tage alten Babys unterschieden werden.
Aus den Untersuchungsergebnissen ergab sich die Frage, ob die Fähigkeit des Erkennens von Anzahlen auf einen abstrakten Zahlbegriff schließen lässt. Hierfür wurden sechs- bis acht Monate alten Babys gleichzeitig zwei Dias mit einmal drei und einmal zwei Gegenständen gezeigt. Parallel dazu wurden entweder zwei oder drei Trommelschläge abgespielt: Die Babys betrachteten jeweils das Bild, welches gleich viele Gegenstände abbildet wie Trommelschläge zu hören waren. Daraus wird geschlossen, dass Anzahlen und nicht Gegenstände bzw. Töne wahrgenommen werden, also eine numerische Vorstellung anzunehmen ist. Dies könnte ein Hinweis darauf sein, dass die Evolution tatsächlich ein „abstraktes Modul für die Zahlwahrnehmung" (Dehaene 1999) im Gehirn von Mensch und Tier – auch diese reagieren gleichermaßen auf drei Töne und drei Lichtblitze – verankert hat.
Bei der Unterscheidung von Mengen mit größeren Anzahlen zeigte sich, dass sechs Monate alte Kinder hierzu nur in der Lage waren, wenn das Mengenverhältnis 2:1 betrug (Xu & Spelke 2000).

Erkennen von Mengenveränderungen

Wynn (1992) konnte zeigen, dass Kinder im Alter von sechs Monaten bereits sensibel für die Veränderung von diskreten Mengen sind.
Den Kindern wurde auf einer Bühne eine Mickey Maus präsentiert. Anschließend wurde der Blick auf die Mickey Maus durch eine Trennwand verstellt. Eine zweite Maus wurde auf die Bühne gestellt, wobei die leere Hand, die die Bühne verlässt, für die Kinder sichtbar war. Die Ereignisfolge stand für die Darstellung der Aufgabe 1 + 1. Wenn dem Kind das „falsche Ergebnis" gezeigt wurde – lediglich eine Maus stand auf der Bühne – wurde das Ergebnis eine Sekunde länger fixiert, als wenn, wie erwartet, zwei Mäuse auf der Bühne zu sehen waren. Die analog durchgeführte Subtraktionsaufgabe lieferte gleiche Ergebnisse. Die Aufgabe 2 – 1 = 2 wurde sogar drei Sekunden länger betrachtet als die Aufgabe 2 – 1 = 1.
Stern (1998) folgert daraus, dass die Verarbeitung quantitativer Informationen durch funktionale Einschränkungen gesteuert wird. „Menschliche Lebewesen sind mit einem Input-System ausgestattet, in dem die Ergebnisse von diskreten Mengenoperationen festgelegt sind".

Die Entwicklung des Zahlbegriffs

Untersuchungen haben gezeigt, dass zwischen den mathematischen Vorkenntnissen von Kindergartenkindern und deren Mathematikleistung in der Grundschulzeit ein hoher Zusammenhang besteht (s. Kap. 1.5). Da die verschiedenen Modelle zur Entwicklung des Zahlbegriffs ein unterschiedliches Vorgehen bei der frühen mathematischen Förderung nahe legen, ist es erforderlich, diese zunächst näher zu betrachten. Unterschieden werden das Logical Foundations Modell, das auf Piaget zurückgeht und die Skills Integration Modelle, die sich auf neuere entwicklungspsychologische und fachdidaktische Befunde beziehen.

Zahlen – ordinal oder kardinal denken?
Die Frage nach Wesen und Funktionen von Zahlen beschäftigt die Menschheit schon seit Jahrtausenden. Ein zentraler Diskussionspunkt der konstruktivistischen erkenntnistheoretischen Position zur Begründung der Zahl, der auch zu fachdidaktischen Fragestellungen führte, bestand in der Frage, ob natürliche Zahlen in erster Linie ordinal oder kardinal zu denken sind. Nach der Ordinalzahltheorie sind die natürlichen Zahlen definiert als festgelegte arithmetische Progression, die bei Eins beginnend durch wiederholte Nachfolgerbildung jede natürliche Zahl bildet. Dagegen steht bei der Kardinalzahltheorie der Mengenaspekt im

Vordergrund: Die Kardinalzahl wird als Klasse aller gleichmächtigen Mengen definiert, wobei die Gleichmächtigkeit über die umkehrbar eindeutige Zuordnung der Elemente einer Menge auf die Elemente der anderen Menge definiert ist.

Logical Foundations Modell

Piaget beschäftigte sich bereits in den 1950er Jahren intensiv mit der Entwicklung des Zahlbegriffs. Aus seinen umfangreichen empirischen Untersuchungen folgerte er, dass sich ordinaler und kardinaler Zahlaspekt synchron entwickeln und gegenseitig bedingen. Als Voraussetzung für den Zahlbegriff sieht Piaget das Verständnis der Invarianz der Menge (die Mächtigkeit einer Menge verändert sich nicht, wenn sich die räumliche Anordnung verändert), die Fähigkeit zur Seriation (Reihenfolgen herstellen), zur Eins-zu-Eins-Zuordnung, zur Klassifikation sowie additive und multiplikative Komponenten. Piaget geht von einer strengen Stufenfolge in der kognitiven Entwicklung aus (s. o.). Erst in der konkret-operativen Phase, die er für das Alter von 7/8 bis 12 Jahren annimmt, seien die Kinder überhaupt in der Lage, den von der Klassifikation hergeleiteten kardinalen Aspekt und den von der Ordnungsrelation hergeleiteten ordinalen Aspekt zusammen zu denken (Piaget 1972).
Dem Zählen gesteht er keinen oder lediglich einen untergeordneten Stellenwert bei der Zahlbegriffsentwicklung zu: „Man darf nämlich nicht glauben, ein Kind besitze die Zahl schon nur deshalb, weil es verbal zählen gelernt hat“ (Piaget & Inhelder 1986).
Neben der oben aufgeführten Kritik wurde auch Piagets Zahlbegriffskonzept heftig kritisiert. Vor allem die Invarianzaufgaben wurden häufig diskutiert. Zum einen wurden semantische Konfusionen als Hauptgrund für falsche Antworten gesehen (vgl. Acredolo 1982, 10), zum anderen die Verwirrung durch verschiedene Strategien: Mengenvergleichsstrategien (kürzer-länger-Vergleich) wurden mit Zählregeln (wie viele sind es?) kombiniert. In Nachfolgeuntersuchungen konnte nachgewiesen werden, dass Kinder, die bei Invarianzaufgaben die Mengen zählten (Sophian 1995) oder eine räumliche Zuordnung vornahmen (Fuson 1983) bei den Aufgaben erfolgreicher waren. So herrscht inzwischen, gestützt durch zahlreiche Untersuchungen zu Zähl- und Zahlkenntnissen der Vorschulkinder, weitgehend Forschungskonsens darüber, dass auch Kinder, die Invarianzaufgaben noch nicht lösen können, „ein partielles Konzept von der Zahl und auch von der Invarianz haben, und dass dieses funktioniert, lange bevor es als klare und konsistente Regel artikuliert werden kann“ (Moser-Opitz 2001). Auch bezüglich der von Piaget vertretenen zeitgleichen Entwicklung von Ordinal- und Kardinalzahl wurden Folgeuntersuchungen durchgeführt (Brainerd 1979, Williams 1991), die der Ordinalzahl eindeutig die frühere Entwicklung zusprachen. Brainerd (1973) konnte des Weiteren zeigen, dass sich ordinale Kompetenzen durch Training besser steigern ließen als kardinale und dass dieses sich deutlicher auf die numerische Kompetenz auswirkte.
Dennoch beeinflusst Piagets Zahlbegriffskonzept bis heute die mathematische Elementarbildung, so dass vielerorts immer noch der numerische Bereich zugunsten der Aufgabenstellungen zur Invarianz, zur Seriation, zur Eins-zu-Eins-Zuordnung und zur Klassifikation vernachlässigt wird.

Skills Integration Modelle

Die zu Piagets Logical Foundations Modell konkurrierenden Modelle werden unter dem Begriff der Skills Integration Modelle zusammengefasst. Es wird davon ausgegangen, dass das operationale Zahlbegriffsverständnis nach Piaget nicht Voraussetzung für numerisches Arbeiten und mathematisches Lernen ist, sondern in Auseinandersetzung mit dem mathematischen Gegenstand erworben wird.
Die Entwicklung des Zahlbegriffs basiert bei den Skills Integration Modellen auf der Integration der number skills – Zählen, Simultanerfassung und Vergleichen (Clement 1984).

Clement (1984) konnte in einer Untersuchung zeigen, dass diejenigen Kinder, die bzgl. Zählen, Mengenvergleichen, Rechengeschichten, Eins-zu-Eins-Zuordnung und Invarianz trainiert wurden, im numerischen Posttest signifikant besser abschnitten als die Kinder, die bezüglich Klassifikation, Klasseninklusion und Seriation trainiert wurden. Hingegen hatten die in logischen Grundlagen trainierten Kinder gegenüber den numerisch trainierten nur einen geringfügig höheren, nicht signifikanten Lernzuwachs im Posttest zu den logischen Grundlagen. Zwar erreichten beide Gruppen in beiden Posttests bessere Ergebnisse als die Kontrollgruppe, so dass bei beiden Gruppen von einem Transfereffekt auf den jeweilig anderen Bereich ausgegangen werden kann. Doch zeigte sich, dass beim numerischen Training der Transfer auf den Bereich der logischen Operationen weitaus größer ist als umgekehrt, so dass daraus gefolgert werden kann, dass auf ein spezielles Training logischer Grundlagen verzichtet werden kann, da beim Training der numerischen Fähigkeiten diese implizit mitgefördert werden.

- Das Triple-Code-Modell (Dehaene 1999)
  Nach von Aster (2005) kann Dehaenes Modell heute als zentraler Bezugspunkt gelten, wenn beschrieben werden soll, wie die geistigen Funktionen der Zahlenverarbeitung und des Rechnens beschaffen sind. Erwachsene verfügen über drei miteinander verbundene neuronale Netzwerke, die in unterschiedlichen Regionen des Gehirns lokalisiert sind: das sprachlich alphabetische Modul, das visuelle arabische Modul und das semantische Modul (Dehaene 1999). Bei der Entwicklung dieses modularen neurokognitiven Systems kommt es sowohl auf die bereichsunspezifischen Funktionen, wie Intelligenz und Arbeitsgedächtnis, als auch auf die Entwicklung der bereichsspezifischen numerischen Funktionen durch Erfahrungen an. Ausgehend davon, dass die Unterscheidung konkreter (kardinaler) Mengen angeboren ist, werden zunächst Zahlwörter und später arabische Ziffern erlernt, was die Voraussetzung für die Entwicklung einer räumlichen (ordinalen) Zahlenraumrepräsentation, entsprechend einem Zahlenstrahl, ist.
  Bereits vor Schuleintritt, ohne systematische Beschulung, wird sprachlich kodiertes Zahlenwissen im sprachlich-alphabetischen Modul angelegt. Die Modularisierung der visuell-arabischen Repräsentation, also die Notationsform in arabischen Ziffern, erfolgt teilweise auch bereits vor Schuleintritt. Beide Zahlensprachen sind die Grundlage für die Konstruktion der semantischen Zahlenpräsentation im semantischen Modul. Hierbei wird die kardinale Mengenrepräsentation umgeformt in eine ordinale Zahlenstrahldarstellung. Dieser mentale Zahlenstrahl entsteht nach von Aster (2005) erst während der ersten Grundschuljahre.

- Modell zur Entwicklung von Zahlkonzept und Rechenleistung (Dornheim 2008)
  Ausgehend vom Modell von Case und Okamoto (1996) zur Entwicklung zentraler konzeptueller Strukturen im Zahlbereich, dem Triple-Code-Modell von Dehaene (1992) und neueren empirischen Befunden zur Entwicklung von frühem numerischem Wissen bei Säuglingen und kleinen Kindern, leitete Dornheim ein Modell zur Entwicklung von Zahlkonzept und Rechenleistung ab (Dornheim 2008). Nach diesem Modell entwickeln sich mit ca. 10 Monaten in Zusammenhang mit der sprachlichen Entwicklung der ersten Zahlwörter erste präzise, analog repräsentierte Anzahlkonzepte, die eine numerisch genaue Unterscheidung von kleinen Anzahlen bis drei oder vier auf einen Blick ermöglichen. Mit dem Erwerb weiterer Zahlwörter wird die verbale Repräsentation der Zahlwortreihe als ordinale Rangfolge der Zahlwörter aufgebaut. Zwar kann nun die Position der Zahl in der Rangreihe der Zahlwörter bestimmt werden, eine Anzahlvorstellung im Sinne eines kardinalen Zahlverständnisses ist jedoch noch nicht gegeben. Über Erfahrungen beim Abzählen von Mengen und der damit verbundenen Einsicht, dass die Zählhandlung der Bestimmung der Anzahl einer Menge dient, entwickelt sich ein kardinales Zahlverständnis, das als Grundlage für das Rechnen erforderlich ist. Damit werden nach Dornheim im Sinne eines konzeptuellen Wandels die zuvor voneinander getrennten Konzepte der Anzahl und der Ordinalzahl in das komplexe Konzept der Kardinalzahl integriert und im weiteren Verlauf ausdifferenziert. Über die Strukturierung der verbalen Zahlwortreihe bei ersten (zählenden) Rechenversuchen und über die Verknüpfung von analog repräsentierten Kardinalzahlen, entwickelt sich das Teil-Ganzes-Konzept. Dieses Verständnis, dass Kardinalzahlen in andere Kardinalzahlen zerlegt und wieder zusammengesetzt werden können, ist Grundlage für das Rechnen.

- Entwicklungsmodell früher mathematischer Kompetenzen (Krajewski & Schneider 2006)
  Krajewski entwickelte ein Modell zu frühen mathematischen Kompetenzen ausgehend von der Theorie von Resnik (1989).
  Resnik nimmt die zunächst unabhängige Entwicklung zweier Typen kognitiver Schemata an: Neben dem Erwerb der Zahlwortreihe entwickelt sich auch räumlich-analoges Wissen über Quantitäten. Dieses nichtnumerische quantitative Wissen wird als protoquantitatives Schema bezeichnet und ermöglicht den Kindern, numerisch unbestimmte Mengen von Objekten wahrnehmungsgebunden miteinander zu vergleichen und zu erkennen, dass eine Menge beim Hinzufügen größer bzw. beim Wegnehmen kleiner wird. Auch das Verständnis bezüglich der Zerlegung und des Zusammenfügens wird dabei grundgelegt. Diese Erkenntnisse bilden, zusammen mit der Zahlwortreihe, die Grundlage für Addition und Subtraktion.
  Krajewski (Krajewski u. a. 2007) geht in ihrem dreistufigen Modell davon aus, dass auf der Kompetenzebene 1 (Basisfertigkeiten) die Zahlwortreihe und die Mengenunterscheidung isoliert voneinander erworben werden. Die Zählfertigkeit beschränkt sich auf das Aufsagen der Zahlwortreihe. Erst auf der Kompetenzebene 2 (Anzahlkonzept) werden ab dem Alter von 3 bis 4 Jahren die Zahlwörter mit Mengenbegriffen verknüpft. In der ersten Phase (unpräzises Anzahlkonzept) entwickeln sie eine vage Vorstellung über die Zuordnung von Zahlen zu Mengen und können grob in die Mengenkategorien wenig, viel, sehr viel einordnen. Zahlen, die derselben Mengenkategorie angehören, sind in ihrer Mächtigkeit noch nicht unterscheidbar. Diese Fähigkeit entwickelt sich erst in der zweiten Phase (präzises Anzahlkonzept) und setzt voraus, dass die Zahlwortreihe fehlerlos beherrscht wird. Erst wenn die Kinder durch häufiges Abzählen erkannt haben, dass die Zahlenfolge als Folge exakt ansteigender Anzahlen zu verstehen und Zahlen auf Grund dieser Anzahlen miteinander zu vergleichen sind (Anzahlanordnung), ist es ihnen möglich, Zahlen der Größe nach zu ordnen und zu beurteilen welche von zwei Nachbarzahlen größer ist. Auch das Verständnis für Mengen ohne Zahlbezug entwickelt sich in dieser Phase weiter. Kinder erkennen, dass sich Mengen nur dann verändern, wenn etwas hinzugefügt oder weggenommen wird und dass sich Mengen in kleinere Mengen zerlegen und aus diesen wieder zusammenfügen lassen. Mit Zahlbezug gelingt dies erst auf Kompetenzebene 3 (Anzahlrelationen). Es wird nun erkannt, dass zuvor entdeckte Teil-Ganzes-Beziehungen zwischen Mengen, auch mit Zahlen dargestellt werden können und dass der Unterschied zwischen zwei Zahlen wieder eine Zahl ist.

Die Entwicklung des Zählens

Da die Bedeutung des Zählens für den Zahlbegriffserwerb und weitere grundlegende mathematische Fähigkeiten inzwischen als unbestritten gilt, soll die Entwicklung des Zählens näher beleuchtet werden.
Um erfolgreich zählen zu können, bedarf es nach Gelman und Gallistel (1986) fünf Prinzipien:
Eigentliche Grundlage des Zählaktes stellen die drei „how-to-count Prinzipien" dar:

- One-one Principle (Eineindeutigkeitsprinzip): Jedem Objekt wird genau ein Zahlwort zugeordnet,
- Stable-Order Principle (Prinzip der stabilen Ordnung): Die Zahlwortreihe muss sicher und richtig sein,
- Cardinal Principle (Kardinalprinzip): Das letzte Zahlwort, das bei einem Zählprozess benutzt wird, gibt die Anzahl an.

Die beiden „what-to-count Prinzipien" beziehen sich auf die zu zählenden Gegenstände und sind Voraussetzungen, unter denen die how-to-count Prinzipien angewendet werden können.

- Abstraction Principle (Abstraktionsprinzip): Der Zählvorgang kann auf jede Menge von zählbaren Objekten angewendet werden,
- Order-Irrelevance Principle (Prinzip der Irrelevanz der Anordnung): Die Anordnung der Objekte ist für den Zählakt irrelevant.

Keine Einigkeit herrscht darüber, ob diese Zählprinzipien als angeborene Kompetenzen schon vorhanden sind, bevor das Kind mit dem verbalen Zählen beginnt (principle-first-Hypothese) oder ob sich die Zählprinzipien aus Zählerfahrungen entwickeln (principle-after-Hypothese). Gelman (2000) geht davon aus, dass Kinder die Zählprinzipien implizit als angeborene funktionale Einschränkungen zur Verfügung haben, auf diese impliziten Wissensbestände jedoch nicht explizit zugreifen können und zunächst die prozeduralen Fertigkeiten beim Zählen in unterschiedlichen Aufgabenkontexten erwerben müssen. Hingegen weisen zahlreiche Befunde aus Experimenten darauf hin, dass die Zählprinzipien erst aus Erfahrungen mit dem Zählen erschlossen werden (Dornheim 2008).

Für das Abzählen von Objekten ist jedoch die Kenntnis der Zahlwortreihe unabdingbare Voraussetzung (s. o. Prinzip der stabilen Ordnung). Beim Erwerb der Zahlwortreihe unterscheidet Fuson (1988) in seinem Modell fünf aufeinander folgende Niveaus:

- String Level: die Zahlwortreihe entspricht einem auswendig gelernten Gedicht, wobei die einzelnen Zahlwörter noch nicht voneinander unterschieden werden können: einszweidreivier... Abzählen ist auf diesem Niveau noch nicht möglich, da keine 1-zu-1-Zuordnung von Zahlwort und Objekt stattfinden kann. Die Zahlwörter haben also noch keine kardinale Bedeutung.
- Unbreakable Chain Level: Die Zahlwörter werden nun als getrennte Einheiten erkannt, die Zählprozedur muss jedoch immer bei 1 beginnen. Durch die nun mögliche 1-zu-1-Zuordnung von Zahlwort und Objekt ist das Abzählen von Gegenständen möglich.
- Breakable Chain Level: Jede beliebige Zahl kann als Ausgangspunkt des Zählprozesses genommen werden. Vorgänger und Nachfolger können spontan benannt werden. Das Rückwärtszählen gelingt teilweise.
- Numerable Chain Level: Von jeder beliebigen Zahl aus kann in Schritten weitergezählt werden. Nicht nur Objekte, sondern auch Zahlwörter selbst können gezählt werden, so dass um eine bestimmte Anzahl weitergezählt werden kann.
- Bidirection Chain Level: Sicheres Vor- und Rückwärtszählen, auch in Schritten, ist von jeder beliebigen Zahl aus möglich.

Nach Fuson (1988) wird die verbale Zahlwortreihe ab 2 Jahren schrittweise über Beobachtungslernen, Instruktion und eigene Zählversuche konstruiert.

Erste Lösungsstrategien bei Addition und Subtraktion

Zahlreiche empirische Studien haben gezeigt, dass Kinder schon zur Einschulung beachtliche Zählkompetenzen mitbringen und dass sie diese bei der Lösung von konkret vorgegebenen Rechenproblemen einsetzen können.
Dabei lassen sich für die Addition folgende *Zählstrategien* unterscheiden (Carpenter & Moser 1984):

- Vollständiges Auszählen mit konkreten Objekten:
  Bereits Vierjährige addieren im kleinen Zahlenbereich, indem sie beide Zahlen mit Gegenständen oder Fingern als Mengen abbilden und dann die gesamten Gegenstände zählen.
- Vollständiges Auszählen ohne konkrete Objekte:
  Beginnend bei eins wird zunächst bis zum ersten Summanden gezählt; von dort wird weitergezählt, gleichzeitig muss parallel dazu mitgezählt werden, bis der zweite Summand erreicht ist.
- Weiterzählen vom ersten Summanden aus:
  Diese Strategie ist deutlich ökonomischer als die Alles-Zähl-Strategien. Allerdings setzt sie voraus, dass neben der Kardinalzahlbedeutung des ersten Summanden seine Zählzahlbedeutung für die Summenbildung zumindest implizit verstanden ist (Padberg 1996).
- Weiterzählen vom größeren Summanden aus:
  Mit dieser Strategie wird der Zählaufwand minimiert, sofern der zweite Summand größer ist als der erste. Diese Strategie setzt eine gewisse Einsicht in die Kommutativität der Addition voraus.
- Weiterzählen in Schritten:
  Durch das Zählen in größeren Schritten wird der Zählvorgang verkürzt.

Auch für die Subtraktion lassen sich entsprechende, immer effektiver werdende Zählstrategien feststellen:

- Auszählen mit konkreten Objekten:
  Der Minuend wird mit Gegenständen oder Fingern als Menge abgebildet. Anschließend wird die Menge an Gegenständen vom Minuend entfernt, die der Anzahl der Menge des Subtrahenden entspricht. Zum Schluss wird die Restmenge gezählt.

- Rückwärtszählen:
  Der Minuend wird genannt bzw. dargestellt und es wird dann verbal oder durch Finger oder Material unterstützt, rückwärts gezählt.
- Ergänzen:
  Vom Subtrahenden aus wird verbal oder durch Finger oder Material unterstützt bis zum Subtrahenden weitergezählt. Effektiv ist diese Strategie nur dann, wenn die Differenz zwischen Minuend und Subtrahend gering ist.

Als weitere, nicht zählende, Lösungsstrategien werden das Auswendigwissen des Ergebnisses sowie die Ableitung des Ergebnisses über eine andere, auswendig gewusste Aufgabe genannt. Basierend auf dem Teil-Ganzes-Konzept wird hier beispielsweise die Zahlverdopplung als Ausgangspunkt gewählt; hierbei wird die Aufgabe 4 + 5 als 4 + 4 + 1 gelöst, sofern die Verdopplungsaufgabe auswendig gewusst wird.
Auch die Zehnerzerlegung als Ausgangspunkt wird in diesem Zusammenhang erwähnt. Sind die Zehnerzerlegungen auf der Basis des Teil-Ganzes-Konzepts automatisiert, kann die Aufgabe 7 + 6 vereinfacht werden zur Aufgabe 7 + 3 + 3.
Allerdings ist davon auszugehen, dass sich diese Rechenstrategien nicht spontan entwickeln, sondern eher durch gezielte Instruktion im schulischen Mathematikunterricht (Dornheim 2008).

Ob Vorschulkinder Additions- und Subtraktionsaufgaben lösen können hängt nach Gasteiger (2010) maßgeblich von der Art der Aufgabenstellung ab, wobei in erster Linie formale und in einen Handlungskontext eingebettete Aufgabenstellungen zu unterscheiden sind, jedoch auch der Kontext Auswirkungen auf den Lösungserfolg hat. Bei einer Untersuchung von Hughes (1986) wurden Kinder mit verschiedenen Aufgabenpräsentationen konfrontiert:
- box tasks: In einer Schachtel lagen Bausteine, die das Kind zählen konnte. Vor den Augen des Kindes wurden Bausteine hinzugefügt, ohne dass das Ergebnis sichtbar war.
- hypothetische box tasks: Die Handlungssituation wurde nur geschildert (Stell dir vor, in der Schachtel liegt ein Stein. Ich lege zwei dazu.).
- hypothetische Handlungssituation mit bekanntem Kontext (Wenn ein Kind im Geschäft ist und zwei weitere hereinkommen, wie viele Kinder sind dann da?)
- formal-sprachliche Aufgabenstellungen (Was ist eins und zwei?)

Es zeigte sich, dass bei kleinen Zahlen die box tasks signifikant besser gelöst wurden; bei größeren Zahlen war der Unterschied geringer. Formale Aufgaben wurden hingegen sowohl im kleinen als auch im größeren Zahlenraum deutlich seltener gelöst.

Bezüglich der Kontexte lassen sich verschiedene Situationsmodelle (s. auch Kap. 3.5.4.) unterscheiden (Radatz u.a. 1996, Stern 1998), die Einfluss auf die Lösungshäufigkeit haben.
- Verbinden: Mengenvereinigungen (z. B. Susa hat 2 Murmeln, Pit hat 3. Wie viele haben sie zusammen?)
- Verändern: Mengenveränderung durch Hinzufügen oder Wegnehmen (z. B. Susa hatte 2 Murmeln, dann gibt ihr Pit noch 3. Wie viele hat Susa jetzt?)
- Vergleichen: Mengenvergleich häufig unter Verwendung der Wörter mehr und weniger (z. B. Susa hat 3 Murmeln, Pit hat 2. Wie viele Murmeln hat Susa mehr?)
- Ausgleichen: Angleichen zweier disjunkter Mengen (z. B. Susa hat 3 Murmeln, Pit hat 7. Wie viele Murmeln muss Pit abgeben, damit sie gleich viele haben).

Austausch- und Kombinationsaufgaben sind von Vorschulkindern leichter zu lösen als Vergleichs- oder Ausgleichsaufgaben. Außerdem ist der Lösungserfolg auch davon abhängig, ob die gesuchte Größe Ausgangsmenge (_ + 3 = 5), Veränderung (2 + _ = 5) oder Endmenge (2 + 3 = _) ist.

1.5 Numerische Kompetenzen im Vorschulalter als Prädiktoren späterer Rechenleistung

Bereits in den 1970er Jahren konnten entwicklungspsychologische Studien belegen, dass das bereichsspezifische Wissen, das zum Zeitpunkt eines neuen Lernvorgangs im gleichen Wissensgebiet bereits zur Verfügung steht, einen höheren Einfluss auf den neuen Lernvorgang hat als allgemein-kognitive Fähigkeiten. So konnte Chi (1978) beispielsweise nachweisen, dass 10-jährige Schach-Experten mit einem hohen bereichsspezifischen Wissen den erwachsenen Schachanfängern bei einer Lernaufgabe zu einer sinnvollen Schachaufstellung weitaus überlegen waren, obwohl deren allgemein-kognitive Verarbeitungseffizienz im Gedächtnis entwicklungsgemäß deutlich geringer war als bei den Erwachsenen (Dornheim 2010).

Ausgehend von diesen Befunden wurde auch in der Pädagogischen Psychologie die Bedeutung des bereichsspezifischen Vorwissens in schulbezogenen Wissensdomänen erforscht, indem Kinder in Längsschnittstudien über mehrere Jahre hinweg in ihrer allgemein-kognitiven und bereichsspezifischen Kompetenzentwicklung beobachtet wurden. So wurde in der LOGIK- und SCHOLASTIK-Studie (Weinert 1998, Weinert & Helmke 1997) in einem größeren Forschungszusammenhang auch der Entwicklung mathematischer Kompetenzen im Alter von 5 bis 18 Jahren nachgegangen. Dabei zeigte sich, dass Unterschiede im mathematischen Vorwissen im Kindergarten für spätere schulische Leistungsunterschiede in diesem Kompetenzbereich von großer Bedeutung sind und deutlich mehr zur Varianzaufklärung beitragen als Intelligenzfaktoren (Schneider & Stern 2000).
Anliegen der sich anschließenden Forschung war es, „die entscheidenden Vorwissensaspekte zu identifizieren, die Rechenkompetenzen begründen bzw. ihrem Erwerb zugute kommen“ (Grube 2006).

Krajewski (2003) stellte eine Aufgabenbatterie für den Kindergarten zusammen, die zum einen mathematikspezifische Fähigkeiten (Mengenvorwissen, Zahlenvorwissen, Zahlenverarbeitungsgeschwindigkeit), zum anderen eher allgemeine, nicht nur für den Erwerb der Mathematik als relevant erachtete, unspezifische Fähigkeiten messen (Gedächtniskapazität, räumliches Vorstellungsvermögen, Konzentrationsfähigkeit, Sprachverständnis für relationale Begriffe, Intelligenz).
Beim Mengenvorwissen wurden Aufgaben gestellt, bei denen zählbare Mengen von Objekten gereiht, zugordnet und verglichen werden mussten. Zum Zahlenvorwissen wurden Aufgaben zu Zählfertigkeiten, arabischem Zahlwissen und Rechenfertigkeiten gestellt. Die Zahlenverarbeitungsgeschwindigkeit setzte sich aus den Leistungen im Erkennen von Würfel- und Zahlenbildern und Zahlenverbinden zusammen, stellte sich bei den Analysen jedoch als unspezifischer Prädiktor dar, da sich auch Einflüsse auf die unspezifischen Schriftsprachleistungen zeigten.
Es zeigte sich, dass die Rechenleistungen in der 1. Klasse (nicht jedoch die Leistungen in der 2. Klasse) zunächst direkt von der kurz nach Schuleintritt erhobenen Intelligenz vorhergesagt wurden. „Dieser direkte Pfad war jedoch bei weitem nicht so stark wie der direkte Einfluss des vorschulischen Zahlenvorwissens, das den Löwenanteil der Varianzaufklärung erbrachte. Für das Mengenvorwissen und die durch die Gedächtniskapazität beeinflusste Zahleninformationsverarbeitungsgeschwindigkeiten konnten über das Zahlenvorwissen nur indirekte Einflüsse auf die schulischen Mathematikleistungen abgesichert werden. Kompetenz in diesen beiden Variablen führte damit zunächst zu einem besseren Zahlenvorwissen und nur indirekt über dieses zu besseren Mathematikleistungen“ (Krajewski 2003). Mit Hilfe dieser Variablenstruktur konnten jeweils über 60% der Mathematikleistungen der 1. Klasse und etwa 50% der 2. Klasse vorhergesagt werden (Krajewski 2003).

Ähnliche Zusammenhänge zeigten sich auch in der umfangreichen Studie von Dornheim (2008). Ebenso wie bei Krajewski (2003) wurde die Vorhersagekraft des bereichsspezifischen numerischen Vorwissens im Vergleich mit möglichen alternativen mathematischen Vorhersagevariablen und im Vergleich mit unterschiedlichen allgemein-kognitiven Faktoren analysiert.
Die Erfassung des Zahlenvorwissens erfolgte über Aufgaben zum verbalen Aufsagen der Zahlwortreihe, zum Abzählen von Objekten mit dem Finger, zum simultanen Erfassen von kurz präsentierten Objekten, zum strukturierten Abzählen von Objekten mit den Augen, zum verbalen Zählen unter Nutzung flexibler Strukturen (weiter-, rückwärts-, in Schritten zählen) und zum Anwenden von Zahlenvorwissen bei einfachen Rechenoperationen mit kleinen Anzahlen im Sachkontext (Rechengeschichten).
Daneben wurden Aufgaben zur Seriation und Mengenkorrespondenz, aber ohne Zahlenbezug im Sinne Piagets (Mengenvorwissen), eingesetzt.
Des Weiteren wurden unterschiedliche allgemeinkognitive Fähigkeiten mit adaptierten Intelligenztest-Aufgaben zum logisch-schlussfolgernden

Denken beim Erfassen von Analogien und Kategorien, mit aufmerksamkeitsbezogenen visuellen Aufgaben und mit Aufgaben, bei denen räumliche Denkleistungen wichtig waren, erfasst. Außerdem wurden unterschiedliche Leistungen des Arbeitsgedächtnisses geprüft.

Nach Dornheim (2008, 2010) zeigte sich, dass auch hier das Zahlenvorwissen der bedeutsamste Prädiktor der Rechenleistung im 1. und 2. Schuljahr ist. Allein durch das numerische Vorwissen wurden 34% und 41% der Unterschiede in der späteren Rechenleistung erklärt. Als besonders prädiktiv erwiesen sich für den Messzeitpunkt 9 Monate vor der Einschulung die Abzählfertigkeiten, das flexible Zählen und das verbale Aufsagen der Zahlwortreihe. Zum zweiten Messzeitpunkt, 3 Monate vor der Einschulung, ist das flexible Zählen sowie das Rechnen als besonders prädiktiv zu nennen.
Die allgemeine Intelligenz, erfasst mit dem Grundintelligenztest für Kinder (CFT 1, Subtest 3–5), leistete nur noch einen kleinen zusätzlichen Beitrag von 2% und 10% bei der Vorhersage über das Zahlenvorwissen hinaus. Dabei ist anzumerken, dass die Intelligenz zum Teil jedoch im spezifischeren Zahlenvorwissen aufgeht.
Bei den allgemeinen Denkleistungen zeigte sich bei einem Vergleich der Vorhersage zwischen dem konzeptuellen, visuellen und räumlichen Intelligenzfaktor, dass der räumliche Intelligenzfaktor (erfasst durch Nachzeichnen von Muster, Erkennen von Spiegelbildern, Erfassen von Puzzleteilen und Ergänzen von Mustern) den deutlichsten korrelativen Zusammenhang mit der späteren Rechenleistung aufweist. Durch den großen Überschneidungsbereich mit der Vorhersage durch das Zahlenvorwissen geht jedoch auch das räumliche Denken, genauso wie das Mengenvorwissen im Sinne Piagets, weitgehend im zahlenspezifischen Vorwissen auf. Die Vorhersage der Rechenleistung verbessert sich durch Einbezug der räumlichen Fähigkeiten also insgesamt nicht, sondern führt (vermutlich) zu einem besseren Zahlenvorwissen und damit indirekt über dieses auch zu besseren Rechenleistungen. In eine ähnliche Richtung weisen die Befunde zu den visuell-räumlichen Arbeitsgedächtnisleistungen, die mit einer Musterrekonstruktionsaufgabe geprüft wurden. Während diese ebenfalls im Zahlenvorwissen aufgehen, ergibt sich jedoch für die sprachlich-phonologischen Arbeitsgedächtnisleistungen, geprüft mit dem Nachsprechen von Ziffernfolgen, ein deutlicher, zusätzlicher Beitrag. Ausgehend vom Messzeitpunkt 3 Monate vor der Einschulung sagen die sprachlich-phonologischen Arbeitsgedächtnisleistungen im Nachsprechen von Ziffern mit einem Beitrag von 9% sogar über das Zahlenvorwissen hinaus die Rechenleistung in der 2. Klasse vorher. Auf der Basis von Zahlenvorwissen und sprachlich-phonologischer Arbeitsgedächtnisleistung erhöht sich die Erklärung der späteren Unterschiede in den Rechenleistungen für diesen Vorhersagezeitraum sogar auf 49%. Bezieht man zusätzlich noch die allgemeine Intelligenz mit ein, werden 51% erreicht.

Wenngleich das Zahlenvorwissen auch in dieser Studie die bedeutsamste Vorhersagevariable der Rechenleistung darstellt, bemerkt Dornheim (2008) jedoch einschränkend, dass das Zahlenvorwissen zwar für die Vorhersage der Rechenleistung in der 1. Klasse ein spezifischer Prädiktor ist und einen geringeren Zusammenhang zur Lese- und Rechtschreibleistung aufweist, für die Vorhersage der Rechenleistung der 2. Klasse diese deutliche Spezifität jedoch nicht mehr gezeigt werden kann. In der 2. Klasse zeigt das Zahlenvorwissen ähnlich hohe Zusammenhänge zur Lese- und Rechtschreibleistung, wobei anzumerken ist, dass rechnerische und schriftsprachliche schulische Leistungen immer in einer gewissen Höhe zusammenhängen, das heißt, Kinder, die gut lesen und schreiben lernen, sind häufig auch gute Rechner. Trotzdem scheint jedoch längerfristig gesehen das Zahlenvorwissen auch ein Indikator zu sein, der anzeigt, wie gut ein Kind in der Schule mit dem Aufbau (sprachbasierter) Wissensrepräsentationen voranschreiten wird.

Mit den Aufgaben beider Studien kann sicherlich nur ein Teil der vielfältigen numerischen Kompetenzen im Vorschulalter erfasst werden. Insgesamt gesehen ergibt sich sowohl bei Dornheim als auch bei Krajewski, dass die späteren Unterschiede in der Rechenleistung am besten durch die zahlbezogenen Kompetenzen im Vorschulalter vorhergesagt werden können. Das bedeutet, dass gute numerische Kenntnisse bei Schuleintritt die Chancen auf schulischen Erfolg deutlich verbessern können. Dies soll jedoch nicht dazu führen, dass schulische Inhalte „vorgearbeitet" werden, um den Kindern einen Lernvorsprung zu verschaffen. Vielmehr sollte durch die Förderung grundlegender numerischer Basiskompetenzen ein gutes Fundament gelegt werden, auf das die schulischen Anforderung gut aufgebaut werden können. Hierfür sollten auch die sich zahlreich ergebenden Anlässe im Kindergarten genutzt werden, um unterschiedliche Fähigkeiten auszugleichen und individuell zu entwickeln, indem bei alltäglichen und spielerischen Aktivitäten der Blick gezielt auf numerische Aspekte gerichtet wird.

2. Frühe mathematische Lernprozesse anregen

Die Diskussion um die Orientierungspläne – insbesondere die frühe Beschäftigung mit Mathematik – stieß vielerorts auf Ablehnung, weil befürchtet wurde, dass die unbeschwerte Kindheit und Spaß und Spiel des Kindergartenalters verloren gehen würden, weil „schulisches Lernen“ dort Einzug halten könnte.

Ursächlich für solche Befürchtungen war zum einen sicherlich, dass Mathematiklernen häufig – evtl. aufgrund eigener Erfahrungen – mit Leistungsdruck und Paukerei gleichgesetzt wird und daher emotional ein eher negativ besetzter Begriff ist.
Zum anderen wurde bestimmt auch deshalb immer wieder für einen längeren „Schonraum“ appelliert, weil vielfach eine falsche Vorstellung des Lernens in der Grundschule besteht. Das Ansammeln von Faktenwissen im Frontalunterricht, was häufig unter „schulischem Lernen“ verstanden wird, sollte nicht mehr der Realität der heutigen Grundschule entsprechen. Nicht lehrgangsmäßiges Lernen, sondern individuelle Auseinandersetzung mit den Inhalten wird auch dort angestrebt. Die Leitideen (vgl. Kap. 3) werden immer wieder aufgegriffen, um Wissen und Fähigkeiten nachhaltig zu erweitern, zu vertiefen und mit dem Vorwissen zu verknüpfen.
Nicht erst in den Bildungsstandards von 2004 (KMK 2004), aber seit dort besonders deutlich, wird für die Primarstufe die Notwendigkeit betont, die Prozesse bei der Bearbeitung von mathematischen Problemen mehr in den Vordergrund zu rücken. Prozessbezogene Lernziele wurden gleichrangig neben den inhaltsbezogenen formuliert (s. Kap. 3).

> „Das Mathematiklernen in der Grundschule darf nicht auf die Aneignung von Kenntnissen und Fertigkeiten reduziert werden. … Die allgemeinen mathematischen Kompetenzen verdeutlichen, dass die Art und Weise der Auseinandersetzung mit mathematischen Fragen ein wesentlicher Teil der Entwicklung mathematischer Grundbildung ist. Deren Entwicklung hängt nicht nur davon ab, welche Inhalte unterrichtet wurden, sondern in mindestens gleichem Maße davon, wie sie unterrichtet wurden, d. h. in welchem Maße den Kindern Gelegenheit gegeben wurde, selbst Probleme zu lösen, über Mathematik zu kommunizieren usw. … In einem Mathematikunterricht, der diese Kompetenzen in den Mittelpunkt des unterrichtlichen Geschehens rückt, wird es besser gelingen, die Freude an der Mathematik und die Entdeckerhaltung der Kinder zu fördern und weiter auszubauen.“

Wie in der Grundschule wird selbstverständlich auch im Kindergarten nicht lediglich den Inhalten, sondern auch der Förderung mathematischer Handlungs- und Denkweisen, der Förderung des Interesses, dem Aufbau einer Fragehaltung, der Motivation und der Fähigkeit Probleme zu lösen, sowie der Reflektion von und der Kommunikation über Lernerfahrungen ein hoher Stellenwert eingeräumt.
Was die Inhalte betrifft muss betont werden, dass in den Orientierungsplänen nicht angestrebt wird, schulische Inhalte vorwegzunehmen, sondern diese altersspezifisch anzubahnen. Vor allem bei den unter 3-Jährigen soll es um die Förderung der sinnlichen Erfahrungen mit mathematischen Inhalten gehen. Bei den meisten Kindern besteht schon vor Schuleintritt ein Interesse an Zahlen, Mengen, Formen und anderen mathematischen Inhalten. Dieses Interesse sollte auf jeden Fall erhalten und weiter ausgebaut werden, auch dann, wenn Inhalte des Anfangsunterrichts integriert werden. Das Vertrösten auf einen späteren Zeitpunkt führt häufig zum Verlust von Interesse und Motivation, die jedoch für den Lernprozess unverzichtbar sind.

Während inzwischen weitgehend Einigkeit darüber herrscht, dass im Kindergarten der Grundstein für das schulische Lernen – auch im mathematischen Bereich – gelegt werden soll, gibt es zur Frage nach der Art und Weise unterschiedliche Ansätze, je nachdem, welche Entwicklungstheorie zugrunde gelegt wird. Die daraus resultierenden verschiedenen Bildungsansätze sowie einige internationale Ansätze werden nachfolgend kurz vorgestellt (Kap. 2.1).
Anschließend geht es in Kapitel 2.2 um die Bedeutung von Sprache und Interaktion, da mathema-

tische Kompetenzen untrennbar mit sprachlichen Kompetenzen verbunden sind. Die Verbindung von Mathematiklernen und Sprache wird auch in Kap. 2.4 nochmals betont, wenn es um die Aufgabe der Erzieherin geht, Bildungsprozesse zu moderieren und lernmethodische Kompetenzen anzuregen. Diagnose und Dokumentation als Voraussetzung einer individuellen Förderung werden ebenfalls in Kapitel 2.4 angesprochen. Materialien zur Förderung im Allgemeinen werden in Kapitel 2.5 vorgestellt; konkrete Vorschläge finden sich hingegen in Kapitel 3. Da immer wieder zum einen auf die Bedeutsamkeit einer Erziehungspartnerschaft mit den Eltern hingewiesen wird, zum anderen die Notwendigkeit der Anschlussfähigkeit von Bildungsprozessen betont wird, ist der Kooperation des Kindergartens mit Eltern sowie der Grundschule Kapitel 2.6 gewidmet.

2.1 Verschiedene Ansätze

Entwicklungstheorien und Bildungsansätze

Verschiedene Vorstellungen darüber, was die Entwicklung eines Kindes bestimmt, haben Einfluss auf das pädagogische Handeln. Je nachdem, ob das Kind als aktiver Gestalter seiner Entwicklung angesehen (interaktionistische und Selbstgestaltungstheorien) oder davon ausgegangen wird, dass innere und äußere Einflüsse die Entwicklung bestimmen (exogenistische und endogenistische Theorien), werden die Möglichkeiten der pädagogischen Einflussnahme unterschiedlich eingeschätzt.

Montada (1998) typisiert verschiedene Entwicklungstheorien nach Annahmen zur Aktivität von Subjekt und Umwelt. Je nachdem von welcher Theorie ausgegangen wird, werden verschiedene Bildungsansätze abgeleitet.

Das passive Kind: Vermittlungsansatz und Selbstentfaltungsansatz

Inzwischen herrscht weitgehend Einigkeit darüber, dass Wissen aktiv konstruiert werden muss. Deshalb wird der Selbstentfaltungsansatz, der auf endogenistischen Theorien beruht, nur noch selten vertreten. Im endogenistischen Verständnis werden ausschließlich die Anlagen und die gestuften Reifungsprozesse als entscheidend für die Entwicklung gesehen.
Auch davon, dass Lernen nur die Reproduktion von vermitteltem fertigen Wissen sein kann und der Mensch durch externe Reize vollständig manipulierbar ist, wird nicht mehr ausgegangen. Aus diesem Grund gilt auch der auf exogenistische Theorien zurückgehende Instruktionsansatz (Vermittlungsansatz), zumindest für die frühen Lernprozesse, als weitgehend überholt, wenngleich dieser im schulischen Frontalunterricht immer noch praktiziert wird. Allerdings gibt es auch durchaus Inhalte, bei denen der Instruktionsansatz seine Berechtigung hat, nämlich dann, wenn es z. B. darum geht, bestimmte Begriffe und Sprechweisen einzuführen.

Das aktive Kind: Selbstbildungsansatz und ko-konstruktivistischer Ansatz

Weitgehende Übereinstimmung herrscht darüber, dass das Kind als kompetentes Wesen betrachtet wird, das sich eigenaktiv seine Welt aneignet und sein Wissen aktiv konstruiert, wobei individuelle Erfahrungen und Vorwissen bei der Konstruktion von neuem Wissen von entscheidender Bedeutung sind. Über die Möglichkeit der Einflussnahme durch die Umwelt wird jedoch nach wie vor diskutiert. Ob und inwieweit „von außen“ eingegriffen wird, hängt davon ab, ob Selbstgestaltungstheorien oder interaktionistische Theorien zugrunde gelegt werden.

	aktive Umwelt	passive Umwelt
aktives Kind	interaktionistische Theorien >>ko-konstruktivistischer Ansatz	Selbstgestaltungstheorien >>Selbstbildungsansatz
passives Kind	exogenistische Theorien >> Instruktionsansatz	endogenistische Theorien >>Selbstenfaltungsansatz

Von den Selbstgestaltungstheorien wird der Selbstbildungsansatz abgeleitet. Die Selbstgestaltungstheorien gehen davon aus, dass die Umwelt, der soziale und kulturelle Kontext, keinen Einfluss auf Lernen und Entwicklung hat; alles Wissen wird allein vom Kind – abhängig von dessen kognitiven Fähigkeiten – konstruiert.
Die Aufgabe der Erzieherin besteht also vorrangig darin, eine Lernumgebung bereit zu stellen, die die Selbstbildungsprozesse bestmöglich anregt. Tatsächlich beschäftigen sich die meisten Kinder in ihrer unmittelbaren Lebenswelt mit einer Vielzahl von mathematikhaltigen Situationen. Nach Fthenakis (2009) wäre es allerdings ein Trugschluss, bereits die reine Beschäftigung als mathematischen Lernprozess zu betrachten. Beim Ordnen und Sortieren von Gegenständen, beim Muster erstellen oder Zahlenreihe aufsagen, vollzieht sich eine mathematische Leistung nicht automatisch, sondern nur dann, wenn der mathematische Aspekt und der Sinn der Handlung erkannt wird. Hierzu bedarf es der Interaktion mit einer Person, die das den Aktivitäten zugrunde liegende mathematische Prinzip erkennt und die Aufmerksamkeit des Kindes durch Fragen auf den mathematischen Aspekt lenkt und in einen größeren Zusammenhang stellt.
Auch Grüßing und Peter-Koop (2007) weisen darauf hin, dass zwar in der Regel schon lange vor Schuleintritt auf konkreter Ebene Zahlen, Operationen, Formen, Größen, Muster und Strukturen und Wahrscheinlichkeiten erkundet werden, die Erfahrungen jedoch häufig unbemerkt und unreflektiert verblassen. Damit dies nicht geschieht, sehen es die Autorinnen als wesentlich, dass mathematisch reichhaltige Situationen aufgegriffen und die Kinder aufgefordert werden, ihre Ideen, Verstellungen und Erkenntnisse über Sachverhalte und Zusammenhänge sprachlich auszudrücken. Neben der individuellen Entwicklung von Sprachkompetenz dient dies vor allem auch der Präzisierung von Erfahrungen und Einsichten, die zuvor auf konkreter Ebene gemacht wurden.

Diesen Interaktionsprozessen werden im kokonstruktivistischen Ansatz, der sich aus den interaktionistischen Entwicklungstheorien ableitet, besondere Bedeutung beigemessen.
Im Gegensatz zu den Selbstgestaltungstheorien wird bei den interaktionistischen Theorien das wechselseitige Austauschverhältnis von Umwelt und Kind unterstrichen; es wird davon ausgegangen, dass die aktive Konstruktion von Wissen der sozialen Interaktion bedarf.
Schon Wygotsky (1896–1934) betonte die Bedeutung von Kooperation und Kommunikation bei der Entwicklung und beim Lernen und wird in der Frühpädagogik auch heute noch häufig zitiert. Vollbringt ein Kind selbstständig eine Leistung, so entspricht dies seiner erfolgten Entwicklung. Wird eine Leistung mit Hilfe eines Vorbildes oder einer Unterstützung durch Gleichaltrige oder Erwachsene vollbracht, so liegt diese im Bereich der potentiellen Entwicklung, in der „Zone der nächsten Entwicklung“. Die Entwicklung noch nicht ausgereifter Fertigkeiten und geistiger Funktionen wird damit beschleunigt. Nur das Wissen über die anstehenden Entwicklungsschritte ermöglicht die individuelle Förderung des Kindes. Beim Blick auf das, wozu das Kind schon selbstständig fähig ist, also auf das aktuelle Entwicklungsniveau, wird hingegen kein Lernzuwachs ermöglicht. Liegen andererseits Maßnahmen oberhalb der Zone der nächsten Entwicklung, ist das Kind überfordert und frustriert. Wenngleich Wygotsky eine intensive Arbeit mit den Kindern propagiert, da diese vor allem durch Anleitung und Unterstützung vorankämen, werden die Kinder als aktiv Lernende betrachtet, die das, was sie aufnehmen, geistig verarbeiten und umstrukturieren (Textor 2000).
In der Praxis ist es sicherlich sinnvoll eine Balance zwischen Selbstbildung und Ko-Konstruktivismus herzustellen.

Verschiedene internationale Ansätze

High/Scope Ansatz

Der High/Scope Ansatz geht auf David Weikart zurück, der schon in den 1960er Jahren erkannte, dass soziale Benachteiligung negativen Einfluss auf die Schulleistungen und damit auch auf das spätere Leben der Kinder hat und die Erziehung in der frühen Kindheit ein wirksames Mittel sein könnte, um Schulversagen vorzubeugen. Mit seinem Team von Lehrerinnen und Psychologinnen gründete er das Perry Vorschulprojekt in Michigan. Durch die 1970 gegründete High/Scope-Stiftung gelang es Weikart, das High/Scope

Vorschulcurriculum weiterzuentwickeln und auszuweiten, so dass sich der High/Scope Ansatz inzwischen auf 3- bis 10-jährige Kinder aus allen sozialen und kulturellen Gruppen bezieht und auch in vielen anderen Ländern außerhalb den USA eingesetzt wird.
Mehrere Langzeitstudien konnten belegen, dass das Programm tatsächlich gravierende kurz- und langfristige Auswirkungen auf das Leben der Teilnehmer und Teilnehmerinnen hatte (Shouse 2000).

Die Vorstellung vom Kind als aktivem Lerner bildet das konzeptionelle Kernstück des Ansatzes. Aktives Lernen beinhaltet nach dem High/Scope Ansatz vier Elemente (Shouse 2000):

- das direkte Handhaben von Gegenständen: Objekte werden mit allen Sinnen erkundet, dabei werden Eigenschaften und Beziehungen erkannt; schrittweise werden dabei abstrakte Begriffe entwickelt
- das Nachdenken über Handlungen: die konkreten Handlungen folgen einer Frage, die Wirkung der Handlung wird interpretiert
- die intrinsische Motivation: sie führt dazu, dass Kinder forschen und experimentieren um ihre Hypothesen zu überprüfen
- das Problemlösen: unerwartete Ereignisse oder Hindernisse bei der Durchführung einer beabsichtigten Aktion regen den Prozess an, das Unerwartete mit dem Bekannten in Einklang zu bringen und das bisherige Wissen zu erweitern.

Ursprünglich geprägt von Piagets Vorstellung, dass sich bestimmte Fähigkeiten in bestimmten Lebensphasen entwickeln, sollen die sich gerade herausbildenden Kompetenzen gefördert werden. Sensible Phasen, während der bestimmte Dinge am besten gelernt werden können und darauf abgestimmte, angemessene Lernmethoden sollen genutzt werden.

Basierend auf der kognitiven Entwicklungstheorie setzt der High/Scope Ansatz auf Problemlösen und unabhängiges Denken. Die Entwicklung der Kinder wird gefördert, indem intellektuelle Herausforderungen geschaffen werden, die das Bewusstsein und Verständnis der Kinder erweitern (Shouse 2000). Die „Macht zu lernen“ ruht zwar nach Weikart (1995 in Shouse 2000) im Kind, doch helfen die Erwachsenen den Kindern, Interessen, Talente und Ziele zu entwickeln, indem sie ihnen angemessene Lernumgebungen anbieten und sie bei ihren Erfahrungen unterstützen und anleiten. Der Interaktion wird ein hoher Stellenwert beigemessen: Einerseits kann das Nachdenken über die Handlungen oder das Aufstellen und Überprüfen von Hypothesen durch Fragen der Erzieherin initiiert werden, andererseits können die Erzieherinnen durch die Interaktion auch Hinweise auf die Denkweisen und individuellen Interessen und Fähigkeiten der Kinder erhalten und dadurch angemessene Hilfestellungen und Herausforderungen anbieten.

Der High/Scope Ansatz beinhaltet keine Aufstellung bestimmter Inhalte und Lernziele die „vermittelt“ werden sollen, vielmehr sollen die Kinder bestärkt werden, die Kontrolle über ihr eigenes Lernen selbst zu übernehmen. Es sind jedoch 58 Schlüsselerfahrungen benannt, die sich durch Gestaltung der Umgebung und geschickte Interventionen ergeben sollen. Diese Schlüsselerfahrungen sind in die Kategorien kreative Darstellung, Sprache und Literacy, Initiative und soziale Beziehungen, Bewegung, Musik, Klassifikation, Reihenfolge, Zahl, Raum, Zeit eingeordnet.

Eine weitere Basiskomponente des Ansatzes stellt der routinemäßig organisierte Tagesablauf dar: Selbstständige Einzel-, Partner- oder Gruppenaktivitäten, Kleingruppenphase, Großgruppenphase sind feste Bestandteile des Tages. Die selbstständigen Aktivitäten verlaufen nach einer festgelegten Abfolge:

- In der Planungsphase entscheiden die Kinder über ihre Aktivität, benennen und begründen ihre Ideen, Ziele und Vorgehensweisen. Die Erwachsenen gehen darauf ein und machen Vorschläge zur Erweiterung und Bereicherung der Ideen der Kinder.
- In der Arbeitsphase sammeln die Kinder ihre eigenen Erfahrungen, ohne dass die Erzieherin die Aktivität lenkt. Die Erzieherin beobachtet, ermutigt, wirft evtl. weitere Probleme auf, stimuliert Interaktionen mit anderen Kindern.
- In der Reflexionsphase teilen die Kinder ihre Erfahrungen aus der Arbeitsphase den anderen Kindern und der Erzieherin mit. Dabei können

sie ihr Vorgehen beschreiben, die aufgetretenen Probleme, ihre Irr- und Umwege, ihre Ergebnisse, etc.

In der Kleingruppenphase wird die Begegnung mit neuen Materialien, Tätigkeiten und Orten von der Erzieherin initiiert. So werden beispielsweise neue Mal- und Basteltechniken erprobt, Ausflüge in die Nachbarschaft u.ä. durchgeführt.
In der Großgruppenphase versammeln sich alle Kinder um beispielsweise zusammen zu singen, zu musizieren oder zu tanzen und wichtige Informationen auszutauschen.

Die im High/Scope Ansatz so wichtige Beobachtung und tägliche Dokumentation in dafür entwickelten Beobachtungsbögen dienen zum einen der Evaluation der pädagogischen Arbeit, zum anderen der Bestimmung des Entwicklungsstandes der einzelnen Kinder.
Die Eltern werden als primäre Erzieher der Kinder und als aktive Teilnehmer anerkannt, der Informationsaustausch über das Kind, die Erziehungsziele und die Familienkultur werden als bedeutsam angesehen.

Projektarbeit

Nach Katz & Chard (2000) ist ein Projekt die längerfristige Untersuchung realer Dinge, die verschiedene Aspekte einschließt. Die Kinder bestimmen selbst, welche Fragen beantwortet, welche Experimente oder andere Aktivitäten durchgeführt werden sollen. Als Hauptziel von Projekten sehen Katz & Chard, dass Kinder die Gelegenheit bekommen, vielfältige Fertigkeiten und Konzepte einzusetzen und etwas zu lernen, was sie persönlich interessiert.

Es werden vier Arten von Lernzielen benannt, die beim Projektansatz angesprochen werden: Wissen, Fertigkeiten, Dispositionen und Gefühle. Dabei wird – insbesondere für kleine Kinder – als wichtig angesehen, dass Wissen durch eigenes Tun und direkte Erfahrungen aufgebaut wird. Diese Erfahrungen bedürfen eines Inhalts und sollten ferner integriert und nicht isoliert sein, was durch die Einbindung in ein Projekt gegeben ist, ebenso wie die bezüglich des Erwerbs von Fertigkeiten sofortige Anwendung und Bedeutsamkeit. Als erstrebenswerte Dispositionen werden Lernmotiviation, Kooperationsbereitschaft, Kreativität, Problemlösebereitschaft, etc. genannt, die nach Katz & Chard genauso wie die (positiven) Gefühle durch die Projektarbeit angesprochen werden.
Für das schulische Lernen weisen Katz & Chard darauf hin, dass der Projektansatz den systematischen Unterricht nicht ersetzen, sondern ergänzen und unterstützen soll.

Vor allem im Zusammenhang mit der Erprobung des Situationsansatzes erlangte die Projektarbeit im Kindergarten große Bedeutung. Textor (1999) vertritt jedoch die Ansicht, dass Projektarbeit im Rahmen jedes pädagogischen Ansatzes möglich ist und gerade heute wichtig ist, da die Kinder zunehmend aus der Erwachsenenwelt ausgegliedert sind und sich hauptsächlich in speziell für Kinder eingerichteten Welten bewegen, was dazu führt, dass sie immer weniger Primärerfahrungen machen. Deshalb ist die Vernetzung und die Öffnung zum Gemeinwesen bei der Projektarbeit von besonderer Bedeutung. Handlungsorientierung, Erfahrungslernen, Selbsttätigkeit, Lebensnähe, Mitbestimmung und Methodenvielfalt gehören zu den vorrangigen Prinzipien. Eine ganzheitliche Kompetenzförderung wird angestrebt, indem sowohl kognitive als auch soziale und emotionale Erfahrungen, teilweise auch motorische und ästhetische, ermöglicht werden.

Die Projektinitiative entsteht idealerweise aus dem Bedürfnis der Kinder, über ein bestimmtes Thema mehr wissen zu wollen; sie kann sich jedoch auch aus einem Vorschlag der Erzieherin ergeben. In der Einstiegsphase wird in Gesprächen mit den Kindern zum einen das Vorwissen bestimmt, zum anderen ergeben sich dabei diejenigen Aspekte, Fragen und Wünsche, die für die Kinder besonders interessant sind und deshalb bei der Durchführung auf jeden Fall Beachtung finden sollten. Durch Fragen der Erzieherin kann die Beschäftigung mit weiteren Aspekten oder die Erweiterung der von den Kindern vorgeschlagenen Aktivitäten motiviert werden.
In der Durchführungsphase formulieren die Kinder zunächst die Fragen, die sie besonders interessieren und überlegen gemeinsam, wie sie diese beantworten könnten. Sie stellen Hypothesen auf und

diskutieren diese. Der Schwerpunkt dieser Phase besteht im Beschaffen von Informationen durch Gespräche und Interviews mit Experten, durch Experimente, durch Bücher und Filme aber vor allem auch durch Ausflüge und Besichtigungen, die Primärerfahrungen außerhalb des Kindergartens ermöglichen. Die Verarbeitung der Erfahrungen kann durch das Berichten über den Lerngang, durch Basteln, Malen, Rollenspiele, etc. erfolgen. Auf diese Weise werden unterschiedliche Fähigkeiten und Fertigkeiten ausgebildet und vielerlei Kenntnisse erworben. Auch kommunikative und soziale Kompetenzen werden dabei trainiert. Persönlichkeitseigenschaften wie Eigenverantwortung, Selbstvertrauen und positives Selbstbild werden gefördert. Der Erzieherin kommt in dieser Phase die Aufgabe zu, Materialien bereitzustellen, zu beobachten, motivierende Impulse zu geben, weiterführende Fragen aufzuwerfen, Vorschläge zu machen und gegebenenfalls Hilfen zu geben. Gemeinsam mit den Kindern sollte sie immer wieder die Arbeit reflektieren.
Zum Abschluss des Projekts sollte ein besonderes Ereignis stattfinden, das die Projektergebnisse sinnvoll präsentiert. Besonders motivierend ist hierbei der Einbezug der Öffentlichkeit (Presse, Eltern, ...), da die Kinder hier die Wertschätzung ihrer Arbeit in besonderem Maße erleben können. Abschließend sollte der Projektverlauf mit den Kindern reflektiert werden.

Reggio-Pädagogik

Unter Reggio-Pädagogik wird das Konzept verstanden, das in den kommunalen Krippen und Kindertagesstätten der norditalienischen Stadt Reggio nell´Emilia in den späten 1960er Jahren entwickelt wurde, jedoch inzwischen auch außerhalb Italiens umgesetzt wird. Charakteristisch für den Ansatz ist die Kindzentriertheit und die Überzeugung, dass Kinder dadurch lernen, dass sie miteinander interagieren. Die Reggio-Pädagogik folgt dem Selbstbildungskonzept, daher gibt es keine Beschäftigungsvorgaben durch die Erzieherin oder Förderung bestimmter Fähigkeiten und Fertigkeiten durch zielorientierte Maßnahmen. Selbst Materialien, die didaktisch konzipiert sind, die für bestimmte Lernschritte definiert sind und deren Benutzung pädagogisch angeleitet werden müsste, so wie dies beispielsweise bei mathematikdidaktischem Arbeitsmaterial der Fall ist, werden abgelehnt. Vielmehr entscheiden die Kinder völlig selbst, was für sie passt und gut ist, ausgehend davon, dass jedes Kind Konstrukteur seiner eigenen Entwicklung ist und durch eigenes Handeln, durch Versuch und Irrtum, erkundet, wie die Welt funktioniert. Die Erzieherin gibt dabei lediglich Hilfe zur Selbsthilfe, indem sie beispielsweise bei der Beschaffung von Informationen und Materialien hilft, die die Kinder benötigen um sich ihre Fragen zu beantworten oder Experimente durchzuführen. Die Schwerpunkte ihrer Arbeit liegen im Beobachten, im Dokumentieren und in der Impulsgebung. Sie schafft eine Atmosphäre des Vertrauens und der Verlässlichkeit als wichtige Grundlage des Bildungsprozesses, beobachtet genau, um zu erkennen, wo ein Kind steht und welche Anregungen sinnvoll und effizient sind, um das Kind auf die nächste Entwicklungsstufe zu führen. Auf Grundlage ihrer Beobachtungen kommuniziert und reflektiert sie im Team und berät die Eltern.

Die Ausbildung einer sozialen, sensiblen, reflektierenden, empathischen, verantwortungsvollen, urteils- und kritikfähigen Persönlichkeit gehört zu den Hauptzielen der Reggiopädagogik. Nicht Lerninhalte, sondern Lernmethoden, nicht Systematik, sondern Lebens- bzw. Problemorientiertheit stehen im Vordergrund: Indem die Kinder kreativ, kooperativ, flexibel und selbstständig schon im Kindergarten lernen, wie Probleme konstruktiv gelöst werden, erlangen sie die Befähigung, mit den Herausforderungen der Zukunft fertig zu werden.

Projekte sind das Herzstück der Reggio-Pädagogik. Sie gehen aus von Themen aus dem Alltag, der Erlebniswelt der Kinder und basieren ausschließlich auf deren Interessen und Beobachtungen. Projekte können durch die Erzieherin angeregt und erweitert, jedoch niemals gesteuert werden.

Zentrales Element ist die Dokumentation, ausgehend davon, dass Kinder vor allem auch dadurch lernen, dass sie ihre Experimente, Entdeckungen, Erlebnisse, Empfindungen und Deutungen mit ihren „100 Sprachen" (Bilder, Modelle, Rollen-

spiele, ...) zum Ausdruck bringen. Projekte werden in Wandzeitungen („Sprechende Wände") dokumentiert. Sie geben den Prozess wieder, veranschaulichen die Erkenntnisprozesse, helfen den Kindern sich ihrer Aktivitäten zu erinnern und zeigen die Struktur des Projekts auf.
Außer den thematisch orientierten Kinderaktionen werden auch die Beobachtungen der Erzieherin bezüglich der Entwicklung der Kinder genau dokumentiert.

Die reggiopädagogischen Einrichtungen verstehen sich als ganzheitliche Erfahrungsstätten, in denen künstlerisches Arbeiten und Experimentieren einen hohen Stellenwert haben.
Das Atelier gehört zu den charakteristischen Besonderheiten. Eine Vielfalt von Gegenständen, Gestaltungs-, Konstruktions- und Verbrauchsmaterien, Werkzeugen, ... fordert zum Erfinden, zum kreativ werden heraus. Ferner dient das Atelier der Präsentation und Dokumentation von Kinderarbeiten. Im Atelier werden entgegen der sonstigen Konzeption auch Aspekte der handwerklichen Praxis und Lehre eingebracht, die bewährte Praxis imitiert (Knauf 2000).

Konzeptionelle und organisatorische Überlegungen

Kompetenzorientierung statt Defizitorientierung

In der Diskussion um die konzeptionellen Grundlagen der mathematischen Bildung im Kindergarten haben sich inzwischen auch die Schlagwörter des Kompetenz- bzw. Defizitansatzes herausgebildet.
Während sich die kompetenzorientierten Ansätze auf die Identifikation vorhandener Kompetenzen richten, um diese zum Ausgangspunkt des Lernprozesses zu machen und darauf aufbauend Lernsituationen zu schaffen, orientieren sich die defizitorientierten Ansätze an den Defiziten und machen diese zum Ansatzpunkt des Förderprozesses, mit dem Ziel, das aufzuholen, was diese Kinder von den anderen Kindern unterscheidet.
So wird beim defizitorientierten Ansatz in erster Linie versucht, die sogenannten „Risikokinder" (meist mithilfe standardisierter Tests) zu identifizieren (s. Kap. 2.4). Durch den Abgleich mit den angegebenen Vergleichswerten bei standardisierten Verfahren wird festgestellt, in welchen Bereichen Defizite liegen. Anschließend wird mit gezielter Förderung angestrebt, den Kindern zu helfen, ihre Rückstände gegenüber anderen Kindern aufzuarbeiten.

In anderen Kindergärten werden lehrgangsartige Förderprogramme (s. Kap. 2.5) für alle Kinder, unabhängig von ihren individuellen Kompetenzen, eingesetzt. Hierbei wird davon ausgegangen, dass alle Kinder über die gleichen Ausgangsvoraussetzungen verfügen, was in der Regel jedoch nicht der Fall ist. Eine individuelle Kompetenzförderung findet hierbei also nicht statt. Dabei besteht die Gefahr, dass versucht wird, Mathematik zu vermitteln und Mathematiklernen nicht als aktiv-entdeckende Tätigkeit wahrzunehmen.

Bei den kompetenzorientierten Ansätzen geht es hingegen darum, allen Kindern auf ihre individuellen Kompetenzen und Lerndispositionen abgestimmte, förderliche mathematische Lerngelegenheiten anzubieten, mit dem Ziel, nicht lediglich Schwächen zu kompensieren, sondern auch Stärken auszubauen und Potenziale und Talente optimal zu entfalten. Mathematiklernen wird als aktiv-entdeckende Aktivität gesehen, die geprägt ist durch konstruktive und kommunikative Prozesse. Dabei müssen standardisierte Diagnoseverfahren nicht gänzlich ausgeschlossen werden, vor allem dann, wenn es darum geht, die eigenen Beobachtungen und Einschätzungen abzusichern.

Eng verbunden mit dem kompetenzorientierten Ansatz ist auch eine positive Sicht auf Fehler (s. Kap. 2.4). Mit einer defizitorientierten Sichtweise werden fehlerhafte Lösungen verbessert oder, wenn möglich, verhindert (Spiegel & Selter 2004). Mit einer kompetenzorientierten Wahrnehmung hingegen bemüht man sich die „Denkweisen grundsätzlich als sinnvolles Vorgehen zu verstehen und den Kindern dieses wohlwollende Interesse auch zu signalisieren" (Spiegel & Selter 2004). Fehler sind nicht unbedingt ein Indiz für Versagen, sondern können auch Aufschluss über kognitive Leistungen geben. Häufig haben Fehler ein System und es liegen Regelbildungen und Regelanwendungen zugrunde – selbst wenn das Produkt nicht „normgerecht" ist, so kann es doch ein Beleg sein für den Einsatz von Strategien und Kompetenzen: Einige Zeit nachdem die Erzieherin angekündigt hatte, dass es in 10 Minuten Frühstück gäbe, äußerte Fabian stolz: Um „zehnsiebenundsechzig“. Er hatte auf die digitale Armbanduhr der Erzieherin gesehen und mit Hilfe der Finger von 57 um 10 weitergezählt. Eine große Leistung für ein Kindergartenkind, die jedoch ungewürdigt verbessert wurde …

Vorbereitete Aufgaben oder Lernen in Alltagssituationen?

Diskutiert wird weiterhin, inwieweit und in welchem Maße die Aktivitäten und die Bereiche, mit denen sich das Kind beschäftigt, gelenkt werden sollen, um den Erwerb von Basiskompetenzen zu sichern.
Tatsächlich ergeben sich im Alltag zahlreiche Situationen, die als Ausgangspunkt genutzt werden können, denn die ganze Welt steckt voller Mathematik. Mathematik findet sich in der Natur, in der Kunst, in der Architektur, in der Musik, etc. Kinder begegnen ihr wenn sie Anzahlen bestimmen, Bonbons verteilen, Muster betrachten, Takt klatschen und tanzen, Größen vergleichen oder sich ärgern, dass sie keine Sechs würfeln …. Doch gibt es auch durchaus Bereiche, für die es im Alltag nur wenig Anforderungssituationen gibt. Dann ist es auf jeden Fall erforderlich, Situationen zu schaffen, die Beobachtung und gegebenenfalls Förderung erlauben.
Auch ist es nicht immer einfach, die sich im Alltag ergebenden mathematikhaltigen Situationen spontan zu erkennen, zu nutzen und aktiv zu erweitern. Dies bedarf neben pädagogischem Geschick und Erfahrung auch einer hohen fachlichen und fachdidaktischen Kompetenz. Vorbereitete Angebote sind deshalb nicht zuletzt auch eine Hilfe für die Erzieherin, um sich schrittweise in den Bereich der frühen mathematischen Förderung einzuarbeiten. Bei der Vorbereitung und Reflektion spezieller Angebote wird der Blick entwickelt und geschärft für mathematische Erfahrungen im Alltag.

Vorbereitete Angebote zur Förderung spezifischer Inhaltsbereiche sind dabei keineswegs gleichzusetzen mit einer lehrgangsmäßigen Aufbereitung, bei der angestrebt wird, dass alle Kinder die selben Lern- und Entwicklungsschritte machen. Vielmehr sollten vorbereitete Angebote so angelegt sein, dass die Kinder ihrem individuellen Entwicklungs- und Lernstand angemessen weiterführende Erfahrungen machen können.

Auch wenn idealerweise mathematische Bildung ganzheitlich und bereichsübergreifend angelegt ist, schließt dies vorbereitete, bereichsspezifische Angebote keineswegs aus.
Ebenso sollten vorbereitete Aufgaben auch immer ergänzt werden durch das spontane Aufgreifen von Alltagssituationen, von Fragen, Wünschen und Interessen der Kinder.

Freie Angebote oder Pflicht für alle Kinder?

Nicht immer ist es ausreichend, eine anregende Umgebung anzubieten und den Kindern die Auswahl ihres Beschäftigungsfeldes völlig selbst zu überlassen. Immer wieder gibt es auch Kinder, die bei freier Auswahl die Beschäftigung mit Vertrautem vorziehen, um Misserfolge beim Erforschen von Neuem zu umgehen. „Die Kinder sollen nicht nur dort abgeholt werden, wo sie sind, sondern man muss sie auch dort hinführen, wo sie noch nicht waren“ (Peter-Koop u.a. 2006). Angebote für alle Kinder beinhalten auf diese Weise nicht nur die Möglichkeit, vorhandene Interessen und Fähigkeiten weiterzuentwickeln, sondern auch neue herauszubilden.

Eine nicht repräsentative Umfrage im Rahmen von Examensarbeiten (Bernauer 2010, Straulino 2010, Heinemann 2010) ergab, dass zwar 97% der Eltern befürworteten, dass im Kindergarten gezielte Angebote zum Mathematiklernen gemacht werden sollten (N=117). Allerdings waren 41% der Meinung, dass für die Kinder diese Angebote nicht verpflichtend stattfinden sollten (N=97).

Auch hier ist es sicherlich sinnvoll, zwischen freien Angeboten und verpflichtenden Angeboten zu variieren.

Festgelegte Zeiten für mathematische Aktivitäten?

Soll mathematisches Lernen bereichsübergreifend angelegt sein, so dürfen mathematische Aktivitäten keinesfalls auf bestimmte Zeiten eingeschränkt sein. Wann immer sich im Tagesverlauf geeignete Anlässe ergeben, sollten diese selbstverständlich aufgegriffen werden.

Werden spezielle Lernumgebungen bereitgestellt, ist zu überlegen, ob dies in festgelegten regelmäßigen Zeiten oder innerhalb von Freispiel- und Freiarbeitszeiten stattfinden sollte. Dies ist jedoch vom Gesamtkonzept des Kindergartens abhängig und sollte deshalb individuell entschieden werden.

Zusammensetzung der Gruppe

Während früher die Kindergartengruppen häufig altershomogen zusammengesetzt waren, sind inzwischen fast in allen Kindergärten altersgemischte Gruppen anzutreffen. Dies wird deshalb als sinnvoll erachtet, weil Kinder von- und miteinander lernen, indem sie sich gegenseitig beobachten und imitieren und indem sie ihre Arbeitsergebnisse vergleichen und sich über ihre Aktivitäten austauschen. Auf diese Weise lernen sie verschiedene Denkarten, Lösungs- und Handlungskonzepte kennen. Ist ein Kind in einem Entwicklungsbereich weiter fortgeschritten, so kann es als Vorbild oder durch seine Unterstützung den nächsten Entwicklungsschritt anderer Kinder beschleunigen („Zone der nächsten Entwicklung“ (s. Kap. 2.1). Auch die Entwicklungsunterschiede gleichaltriger Kinder können sehr groß sein oder verschiedene Bereiche entwickeln sich nicht gleichförmig und parallel, so dass sich auch gleichaltrige Kinder gegenseitig beim Vorankommen unterstützen können. Gegen die Altersmischung gibt es durchaus auch kritische Stimmung. So belegte Tudge in den 1990er Jahren mit zwei experimentellen Untersuchungen in den USA und der ehemaligen Sowjetunion, dass nur die jüngeren Kinder von der Altersmischung profitieren, während die älteren Kinder in ihrer Weiterentwicklung durch häufige Interaktionen mit weniger kompetenten Kindern eher gebremst würden (Textor 1999).

Die Studie „Equally prepared for life? How 15 years old boys and girls perform in school“ kam – gestützt auf Daten der PISA-Erhebungen und anderen OECD-Studien – zum Ergebnis, dass die Leistungsunterschiede zwischen Jungen und Mädchen im Laufe der Schulkarriere in manchen Teilbereichen zunehmen. Allerdings waren die Werte im Bereich Problemlösen ähnlich gut. Das lässt darauf schließen, dass die Unterschiede weniger auf unterschiedliche Begabung denn auf die Art und Weise, wie mathematische Probleme in der Schule präsentiert werden und auf die Selbstzweifel der Mädchen an ihren mathematischen Fähigkeiten zurückzuführen sind. So konnten Untersuchungen belegen, dass viele Mädchen bei gleicher Leistung ihre Fähigkeiten geringer einschätzen als die Jungen. Um den Auswirkungen geschlechtsspezifischer Erziehung und Sozialisation entgegenzuwirken, ist es sicherlich nicht notwendig und nicht sinnvoll, im Kindergarten geschlechtshomogene Gruppen einzurichten. Doch sollte bewusst darauf geachtet werden, das mathematische Selbstvertrauen der Mädchen von Anfang an zu stärken und die Mädchen zu motivieren, sich auch mit vielleicht traditionell eher jungen-typischen Aktivitäten, wie Bauen und Konstruieren, zu beschäftigen.

2.2 Die Bedeutung von Sprache und Interaktion

Sprachwissenschaftler, Kognitionsforscher und Philosophen beschäftigen sich seit langem mit dem Zusammenhang von Sprache, Denken und Bewusstsein. "Die Grenzen meiner Sprache sind die Grenzen meiner Welt", schrieb der Philosoph Ludwig Wittgenstein und Wilhelm von Humboldt bezeichnete ein Jahrhundert vorher Sprache als das "bildende Organ der Gedanken".

Wenngleich Untersuchungen belegen, dass Denken bedingt auch ohne Sprache möglich ist, ist unbestritten, dass Sprache und Denken sich wechselseitig beeinflussen. Wie schon im vorigen Kapitel deutlich wurde, spielt die Sprache und die Interaktion zwischen Erwachsenem und Kind sowie zwischen den Kindern eine bedeutende Rolle bei jedem Lernprozess – auch im mathematischen, obwohl hier von Nicht-Experten häufig davon ausgegangen wird, dass die Mathematik weniger auf Sprache angewiesen sei, weil sie sich vorrangig mit Symbolen beschäftige. Allerdings wird bei dieser Argumentation übersehen, dass gerade die Verdichtung auf Symbole einer Konzeptbildung bedarf, die durch Interaktion unterstützt werden kann.

Durch Gespräche über ihre Tätigkeiten und Erfahrungen werden die Kinder angeregt, ihre konkreten Aktivitäten zu reflektieren. Dies unterstützt sie dabei, zu verstehen, wie ihre Erkennt-

nisse zustande gekommen sind, warum dies so ist, was sie gelernt haben, etc.
Häufig wird den Kindern erst durch die gemeinsame Reflexion der mathematische Kontext ihrer Tätigkeit bewusst. Das Erkennen und das Bewusstsein der mathematischen Idee ist von größter Bedeutung, weil bedeutsames mathematisches Lernen nur dann stattfindet, wenn von den konkreten Erfahrungen abstrahiert werden kann und das mathematische Prinzip verstanden ist. Im Gespräch, auch durch Nachfragen der Erzieherin, entstehen außerdem Impulse, wie die Erfahrungen erweitert und vertieft werden können. Auch die Interaktion zwischen den Kindern führt dazu, dass durch das Sprechen über Phänomene und Prozesse das Nachdenken über das eigene Denken angeregt wird. Diese metakognitive Kompetenz ist nicht nur beim mathematischen Lernen, sondern in allen Bereichen und vor allem auch zum Aufbau lernmethodischer Kompetenz unabdingbar (s. Kap. 2.4). Des Weiteren wird durch diese Interaktionen das Verständnis von der Welt erweitert und präzisiert und die Integration der neuen Entdeckungen in vorhandenes Wissen begünstigt.

Solche Interaktionen haben auch diagnostischen Wert: Die Erzieherinnen erkennen den individuellen Entwicklungsstand des Kindes – es wird deutlich, ob Begriffe, Abläufe und Zusammenhänge verstanden sind, so dass gezielt die Weiterentwicklung gefördert werden kann.

Des Weiteren dient das Sprechen über Erfahrungen, Erkenntnisse, Zusammenhänge, Gemeinsamkeiten, Unterschiede etc. der Erweiterung und Festigung des Wortschatzes.

Nach Fthenakis (2009) ist die Entwicklung sprachlicher und mathematischer Kompetenzen nicht zu trennen: Je differenzierter ein Kind mathematische Sachverhalte sprachlich ausdrücken kann, desto differenzierter kann es auch geistig mit ihnen umgehen. Auch wird die Kommunikation mit anderen und damit das gemeinsame Entwickeln des mathematischen Verständnisses begünstigt. Studien haben gezeigt, dass die gefühlsbetonte und informative sprachliche Interaktion zwischen der Betreuungsperson und dem Kind die Entwicklung verbaler und kognitiver Fertigkeiten zu beschleunigen scheint (McCartney u.a. 1982 in Fthenakis 2009).

Der sprachliche Ausdruck mathematischer Sachverhalte stellt jedoch hohe Anforderungen an die Sprachkompetenz. So hängt das Erkennen von Mustern eng mit der Begriffsentwicklung zusammen (siehe Kap. 3.1.1) und schon das Erlernen der Zahlwortreihe kann aufgrund der speziellen Konstruktion in der deutschen Sprache zu Problemen führen (siehe Kap. 3.5.1).
Auch werden in der Mathematik manche Begriffe anders verwendet als im Alltag, haben eine andere oder eingeschränkte Bedeutung, gehen über die Alltagssprache hinaus. Gefragt nach dem „Unterschied“ zwischen 2 und 5 werden Erwachsene vermutlich spontan mit 3 antworten, während Kinder den Unterschied vielleicht eher auf die Form der Ziffern (rund bzw. rund und eckig, in einem Zug bzw. in zwei Zügen zu schreiben ...) oder auf die Art der Darstellung (groß/klein, grün/blau, ...) beziehen. So wird auch die „Größe“ von Zahlen, etwa beim Ordnen nach der Größe, häufig zunächst auf die Schriftgröße und nicht auf die arithmetischen Beziehungen bezogen. Weitere typische Missverständnisse in der Kommunikation durch verschiedene Wortbedeutungen in Alltag und Mathematik sind beispielsweise auch bei den Begriffen „Menge“, „Umfang“, „Seite“, „gerade“, „ungerade“, „gleich“, ... und vielen anderen möglich.
Inzwischen ist auch bekannt, dass sprachliche Begriffe im Kindesalter eine Entwicklung durchlaufen und ihre Bedeutung verändern. Während Dreijährige die Frage nach dem „mehr“ als Frage nach der Anzahl auffassen, wissen Fünfjährige, dass sich „mehr“ auch auf die räumliche Ausdehnung beziehen kann (mehr Limo im Glas ...). Siebenjährige hingegen beziehen sich wieder häufiger auf die Anzahl. Das hat zur Folge, dass bei den Piagetschen Invarianzversuchen die Dreijährigen richtig, die Fünfjährigen falsch, die Siebenjährigen richtig antworteten, also nicht mathematisches Wissen, sondern Sprachkompetenz erfasst wurde (Lorenz 2009).

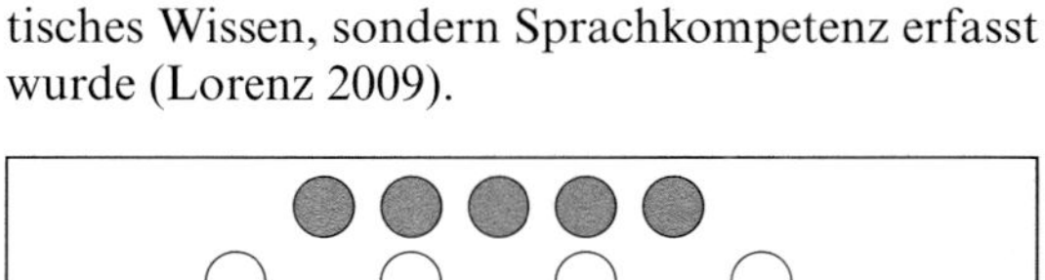

In welcher Reihe liegen mehr Perlen?

Nicht nur die Begriffe, auch die semantische Struktur von Aufforderungen oder Feststellungen kann z. B. schon beim Sortieren und Klassifizieren Schwierigkeiten bereiten, weil feine sprachliche, große mathematische Unterscheidungen zur Folge haben: Während die „roten, runden Plättchen" die Schnittmenge bezeichnen, sind die „roten und die runden Plättchen" die Vereinigungsmenge.

Gerade schwierige Wörter werden in der mathematischen Kommunikation besonders häufig gebraucht: Räumliche Präpositionen (in, auf, vor, hinter, unter, über, neben, rechts, links, …) vor allem dann, wenn es um die räumliche Orientierung geht (s. Kap. 3.2.1), zeitliche Begriffe (vor(her), nach(her), danach, …) bei zeitlichen Reihenfolgen, z. B. bei der Beschreibung von Handlungsabläufen, aber auch Komparative und Superlative (groß- größer- am größten, viel- mehr- am meisten, …) beim Sortieren und Klassifizieren und bei der Seriation (s. Kap. 3.1.2 und 3.3). Kausale Konstruktion (wenn-dann, weil, daher, …) sind wichtig für das Argumentieren und Begründen.

2.3 Spielen und Lernen

Noch immer werden Spielen und Lernen häufig als Gegensätze benannt. Während Lernen oftmals als Ergebnis von gezielten Angeboten angesehen wird, als Produkt sichtbarer, oft sogar freudloser und anstrengender Arbeit, wird Spielen mit Spaß, mit Freiwilligkeit und Selbstbestimmung assoziiert. Zwar findet beim Spielen Lernen eher beiläufig statt, während Lernen eher als bewusste und zielgerichtete Tätigkeit verstanden wird, doch können sowohl Spielen als auch Lernen als Tätigkeiten gesehen werden, die beide zu neuen oder vertieften Erkenntnissen führen (können).

Seit Jahrhunderten beschäftigen sich Pädagogen mit dem Phänomen Spiel. Stellenwert, Funktion und pragmatische Ausrichtung haben sich immer wieder verändert, selbst die Begriffsklärungen differieren je nach theoretischem Standort (Vernooij 2005). Allerdings besteht Einigkeit darüber, dass frühkindliches Spiel als selbstgesteuertes Lernen, als selbstbestimmtes, zweckfreies Aufnehmen und Integrieren von Erfahrungen gesehen werden kann. Im Spiel werden Denken, Abstrahieren, Erinnern, Fantasie, Kreativität und Vorstellungsvermögen ausgebildet.
Damit die Kinder jedoch Spielfähigkeit auf- und ausbauen können, müssen sie die verschiedenen Spielformen entdecken – durch intensives Spielen mit anderen Kindern und mit Erwachsenen und durch Materialien, das zu verschiedenen Spielformen anregt.
Oerter (1998) unterscheidet verschiedene Formen des Spiels, die sich nacheinander entwickeln

- Sensumotorisches Spiel: Säuglinge haben Freude an Körperbewegungen und wiederholen diese immer wieder. Mehr und mehr werden Objekte miteinbezogen: Gegenstände werden hergezogen, geschüttelt, weggeworfen …
- Informationsspiel: Die Kinder versuchen herauszufinden, was mit bestimmten Gegenständen zu machen ist, wie diese beschaffen sind oder wie sie von innen aussehen.
- Konstruktionsspiel: Gegenstände werden benutzt, um aus oder mit ihnen einen Zielgegenstand herzustellen: ein Gebilde aus Bauklötzen, eine Sandform, eine Knetfigur, eine Zeichnung, …
- Als-ob-Spiel: Gegenstände werden nach eigenen Vorstellungen und Wünschen gedeutet – beim Puppenspiel, beim Spielen mit Autos, mit Tieren, wobei die Handlungen selbst aus dem Erfahrungsfeld der Kinder entstammen. Soziale Spiele werden durch Regeln zu Rollenspielen.
- Rollenspiele: Nicht nur Gegenstände, auch Lebenserfahrungen werden umgedeutet. Die Kinder schlüpfen in fremde Rollen – zumeist in die von Erwachsenen. Hierfür sind bei mehreren Mitspielern Absprachen und Regeln über die Inhalte des Spiels notwendig.
- Regelspiele: Anders als bei den vorgenannten „freien" Spielen wird hier nach festgelegten Regeln agiert. Meist handelt es sich dabei um Wettkampfspiele. Außer Sportspielen zählen hierzu auch die meisten Gesellschaftsspiele und Kartenspiele.

In diesem Sinne sind für das Mathematiklernen vor allem Konstruktionsspiele aber auch Rollenspiele, so z. B. Einkaufssituationen, von Bedeutung. Auch viele Regelspiele haben mathematischen Gehalt und regen mathematische Kompetenzen an, ohne sie in den Vordergrund zu stellen.

Es soll keinesfalls darum gehen, mathematische Inhalte so zu verpacken, dass sie als Spiel deklariert werden können. Vielmehr geht es darum, dass mathematisches Lernen und Entdecken spielerisch – spontan, frei, motiviert und engagiert – stattfindet, ohne dass unbedingt das Produkt, sondern vielmehr der Prozess dabei im Vordergrund steht.

2.4 Die Aufgaben der Erzieherin

Nicht erst in diesem Jahrtausend ist das Aufgabenprofil der Erzieherin komplex, vielseitig und vielschichtig. Mehr fokussiert und explizit festgeschrieben wurden jedoch das kognitive Lernen, insbesondere in den Bereichen mathematische und naturwissenschaftliche Bildung, die Beobachtung und Dokumentation von Entwicklungsprozessen und die verstärkte Kooperation mit Eltern und Grundschule (vgl. hierzu 2.6). Den Interaktionen zwischen Erzieherinnen und Kindern wird mehr Bildungsrelevanz zugeschrieben und die innere Differenzierung, das individuelle Eingehen auf die Stärken und Schwächen eines jeden Kindes wird als Prinzip erhoben, das es ermöglichen soll, jedes einzelne Kind optimal zu fördern.

Um diese Aufgaben zu erfüllen, ist ein hohes Maß an fachlichem und fachdidaktischem Wissen erforderlich. Um Lernumgebungen und Lernanregungen anbieten zu können, die mathematisches Denken herausfordern oder um Lerngelegenheiten, die sich spontan im Alltag ergeben als bedeutsam zu erkennen und weiterführen zu können, müssen die fundamentalen mathematischen Ideen erfasst sein, müssen mathematische Inhalte und Lernsituationen eingeordnet und vernetzt werden können. Auch Kenntnisse bezüglich der mathematischen Entwicklungsprozesse (s. Kap. 1.4), über häufige Fehlvorstellungen, über Methoden und Materialien sind von Bedeutung.
Die Kompetenzen des jeweiligen Kindes müssen richtig eingeschätzt werden, um auf dieser Grundlage die kindlichen Äußerungen und Handlungen richtig zu deuten und daran anknüpfen zu können. Um den Entwicklungsstand des Kindes, seine Stärken und Schwächen zu erkennen, bedarf es neben des Wissens um Entwicklungsverläufe der Fähigkeit, Aufgabenstellungen zu entwickeln, die es erlauben, Rückschlüsse auf Kompetenzen und Defizite zu ziehen.

Neben diesem fachlichen und fachdidaktischen Wissen ist es jedoch auch unabdingbar, dass dieses in konkreten Situationen im Kindergartenalltag umgesetzt werden kann, dass Handlungskompetenz erworben wird. Diese ist erforderlich, um im Einzelfall Entscheidungen bezüglich passgenauer Lern- und Förderangebote treffen zu können.
Sicherlich spielen dabei Erfahrungen eine entscheidende Rolle um situationsangemessen und flexibel handeln und reagieren zu können. Wichtig ist zudem, dass die Situationen, v. a. die Reaktionen der Kinder und deren Denkweisen, immer wieder reflektiert werden.

Manchmal müssen sicherlich auch eigene Barrieren bezüglich der Mathematik und dem Mathematiklernen überwunden werden und bewusste oder auch unbewusste Vorstellungen und Einstellungen – kognitiv wie affektiv – reflektiert werden. „In der Lehr-Lernforschung werden neben Fach- und Handlungskompetenz auch die Einstellungen der Lehrkräfte und Erziehenden zum Fach und zum Lernen als bedeutsam für die Gestaltung von Lehr- und Lernaktivitäten und den Lernerfolg der Kinder erachtet“ (Gasteiger 2010).
Neben der Tatsache, dass sich eine ablehnende Haltung von Erwachsenen gegenüber der Mathematik auch auf Kinder übertragen kann, hat die Sichtweise der Erzieherin auf Mathematik und deren Einstellung zum Mathematiklernen auch Auswirkungen auf die Gestaltung mathematischer Lernumgebungen im Kindergarten. Wurde die Mathematik in der eigenen Biografie als Regelspiel vermittelt und erlebt, bei dem die Übung und Anwendung von Routinen und Definitionen im Vordergrund stand, so wird dem mathematischen Forschen und Entdecken, der eigenen Konstruktion mathematischer Konzepte durch die Kinder wohl eher wenig Platz eingeräumt.

Anregende Lernumgebungen bereitstellen

Wissen muss immer wieder neu konstruiert, erfahren und erworben werden und kann nicht einfach weitergegeben werden. Die Synapsen bilden sich vor allem dann, wenn das Kind dabei selbstbildend aktiv beteiligt war. Deshalb soll den Kindern kein Wissen „dargeboten" und „vermittelt" werden, sondern es soll ihnen die Möglichkeit gegeben werden, sich selbst Wissen anzueignen.

Wer sich mit Kindern beschäftigt weiß, dass sie schon früh einen ausgeprägten Forschergeist und Wissensdurst entwickeln. Unterstützt werden kann dieser mit reizvollen Umgebungen, in denen selbsttätiges aktives Lernen möglich ist, die zum Forschen, Erkunden, Ausprobieren, Entdecken herausfordern, die Lust und Neugier und eine allgemeine Fragehaltung wecken um bestehende Interessen zu vertiefen und neue Interessen zu entwickeln. Die Inhalte und das Lernen sollen für die Kinder dabei bedeutsam und relevant sein, sich an ihrer Lebenswelt und ihren Interessen orientieren.

Lernumgebungen zu gestalten bedeutet nicht, konkrete Aufgaben zur Erledigung für alle Kinder zu formulieren. Lernumgebungen bieten bewusst Spielräume und führen in besonderer Weise zur Vernetzung allgemeiner und inhaltsbezogener Kompetenzen.
Aktivitäten sind dabei auf verschiedenem Anspruchsniveau (in verschiedener Tiefe und Breite) möglich, so dass Kinder in verschiedenen Alters- und Entwicklungsstufen problemlos zusammen arbeiten können. So kann eine Aufgabe probierend, zeichnerisch oder im Kopf gelöst werden, ganz oder teilweise; trotzdem können alle Kinder mitreden und voneinander lernen.

Der Anspruch, Lernumgebungen so zu gestalten, dass ganzheitliches Lernen ermöglicht wird, bedeutet nicht nur, dass Lernen mit allen Sinnen, Gefühlen und intellektuellen Fähigkeiten ermöglicht wird, sondern auch, dass die Inhalte in einen größeren Zusammenhang eingeordnet werden können. Es sollte also keinesfalls darum gehen, kleine Inhaltsbereiche isoliert abzuarbeiten und einzuüben.

Bildungsprozesse moderieren

Wenngleich die eigenaktive Auseinandersetzung mit der dinglichen Umwelt unverzichtbar ist, ist das Kind für seine Lernprozesse auch auf die Interaktion mit seiner Umwelt angewiesen. Ebenso wie der Spracherwerb bedarf auch die mathematische Bildung Interaktionspartnern, um das erworbene Wissen zu vernetzen und zu strukturieren. Handlungen sind nicht von sich aus mathematisch, vielmehr muss ihnen eine mathematische Bedeutung zugeschrieben werden. Erst im kommunikativen Austausch mit Erwachsenen, die die mathematische Bedeutung erkannt haben, kann sich mathematisches Denken entwickeln. Deshalb kann auch die Arbeit der Erzieherin nicht auf das Bereitstellen reizvoller Lernumgebungen reduziert werden.
Vielmehr muss die Erzieherin stets bereit sein aktiv zu werden: sie beobachtet genau, gibt nötigenfalls Impulse, beantwortet und stellt Fragen, um das Denken der Kinder zu stimulieren und weitere Denkprozesse anzuregen, wenn sie eine mathematisch bedeutsame Situation erkennt. Sie macht weiterführende Vorschläge, regt Reflektionen über die Lernerfahrungen an und nutzt sich ergebende Möglichkeiten, um die Erweiterung der kindlichen Erfahrungen anzustoßen und dabei zu helfen, neue Informationen oder Erfahrungen mit Bekanntem in Bezug zu setzen. Manchmal wird sie sicherlich auch eine Aktivität vormachen oder verbal anleiten („coaching"). Anleitung und Unterstützung sollten jedoch lediglich so weit wie nötig gegeben werden und sich eher darauf beziehen, den Weg zur eigenen Entdeckung und Problemlösung zu erleichtern: durch Strukturieren und Ordnen der Ideen, durch Auswahl und Angebot von Experimenten, durch Anregung von Aktivitäten, die einen Zwischenschritt zum Problemlöseprozess darstellen.
Bei Gesprächen mit der Erzieherin über ihre Beobachtungen und Erfahrungen wird die Reflektion der Kinder angeregt, neue Begriffe werden gelernt, das Gelernte wird besser behalten.

Neben dem Entwicklungsstand dürfen auch die individuellen Bedürfnisse und das Lerntempo des einzelnen Kindes nicht aus den Augen verloren werden. Manche Kinder lieben immer neue Herausforderungen, andere bevorzugen Routinen. Manche Kinder brauchen länger, andere kürzer, um neu Erlerntes zu wiederholen und zu üben. Die Kinder sollen herausgefordert (s. „Zone der nächsten Entwicklung", Kap. 2.1), jedoch weder über- noch unterfordert werden.

Lernmethodische Kompetenzen anregen

Hinsichtlich der Vorbereitung auf lebenslanges Lernen haben lernmethodische Kompetenzen bereits im Kindergarten einen hohen Stellenwert. Bei den lernmethodischen Kompetenzen geht es darum zu lernen, wie man lernt bzw. um den Erwerb von Kompetenzen, die den Wissenserwerb fördern.

Problemlösefähigkeit

Die Bedeutung der Problemlösefähigkeit wurde vor allem im Zusammenhang mit den internationalen Vergleichsstudien popularisiert. Bei PISA ist die Problemlösefähigkeit definiert als „Fähigkeit einer Person, kognitive Prozesse zu nutzen, um sich mit solchen realen, fächerübergreifenden Problemen auseinanderzusetzen und sie zu lösen, bei denen der Lösungsweg nicht unmittelbar erkennbar ist und die zur Lösung nutzbaren Wissensbereiche nicht einem einzelnen Fachgebiet der Mathematik, der Naturwissenschaften oder des Lesens entstammen“ (OECD 2003).
Beim Problemlösen geht es also darum, die erworbenen Wissensbestände, Fähigkeiten und Fertigkeiten zu nutzen, um bislang unbekannte Problemstellungen zu lösen und um die Anwendung von Denk- und Problemlösestrategien allgemeiner Art wie induktives und deduktives Denken (vom Besonderen zum Allgemeinen, bzw. umgekehrt), kombinatorisches Denken, Denken in Analogien, Kontrolle und Reflexion des eigenen Denkprozesses.

Damit Kinder Problemlösefähigkeit entwickeln ist es nach Fthenatkis (2009) wichtig,

- dass die Kinder eine förderliche soziale Umgebung haben, die ihnen Sicherheit und Geborgenheit vermittelt (s. u.),
- dass die Kinder genügend Zeit, geeignete Räumlichkeiten und geeignete Materialien für ihre Aktivitäten haben,
- dass die Problemstellungen für die Kinder interessant sind und verschiedene Lösungswege zulassen, die verglichen und ausgewertet werden können,
- dass mit den Kindern gemeinsam Problemlösestrategien entwickelt werden. Hierfür müssen die Probleme zunächst identifiziert werden, mögliche Lösungen gesammelt und erprobt und hernach gemeinsam reflektiert und ausgewertet werden.

Reflexion und Metakognition

Traditionell herrscht vielfach die Überzeugung, dass im Kindergarten in erster Linie durch situative Erfahrungen, durch Tun, gelernt wird. Sicherlich ist dies der richtige Ausgangspunkt, doch sollte überlegt werden, wie man vom Konzept des Lernens als Tun zu einem Konzept des Lernens als Wissen oder gar Verstehens gelangt.
Junge Kinder setzen häufig bei der Frage, was sie gelernt haben, „lernen“ mit „tun“ gleich („Ich habe gelernt, ein Thermometer zu bauen“), während bei älteren Kindern lernen eher als verstehen begriffen wird („ich habe gelernt, wie ein Thermometer funktioniert und wozu wir es brauchen“). Auch die Frage, wie gelernt wird, wird entwicklungsabhängig von den Kindern verschieden betrachtet: Auf der ersten Stufe wird auch hier zwischen Lernen und Tun nicht unterschieden. Auf der zweiten Stufe wird lernen mit dem Älterwerden verbunden („Wenn ich fünf bin, kann ich Fahrrad fahren“). Auf der dritten Stufe verstehen die Kinder, dass Lernen die Folgen aus verschiedenen Erfahrungen sein kann („das habe ich gelernt beim Ausprobieren/weil es mir die Erzieherin gezeigt hat/ weil ich nachgedacht habe“) (Gisbert 2004).

Nach Gisbert lernen Kinder dann effektiv und mit Verständnis, wenn sie ein Bewusstsein für ihre Lernprozesse entwickeln und verstehen, worauf die Lernprozesse abzielen. Das Bewusstsein ihrer Lernprozesse wird den Kindern nicht nur dabei helfen, die Inhalte besser zu verstehen, sondern auch, lernmethodische Kompetenzen zu erwerben. Reflexive Phasen haben dabei eine besondere Bedeutung: „Die Kinder reflektieren gemeinsam und mit Hilfe der Erzieherin, dass sie lernen, was sie lernen und wie sie lernen“ (Gisbert 2004).

In der Psychologie des Denkens bezeichnet man das Denken über (= meta) das eigene Nachdenken, also auch das Nachdenken über das eigene Lernen als Metakognition. Neben dem Wissen um die eigenen kognitiven Vorgänge umfasst die Metakognition auch die Steuerung und Regulierung dieser Vorgänge.

Das Wissen über die eigenen kognitiven Vorgänge beinhaltet das Wissen darüber, was man schon weiß, wie man etwas gelernt hat und wie man persönlich am besten lernt.
Zur Regulierung dieser Vorgänge gehört die Fähigkeit, neues Wissen bewusst, selbstgesteuert und reflektiert zu erwerben, die Fähigkeit, erworbenes Wissen anzuwenden und zu übertragen, also in unterschiedlichen Situationen flexibel zu nutzen, und die Fähigkeit, das eigene Lernverhalten zu beobachten und zu regulieren, also beispielsweise über das eigene Lernen nachzudenken und auch verschiedene Lernwege zu kennen und zu erproben, die Fähigkeit eine Aufgabe zu planen, eigene Fehler zu entdecken und die Lösung zu modifizieren sowie die Fähigkeit, die eigenen Leistungen einzuschätzen (Fthenakis 2009).

Metakognitive Fähigkeiten erwerben die Kinder ab dem 4. Lebensjahr.
Allerdings bedarf es geeigneter Aktivitäten als Anlässe, um zu lernen über das Lernen zu sprechen, nachzudenken und zu reflektieren, so z. B. wenn Kinder aufgefordert sind, ihre Erlebnisse und Erfahrungen zu dokumentieren und anschließend zu präsentieren. Indem sie von ihren Erfahrungen berichten, wird die Aufmerksamkeit auf die einzelnen Stufen des Prozesses gelenkt. Dadurch, dass sie ihre eigenen Überlegungen erinnern und wiedergeben, reflektieren sie zugleich, was sie erlebt und gelernt haben. Gezielte Fragen können des Weiteren dazu anregen, nicht nur den Inhalt und die Struktur des Inhalts beim Zusammenfügen der Teilaspekte zu einem Ganzen zu reflektieren, sondern auch den Lernprozess selbst: Warum haben wir ein Thermometer gebaut? Hast du etwas erfahren, das du vorher nicht gewusst hast? Wie hast du das herausgefunden? Wofür ist das, was du gelernt hast, wichtig? Indem die Unterschiede zwischen den Denkweisen der Kinder in der Gruppe immer wieder thematisiert werden, werden sich die Kinder auch der verschiedenen Denkweisen bewusst.

Als frühe Form der Selbstregulation gilt das Zu-sich-selbst-Sprechen („Private Speech“). Nach Wygotsky hat es die Funktion, die eigenen kognitiven Aktivitäten zu lenken. Die Sprache wird dabei als Mittel genutzt die Aufmerksamkeit und das Denken zu lenken.

Zwar kann die Sprachproduktion intensiviert werden, indem das Kind beispielsweise gebeten wird, einem bei seinen Aktivitäten anwesenden Stoffbären immer zu erklären, wie es die Lösung findet (Manning 1994), doch waren Interventionsprogramme, in denen versucht wurde, die Selbstregulation von Kindern durch ein Training der Private Speech zu fördern wenig erfolgreich.

Förderliche Bedingungen bestehen nach Gisbert (2004) hingegen im Scaffolding. Unter Scaffolding wird eine Interaktionsform verstanden, bei der der Erwachsene dem Kind Hilfestellung – ein Gerüst – gibt, um ausgehend von den bereits vorhandenen Fähigkeiten, den Übergang zum nächsten Fähigkeitsniveau zu ermöglichen. Mögliche Hilfestellungen sind Fragen, Demonstrationen, Lenkung der Aufmerksamkeit, Verbalisierung der Aktivitäten, Ermutigung, ...
Bei den Fragen wird unterschieden nach Fragen auf niedrigem Niveau (Wie heißt diese Pflanze?), die nicht zum Denken anregen, sondern lediglich Kenntnisse abfragen und Fragen auf hohem Niveau (Was wird passieren, wenn du den Stein ins Wasserglas legst?), die sich positiv auf das selbstregulierte Denken und Handeln auswirken.
Beim Scaffolding ist es erforderlich, dass der Erwachsene den Wissensbestand und die Perspektive des Kindes – bezogen auf die bestimmte Fähigkeit – genau einschätzen kann, um mit dem Kind in der Zone der nächsten Entwicklung zu arbeiten. Das Kind wird also herausgefordert, über das, was es bereits kann oder weiß, hinauszugehen. Die Erwartungen sollten dabei klar formuliert, der Interaktionsstil klar strukturiert, warmherzig und ermutigend und unterstützend sein („autoritativer Interaktionsstil“).
Durch Scaffolding wird die Fähigkeit zur Selbstregulation auch unterstützt, indem dem Kind genug Zeit gelassen wird, selbst eine Lösung zu entwickeln, ohne sofort einzugreifen, indem die Hilfestellung auf das notwendige Maß reduziert und immer mehr zurückgenommen wird und indem die Verantwortung für das Handeln zunehmend auf das Kind übertragen wird, bis das Kind in der Lage ist, die Fähigkeit eigenständig auszuüben.

Dass durch einen metakognitiven Ansatz die Kinder zum einen mehrheitlich ihre Konzepte des Lernens verändern (vom Lernen als Tun zum Lernen als Wissen), zum anderen sich das Lernverhalten der Kinder dadurch verändert, so dass neue Inhalte besser gelernt werden können, konnte Pramling (1990) in einer Studie mit 76 schwedischen Vorschulkindern zeigen.

Förderliche soziale Umgebung schaffen

Bedeutsam für die ganzheitliche Entwicklung ist auch eine soziale Umgebung, die getragen ist von Zuwendung und Respekt und die Kinder ermutigt, zu erkunden, zu erforschen, über ihre Entdeckungen zu sprechen, ohne dabei Angst vor Fehlern oder Kritik zu haben. Eine entspannte Atmosphäre verhindert, dass die Kinder Stress ausgesetzt sind und der Lernprozess durch die Ausschüttung von Stresshormonen behindert wird.

Experimentieren und Erforschen führt selten auf direktem Weg zum Ziel – deshalb ist ein positiver Umgang mit Fehlern besonders bedeutsam. Üblicherweise ist ein Lösungsprozess zunächst gekennzeichnet durch Um- und Irrwege, die verworfen oder verbessert werden müssen, bevor eine Lösung gefunden wird. Aber gerade das Überwinden von Problemen führt zum Lernen und Erkennen. Dies erfordert, dass die Erzieherin sich auf die Ideen der Kinder einlässt. Selbst wenn ein Lösungsvorschlag auf den ersten Blick als völlig falsch betrachtet wird, enthält er vielleicht eine richtige Idee, an die angeknüpft werden kann. Manche vermeintlichen Fehler beruhen auch lediglich auf einem Missverständnis zwischen Erwachsenem und Kind. Doch auch wenn sich die Kinder tatsächlich auf Irrwegen bewegen, sollte nicht vorschnell interveniert werden, sondern erst dann, wenn sich zeigt, dass es tatsächlich kein Weiterkommen gibt oder wenn Resignation und Frustration die Lernmotivation beeinträchtigen könnten. Fehler können auch als Ausgangspunkt für weiterführende Reflektionen mit dem Kind genutzt werden, indem das Kind Anregungen erhält sein Verständnis selbst zu hinterfragen und gegebenenfalls zu verändern.
Des Weiteren können Fehler für die Erzieherin eine Möglichkeit sein, das Denken der Kinder aufzudecken und damit einen Ansatz für weiterführende Hilfe zu liefern.
Von Anfang an sollten die Kinder Fehler als etwas empfinden, was beim Lernen und Problemlösen selbstverständlich ist.

Interesse an und einfühlsames, wertschätzendes Eingehen auf die Kinder und ihre Aktivitäten, Lob, Ermutigung und Feedback sind wichtige Aspekte dafür, dass sich Kinder ernst genommen, sicher und geborgen fühlen und offen sein können für neue Erfahrungen.
So konnte nachgewiesen werden, dass engagierte und sensible Betreuungspersonen das explorative Verhalten der Kinder sowie die Beziehungen zu Gleichaltrigen fördern (Anderson u.a. 1981 in Fthenakis 2009).

Zu einer förderlichen sozialen Umgebung gehört auch ein positiver Umgang der Kinder untereinander. Dies erfordert auch immer gegenseitige Rücksichtnahme, Aufeinander-Eingehen, das Einhalten von Regeln und Ordnungen in der Gruppe. Nur wenn ein kooperatives Miteinander besteht, können die Kinder nicht nur miteinander, sondern auch voneinander lernen und stärken damit auch ihre psychosozialen Kompetenzen.
„Die Qualität der Beziehungen zwischen Kindern und Erwachsenen und der Kinder untereinander ist maßgeblich für das Wohlbefinden der Kinder in der Einrichtung und damit auch für die Bildungsqualität“ (Fthenakis 2009).

Diagnostizieren und Dokumentieren

Diagnostische Verfahren sind notwendig, um Entwicklung und Kompetenzen der einzelnen Kinder bestmöglich einzuschätzen und daraus Ansatzpunkte für die individuelle Unterstützung eines jeden Kindes ableiten zu können. Zum einen sollen dabei besondere Stärken, Begabungen und Interessen identifiziert werden, um diese erweitern und vertiefen zu können, zum anderen können jedoch auch grundlegende Defizite festgestellt werden, um durch eine sich anschließende, gezielte Förderung, allen Kindern einen guten Schulstart zu ermöglichen.

Zu den gängigen diagnostischen Verfahren im Kindergarten zählen vor allem Beobachtungen und Portfolios, teilweise ergänzt durch informelle Verfahren. Inzwischen werden auch vermehrt standardisierte und halbstandardisierte Tests (Entwicklungs-, Leistungs-, Schultests) und klinische Verfahren (Fragebögen, Interviews, Projektive Verfahren) im Kindergarten eingesetzt. Die Entscheidung ob und für welche Kinder dies sinnvoll und notwendig sein mag, sollte im Einzelfall und in Abhängigkeit von der Kindergartenkonzeption erfolgen.

Regelmäßige Dokumentation ist dabei erforderlich, um Entwicklungsprozesse nachverfolgen zu können. Weiterhin sind Dokumentationen auch eine solide Basis für Gespräche mit Teammitgliedern und Eltern.

Bei diagnostischen Verfahren sollte der Blick nicht auf eventuelle Defizite gerichtet sein, sondern auf die Kompetenzen, auf individuelle Fähigkeiten, Fertigkeiten, Vorlieben, Interessen und Bedürfnisse der Kinder. Nur wenn diese erkannt werden, können sinnvolle Lernanreize unterbreitet werden, die direkt an die Vorkenntnisse anknüpfen.
Da sich Kompetenzen nicht immer geradlinig und systematisch aufeinander aufbauend entwickeln, und zudem immer auch einer Festigung bedürfen, ist es zum Nachvollziehen der Entwicklungsprozesse notwendig, diagnostische Maßnahmen nicht einmalig, sondern regelmäßig durchzuführen und diese auch sorgfältig zu dokumentieren.
Ziel darf niemals ein quantitatives Kinderranking sein, sondern immer eine qualitative Persönlichkeits- und Kompetenzeinschätzung.

Sicherlich gibt es manchmal Gründe, dass diagnostische Verfahren und darauf aufbauende Fördermaßnahmen von externen Personen durchgeführt werden müssen. Allerdings scheint es in der Regel sinnvoller, wenn dies in den Händen der Erzieherinnen verbleibt, da diese zum einen die Kinder kennen und daher die Ergebnisse diagnostischer Verfahren im Kontext der ganzen Person und Persönlichkeit einordnen und interpretieren können, zum anderen weil dies auch die Einschätzung ihrer Professionalität und Verantwortung stärkt.

Insgesamt ist zu beachten, dass bei jeder Art der Diagnostik, bei standardisierten und informellen Verfahren, beim Beobachten und Dokumentieren der Entwicklungsprozesse, beim Erstellen von Portfolios, etc. Aufwand und Ertrag in einem produktiven Verhältnis zueinander stehen und auf das Ziel abgestimmt sein müssen, den Kindern der Weiterentwicklung förderliche, individuelle Lernangebote zu unterbreiten. Nur dann, wenn auf die Beobachtung und Dokumentation gezielte Maßnahmen erfolgen, sind diese wirklich sinnvoll. Bleibt hingegen aufgrund aufwändiger diagnostischer Verfahren keine oder nur geringe Zeit und Energie für sich anschließende Fördermaßnahmen, so hat die Beobachtung und Dokumentation nur einen geringen Effekt.

Beobachtungen

Beobachtungen gehörten schon immer zum Kerngeschäft der Erzieherinnen. Dies wurde jedoch 2004 von der Jugendministerkonferenz explizit festgeschrieben und auf die Beobachtung und Dokumentation der einzelnen Bildungsbereiche erweitert: „Die Kinder sollen daraufhin beobachtet werden, was ihre Stärken und Schwächen in dem jeweiligen Bildungsbereich sind, wie sie Anregungen aufnehmen und wie sie sich damit beschäftigen. Beobachtung und Dokumentation der kindlichen Entwicklungsprozesse sind erforderlich".
Allerdings fehlen Hinweise, wie mathematische Entwicklungsprozesse gezielt und systematisch beobachtet und dokumentiert werden können.

Bei den Beobachtungen müssen zwei Formen unterschieden werden: solche bei denen die Aufmerksamkeit gerichtet ist und solche, bei denen die Aufmerksamkeit ungerichtet ist (Schäfer 2004).
Beim ungerichteten Beobachten wird alles versucht zu erfassen, was die Aufmerksamkeit des Beobachters erregt. Vor allem bislang Unbekanntes soll damit gesehen werden. Es geht hierbei nicht um isolierte Fähigkeiten, Fertigkeiten, Kompetenzen, sondern um den Gesamteindruck einer neuen Situation. Ungerichtete Beobachtung kann gezielt eingesetzt werden, indem sich die Erzieherin für einen beschränkten Zeitraum aus dem Gruppengeschehen zurücknimmt und einzelne oder mehrere Kinder „auf alle Sinne" wirken lässt.
Wahrgenommen wird meist das, was man selbst als bedeutungsvoll erlebt oder auch, was einen vielleicht irritiert. Auch die eigenen Gefühle und Gedanken, spielen eine wesentliche Rolle bei der Beobachtung: Zuneigung, Ärger, Gleichgültig-

keit, Begeisterung oder Langeweile lenken die Aufmerksamkeit in unterschiedliche Richtungen und führen zu unterschiedlichen Bewertungen. Deshalb muss sich die Beobachterin auch immer möglicher Beobachtungsfehler bewusst sein und die eigenen Gefühle während der Beobachtung bei der Bewertung einbeziehen.

Die gerichtete Beobachtung hingegen zielt auf Verhaltensweisen, die bekannt sind und vorher festgelegt wurden, weil sie als wichtiges Kriterium befunden wurden.
Sie konzentriert sich also auf isolierte Gesichtspunkte und beschränkt den vielperspektivischen Blick, der bei der professionellen Beobachtung im Alltag als notwendig gesehen wird.
Häufig werden zur Dokumentation von gerichteten Beobachtungen Beobachtungsbögen (vorgefertigt oder selbst erstellt) benutzt, in denen die Beobachtungen festgehalten werden können. Beobachtungsbögen ermöglichen eine zeitsparende, systematische Dokumentation und helfen der Erzieherin auch, keinen der Bereiche oder wesentliche Entwicklungsschritte innerhalb eines Bereichs zu übersehen.
In den meisten Beobachtungsbögen werden die Fähigkeiten in der Regel lediglich mit ja/nein beurteilt oder in einer Ratingskala eingeschätzt (z. B.: Beherrscht das Kind das Abzählen von 10 Gegenständen? sicher - unsicher - gar nicht). Sinnvoll ist es jedoch darüber hinaus beim obigen Beispiel auch zu vermerken, ob das Kind dabei die Gegenstände wegschiebt, mit den Augen zählt, die Anzahl zunächst auf die Finger überträgt, ob es alle sich ergebenden Anlässe mit Freude zum Abzählen nutzt oder nur widerwillig auf Aufforderung zählt. Auch sollte zusätzlich vermerkt werden, warum das Abzählen vielleicht nicht gelingt: wird die Zahlwortreihe nicht beherrscht oder gelingt die Eins-zu-Eins-Zuordnung beim Abzählen nicht? Treten bei der Zahlwortreihe immer verschiedene Fehler auf oder lässt das Kind beispielsweise immer die gleiche Zahl aus?

Sicherlich haben beide Beobachtungsformen ihre Berechtigung. Sinnvoll ist es, diese zu kombinieren. Vor allem dann, wenn es um die allgemeinen Schlüsselqualifikationen Selbst-, Sozial-, Methoden-, Handlungskompetenz geht, geben Beobachtungsbögen, in denen nur Kurzbewertungen vorgesehen sind, wenig her. Andererseits sind Beobachtungsbögen ohne großen zeitlichen Aufwand regelmäßig einsetzbar und erfordern, dass die wichtig erscheinenden Aspekte systematischer, planvoller und selektiver beobachtet werden, als wenn ungerichtete Beobachtungen in freien Texten festgehalten werden (Beispiel für Beobachtungsbogen s. S. 44). Auf die Interpretation und die Integration der isolierten Aspekte in das „Gesamtbild" darf jedoch keinesfalls verzichtet werden.

Beobachtungsfehler (Wiater, 1998)
Bei Prozess- und Personenbeobachtungen besteht die Gefahr, dass die Selektivität der Wahrnehmung und die Voreinstellung des Beobachters nicht genügend berücksichtigt werden. Insbesondere bei der Personenwahrnehmung muss der Beobachter sich spezifischer Fehlerquellen bewusst sein und sie möglichst vermeiden.
Primacy-Effekt: Man hat von einer Person/Sache einen guten oder schlechten Ersteindruck und sieht alles weitere vorurteilsbehaftet.
Halo-Effekt: Man nimmt an einer Person/Sache eine Eigenschaft als besonders markant wahr und fällt danach ein Globalurteil, ergänzt also andere (nicht wahrgenommene) Eigenschaften.
Logische Verknüpfung: Man ist der Überzeugung, zwei in Wirklichkeit unabhängige Merkmale würden einander bedingen (z. B. Wer logische Schlüsse ziehen kann, kann auch gut mit Zahlen umgehen).
Sympathie, Antipathie, akute Emotionen und Vorurteile: Man empfindet spontan, oft unbewusst, Zuneigung oder Ablehnung oder hat bereits vor der Beobachtung eine feste Meinung über die Person/Sache.
Fehlattributionen: Man ist geneigt, bei einer Person oder Sache anzunehmen, sie sei immer so, obwohl sie im speziellen Fall lediglich die situativen Umstände zu dem Ergebnis führen.
Vermischung von Beobachtung und Bewertung: Die Beobachtung muss sachlich, objektiv ohne interpretierende Erläuterungen sein. Bei der Beobachtung zählt nur das, was jedem beliebigen Beobachter sinnlich wahrnehmbar ist.

Beobachtungsbogen **Zeitraum:** ______________________

Raum und Form

Fähigkeit	Beobachtungsdatum	Einschätzung *sicher*	*mit Unterstützung*	*noch nicht*	Kommentar
					z. B. Vermeidung diesbezüglicher Tätigkeiten oder besonders häufige und beliebte Tätigkeit? Worin liegt die Stärke bzw. das Problem? Auffälligkeiten bei der Aufgabenbewältigung? Beobachtungsbeispiel? …
Räumliche Orientierung, räumliche Begriffe					
Körpergefühl Klettern, hüpfen, balancieren, schaukeln, sich im Kreis drehen, rückwärts gehen, …		❍	❍	❍	
Bewegungskoordination Symmetrische Bewegungen (Hampelmann, …), Kreuzen der Körpermitte		❍	❍	❍	
Visuomotorische Koordination Ball fangen, auf einer Linie zeichnen, …		❍	❍	❍	
Räumliche Begriffe Präpositionale Begriffe (links, über, hinter, neben, …) richtig verwenden		❍	❍	❍	
– Einfache Wege und Anordnungen beschreiben (aus eigener und fremder Perspektive)		❍	❍	❍	
– Wege und Gegenstände nach Beschreibung finden (aus eigener und fremder Perspektive)		❍	❍	❍	
Räumliche Beziehungen Beim Abzeichnen, Nachlegen, Nachbauen räumliche Beziehungen beachten		❍	❍	❍	
Flächen, Körper, Symmetrie					
Erkennen von Flächenformen (Viereck, Dreieck, Kreis, Quadrat, …)		❍	❍	❍	
Benennen von Flächenformen		❍	❍	❍	
Herstellen von Flächenformen (zeichnen, falten, schneiden, spannen, …)		❍	❍	❍	
Nachlegen von Mustern mit Flächenformen (nach verbaler oder visueller Vorgabe)		❍	❍	❍	
Gestalten und Fortsetzen von Mustern/Parketten mit Flächenformen		❍	❍	❍	
Erkennen von Körperformen (Kugel, Würfel, Quader, …)		❍	❍	❍	
Benennen von Körperformen		❍	❍	❍	

Herstellen von Körperformen (kneten, mit anderen Körpern, mit Kantenmaterial, ...)		❍	❍	❍	
Freies Bauen		❍	❍	❍	
Nachbauen (nach visueller oder verbaler Vorgabe)		❍	❍	❍	
Symmetrien erkennen und herstellen (zeichnen, legen, bauen, ...)		❍	❍	❍	

Mengen, Zahlen, Operationen

Fähigkeit	Datum	**Einschätzung**			**Kommentar**
Zählen – vorwärts bis ___		❍	❍	❍	
– rückwärts ab ___		❍	❍	❍	
– möglich, bei jeder beleibigen Zahl mit dem Zählen zu beginnen		❍	❍	❍	
Abzählen Bis zu ___ Gegenständen richtig abzählen		❍	❍	❍	
Mengen herstellen Mengen bis ___ herstellen		❍	❍	❍	
Ziffernschreibweise – Zahlen/Ziffern bis 9 erkennen und benennen		❍	❍	❍	
– Zahlen > 9 lesen		❍	❍	❍	
– Zahlen/Ziffern bis 9 schreiben		❍	❍	❍	
Rangplatz bestimmen (Susi kommt als dritte.)		❍	❍	❍	
Simultanes Auffassen – Fingeranzahl auf einen Blick erfassen		❍	❍	❍	
– Würfelbilder auf einen Blick erfassen		❍	❍	❍	
Anzahlen zerlegen		❍	❍	❍	
Mengen vergleichen – Anzahlen vergleichen (weniger – gleich viel – mehr)		❍	❍	❍	
– Mengenunterschiede schätzend erfassen		❍	❍	❍	
Einfache Kontextaufgaben – Addition		❍	❍	❍	
– Subtraktion		❍	❍	❍	

Muster und Strukturen

Fähigkeit	Datum	Einschätzung			Kommentar
Kategorien finden und benennen, um verschiedene Gegenstände zu sortieren		❍	❍	❍	
Kategorien erkennen und benennen, nach denen Gegenstände sortiert sind		❍	❍	❍	
Gesetzmäßigkeiten in Mustern erkennen, beschreiben und fortsetzen		❍	❍	❍	
Gesetzmäßigkeiten in Mustern selbst entwickeln		❍	❍	❍	

Größen und Messen

Fähigkeit	Datum	Einschätzung			Kommentar
Zeit – zeitliche Abläufe im Alltag kennen und beachten		❍	❍	❍	
– Reihenfolge der Wochentage kennen		❍	❍	❍	
– Jahresverlauf kennen		❍	❍	❍	
– zeitliche Begriffe richtig verwenden (vorher, danach, gestern, morgen, …)		❍	❍	❍	
– Erlebnisse/Geschichten in der richtigen Zeitfolge erzählen		❍	❍	❍	
– Zeitspannen bewerten (es dauert länger, das Lied zu singen, als zum Bewegungsraum zu gehen)		❍	❍	❍	
Geld Europäische Münzen und Scheine erkennen		❍	❍	❍	
Längen – Gegenstände nach ihrer Länge vergleichen und ordnen		❍	❍	❍	
– Längen ungefähr abschätzen (5 Schritte bis zur Tür)		❍	❍	❍	
Gewichte Gegenstände nach ihrem Gewicht vergleichen und ordnen		❍	❍	❍	
Rauminhalt – Gefäße nach ihrem Rauminhalt vergleichen und ordnen		❍	❍	❍	
– Gegenstände möglichen Behältnissen zuordnen		❍	❍	❍	

Daten, Häufigkeit, Wahrscheinlichkeit

Fähigkeit	Datum	Einschätzung			Kommentar
Daten erfassen und in Strichlisten o. ä. darstellen		❍	❍	❍	
Informationen entnehmen aus Strichlisten und einfachen Diagrammen		❍	❍	❍	
Erstes Verständnis von sicheren, unmöglichen, mehr oder weniger wahrscheinlichen Ereignissen im Alltag		❍	❍	❍	
Erstes Verständnis von Wahrscheinlichkeit bei einfachen Zufallsexperimenten		❍	❍	❍	
Handelndes Lösen einfacher kombinatorischer Aufgaben durch mehr oder weniger systematisches Vorgehen		❍	❍	❍	

Allgemeine Kompetenzen

Fähigkeit	Datum	Einschätzung			Kommentar
Problemlösen – Zielstrebiges und beharrliches Vorgehen bei der Lösung von herausfordernden Aufgaben		❍	❍	❍	
– Originelle Ideen, kreatives Vorgehen bei der Lösung von herausfordenden Aufgaben		❍	❍	❍	
– Zusammenhänge erkennen und nutzen und auf ähnliche Sachverhalte übertragen		❍	❍	❍	
Kommunizieren, argumentieren Eigene Vorgehensweisen beschreiben		❍	❍	❍	
Begründungen geben für eigene Meinungen oder Vorgehensweisen		❍	❍	❍	
Vorgehensweise anderer verstehen, deren Begründungen nachvollziehen		❍	❍	❍	
Zusammenhänge erkennen und Vermutungen entwickeln		❍	❍	❍	
Gemeinsam mit anderen Aufgaben bearbeiten oder spielen, dabei Verabredungen treffen und einhalten		❍	❍	❍	

Portfolio

Da es nicht um punktuelle Feststellung von Entwicklungsständen, sondern um den Entwicklungsprozess geht, ist es sinnvoll, eventuell eingesetzte Beobachtungsbögen, informelle oder standardisierte diagnostische Verfahren durch Portfolios zu ergänzen.

Ursprünglich stammt die Idee des Portfolios aus der Berufswelt. Im schulischen Bereich wurde es zunächst, vor allem in Österreich und Schweden, als Möglichkeit der Schüler-Selbsteinschätzung genutzt („Lerntagebuch") und erweiterte die Formen der Leistungsbeurteilung. In den letzten Jahren hat das Portfolio auch in vielen deutschen Grundschulen und Kindergärten Einzug gehalten, vor allem zur Dokumentation und Analyse von Lernprozessen und als wichtige Grundlage für differenzierende Förderung.

Unter Portfolios wird eine kontinuierlich fortgeschriebene Sammlung von Kinderproduktionen verstanden, die die Lernbiographie kennzeichnen, bzw. die Entwicklung sichtbar machen. Gesammelt werden können Bilder und Zeichnungen der Kinder, Fotos der Kinder in Aktion und Interaktion, Fotos von Werken, die sich nicht aufbewahren lassen, notierte Aussagen der Kinder, aber auch Notizen über Beobachtungen und Überlegungen der Erzieherin, Notizen aus Team-Besprechungen, Protokolle von Elterngesprächen. Dabei sollten die Einschätzungen des Entwicklungsprozesses nicht im sozialen Vergleich, sondern ganz individuell und ressourcenorientiert erfolgen und neben den Lernfortschritten und Ergebnissen auch die kognitiven und motivationalen Anstrengungen erfassen.
Alle Entwicklungsdokumente sollten mit dem Datum versehen werden.

In erster Linie ist das Portfolio ein Instrument für die Arbeit der Erzieherinnen, bei dem gegenüber externen Personen datenschutzrechtliche Bestimmungen gelten, die auf jeden Fall beachtet werden müssen. Inwieweit das Portfolio, vollständig oder teilweise, den Eltern zugänglich gemacht wird, muss der Kindergarten entscheiden. Ist das notwendige Vertrauensverhältnis gegeben, so kann das Portfolio mit seinen Dokumentationen eine gute Basis für Entwicklungsgespräche darstellen und vielleicht sogar von den Eltern ergänzt werden.
Durch den Einbezug des Kindes beim Erstellen des persönlichen Portfolios wird das Bewusstsein für das eigene Lernen geschärft, das Kind wird angeregt, über das eigene Lernen nachzudenken. Dabei erfährt es zum einen die Wertschätzung und das Interesse der Bezugspersonen, zum anderen werden bereits im Kindergarten die Grundlagen der schulischen Portfolioarbeit, Partizipation und Reflexion, angebahnt.

Bei der Erstellung von Portfolios müssen sicherlich keine starren Regeln eingehalten werden, jedoch sollte eine gewisse Systematik und Ordnung nicht fehlen, damit das Portfolio eine solide Basis für Entwicklungsgespräche mit den Eltern und für den fachlichen Austausch und der Reflexion mit Teammitgliedern und der kooperierenden Grundschule darstellen kann.
Insbesondere im Hinblick auf die Darstellung der mathematischen Entwicklung als Prozess muss sicherlich auch darauf geachtet werden, dass genügend Dokumente gesammelt werden, die mathematische Kompetenzen anzeigen.

Informelle Verfahren

Inzwischen gibt es für das Kindergartenalter von fast jedem Schulbuchverlag Vorschläge für Standortbestimmungen in Form von informellen Verfahren. Regelmäßige Standortbestimmungen sollen zum einen Überblick über die Lernentwicklung geben, zum anderen der fokussierten Ermittlung individueller Lernstände zu einem bestimmten Zeitpunkt und somit der Planung weiterer Lerngelegenheiten dienen (Gasteiger 2010).

Im Gegensatz zu den standardisierten Verfahren liegen hier keine Vergleichswerte vor, so dass die Ergebnisse lediglich im direkten Vergleich mit der eigenen Gruppe oder bei mehrfacher Durchführung im intraindividuellen Vergleich betrachtet werden können. Auch sind die bei standardisierten Tests zu beachtenden Testgütekriterien bei informellen Verfahren nicht überprüft. Gleichwohl bieten die Aufgabenbeispiele teilweise gute Möglichkeiten, mehr über das mathematische Denken der Kinder zu erfahren.

Vor allem für die ersten Schulwochen gibt es recht viel Material, das jedoch auch am Ende der Kindergartenzeit eingesetzt werden kann.
Beispiele für informelle Verfahren (alphabetisch):

Arithmetische Vorkenntnisse von Schulanfängern (Schroedel):
Im Gruppentest werden in 10 Aufgaben arithmetische Kenntnisse erhoben: die Verknüpfung von Zahlwort und geschriebener Zahl, Abzählen, rückwärts Zählen, Addieren und Subtrahieren in Kontextsituation mit und ohne Möglichkeit des direkten Abzählens, Addieren und Subtrahieren mit Geld.
Als Durchführungszeitpunkt werden die ersten beiden Schulwochen angegeben.

Diagnoseaufgaben Mathematik: Basisfähigkeiten (Schroedel):
Im Gruppentest werden 5 Aufgaben bearbeitet. Schwerpunkt sind die visuellen Fähigkeiten.
Der Test ist für den Kindergarten konzipiert.

Diagnosebegleiter (Klett):
Das Testheft 1.1 ist für den Beginn der 1. Klasse vorgesehen, kann jedoch auch am Ende der Kindergartenzeit eingesetzt werden.
Im Gruppentest werden 7 Aufgaben bearbeitet. Überprüft werden Serialität, Figur-Grund-Unterscheidung, Raum-Lage-Beziehungen, Muster erkennen, Mengen herstellen, Zuordnung von Mengen und Ziffern, Einfache Addition mit und ohne Möglichkeit des direkten Abzählens.
Die in den Gruppentests auffällig gewordenen Kinder können mithilfe einer Kartei noch einmal genauer beobachtet werden. Die Einzeltestkartei enthält Aufgaben zu den Bereichen Größen, Geometrie, Mengen- und Zahlvorstellungen, Rechenkompetenzen.
Manche Aufgaben der Kartei sind auch im Kindergarten einsetzbar.

Elementarmathematisches Basisinterview (EMBI) (Mildenberger)
EMBI entstand auf der Grundlage des diagnostischen Interviews, das im Rahmen des australischen Early Numeracy Research Project (ENRP) bereits Ende der 1990er Jahre entwickelt und erprobt wurde. Das Interview ist konzipiert für Kinder im Alter von 5 bis 8 Jahren, ist also sowohl im vorschulischen Bereich als auch im Anfangsunterricht einsetzbar.
Für Vorschulkinder und Kinder, die noch nicht bis 20 zählen können, wurde neben dem Hauptinterview zusätzlich ein Vorschulteil entwickelt: Im Vorschulteil geht es zum einen um einfache Abzählaufgaben im kleinen Zahlenraum, die Mengenkonstanz und den konkreten Mengenvergleich (mehr/weniger), zum anderen werden Lagebezeichnungen, Muster und Ordinalzahlen sowie die Simultanerfassung, das Zuordnen von Zahlen zu Mengen, die Eins-zu-Eins-Zuordnung und der Längenvergleich überprüft.
Das Interview ist materialbasiert, so dass der Einfluss von mangelndem Sprachverständnis minimiert werden kann. Es wird angeraten, das Interview in regelmäßigen Abständen durchzuführen, um Entwicklungen deutlich werden zu lassen.

Elementar – erste Grundlagen in Mathematik (Westermann):
Es liegen Standortbestimmungen als Papier-Bleistift-Test für zwei verschiedene Altersstufen im Kindergarten vor (4 bis 5 Jahre und 5 bis 6 Jahre), die in der Gruppe durchgeführt werden können. Einzelinterviews sind zusätzlich vorgesehen, um die Fähigkeiten, die nicht in der Gruppe überprüfbar sind, zu erfassen.
Insgesamt werden die Bereiche Raum und Form, Muster und Strukturen, Vergleichen und Seriation, Klassifizieren und Kombinieren, Mengen und Zahlen berücksichtigt. In der Standortbestimmung für Kinder im letzten Kindergartenjahr geht es im Bereich Mengen und Zahlen im Gruppentest um das Abzählen von Mengen bis 10, das Schreiben der Ziffern, das Herstellen von Mengen bis 10, die Zerlegung von Mengen. Im Einzeltest werden Zählkompetenzen (vorwärts, rückwärts), Zahlvergleich, simultanes Erfassen, Erkennen von Würfel- und Fingerbildern überprüft.

Standardisierte Tests

In Schulfähigkeitstests, Wahrnehmungstests, Aufmerksamkeitstests, Intelligenztests finden sich häufig Untertests, die mathematische Kompetenzen erfassen. Spezielle Tests für den mathematischen Bereich im Kindergartenalter sind dagegen rar. Standardisierte Testverfahren werden i. d. R. eingesetzt, um mögliche Defizite frühzeitig zu erkennen und sind daher eher als defizit- denn als kompetenzorientiert einzuschätzen. Sie machen den Vergleich der Leistungen des Kindes mit einer Normgruppe seines Alters möglich. Hinweise auf Begründungszusammenhänge, auf das kindliche Denken, auf richtige und falsche Strategien und auf Fördermöglichkeiten sind dabei i.d.R. nicht gegeben. Andererseits können standardisierte Tests Beobachtungen ergänzen und absichern.

Osnabrücker Test zur Zahlbegriffsentwicklung (OTZ) (van Luit u. a. 2001))
Die Aufgaben werden den Kindern in Einzeltestsituation mündlich, unterstützt mit Lege- und Bildmaterial, präsentiert. Die Durchführungszeit beträgt ca. 30 Minuten.
Der OTZ ist auf Kinder im Alter zwischen 4,5 und 7 Jahren konzipiert und eignet sich daher für den Einsatz im letzten Kindergartenjahr oder ersten Schuljahr, wobei während der gesamten Zeitspanne derselbe Test eingesetzt wird.
Im OTZ werden acht Komponenten des frühen Zahlbegriffs unterschieden und durch jeweils fünf Testaufgaben operationalisiert:

- Vergleichen: Gebrauch von Begriffen zum Vergleich zweier nicht äquivalenter Kardinal-, Ordinal- oder Maßsituationen,
- Klassifizieren: Zusammenfassen von Gegenständen zu einer Klasse aufgrund eines oder mehrerer Merkmale,
- Eins-zu-Eins-Zuordnen: Zuordnung bei zwei Mengen von Gegenständen,
- Seriation: Umgang mit einzelnen und geordneten Dingen,
- Zahlwörter gebrauchen: Gebrauch der Zahlwortreihe bis zwanzig,
- Strukturiertes Zählen/Zählen mit Zeigen: Zählen von Gegenständen in geordneter und ungeordneter Anordnung mit Zeigen,
- Resultatives Zählen/Zählen ohne Zeigen: Korrektes Zählen ohne Zeigen; Erkennen der Bedeutung des zuletzt genannten Zahlwortes für die Anzahl,
- Allgemeines Zahlenwissen/Rechnen: Anwendung von Zahlenwissen in alltäglichen Situationen.

In den Bereichen Vergleichen, Klassifizieren, Eins-zu-Eins-Zuordnung, Seriation ist größtenteils kein Umgang mit Zahlwörtern oder Zahlen gefordert. Vielmehr werden hier i. S. Piagets die pränumerischen Fähigkeiten überprüft.
Wenngleich der Test vorrangig dazu dient, die Kinder in einer fünfstufigen Skala der Zahlbegriffsentwicklung einzuordnen, werden im Manual weitere Beobachtungshinweise gegeben, da die durch Beobachtung gewonnenen Einsichten Hinweise auf gezielte Hilfen bieten können, die jedoch nicht weiter erläutert werden.

Hamburger Rechentest 1 (HaReT 1) (Lorenz 2005)
Der HaReT kann als Gruppentest oder als Einzeltest in etwa 45 Minuten durchgeführt werden. Er kann zu Beginn des Schuljahres oder im zweiten Halbjahr des letzten Kindergartenjahres eingesetzt werden. Subtests mit insgesamt 65 Items gibt es zu folgenden Anforderungsbereichen:

- Vergleichen,
- Eins-zu-Eins-Zuordnung,
- Wahrnehmung (Suchbilder),
- Puzzle (Wahrnehmung, Vorstellung),
- Mosaik (Wahrnehmung, Vorstellung),
- Begriffsverständnis (Präpositionen),
- Serialität (Bilder ordnen),
- Vergleichen von Mengen,
- Größere Zahlen umkreisen.

Der HaReT 1 hebt eher auf die kognitiven Bereiche, insbesondere auch auf visuelle Fähigkeiten, ab und ist nicht auf den engen Umgang mit Zahlen fokussiert. Diese kognitiven Fähigkeiten haben sich nach Lorenz (2005) für das Erlernen mathematischer Inhalte als wesentlich erwiesen. Die Untertests können getrennt ausgewertet werden.

TEDI-MATH (Kaufmann u. a. 2009)
Die Aufgaben des TEDI-MATH werden den Kindern wie beim OTZ in Einzeltestsituation mündlich, unterstützt mit Lege- und Bildmaterial, präsentiert. Wenn aus Zeitgründen die Durchführung des gesamten Tests nicht möglich ist, kann auf eine „Kernbatterie“ von Untertests zurückgegriffen werden. Die Durchführungszeit für die Gesamtbatterie variiert je nach Klassenstufe und beträgt im Durchschnitt ca. eine Stunde, die Durchführungszeit für die Kernbatterie beträgt maximal 45 Minuten. Der Test ist auf Kinder zwischen 4 Jahren (2. Halbjahr des vorletzten Kindergartenjahres) und 8 Jahren (1. Halbjahr der 3. Grundschulklasse)

konzipiert. Für die verschiedenen Altersstufen werden im halbjährlichen Abstand verschiedene Aufgabenzusammenstellungen vorgegeben. Die Kernbatterie für den Kindergarten umfasst Aufgaben bezüglich

- Zählen,
- Abzählen,
- Ziffern- und Zahlwortkenntnis,
- Addition und Subtraktion mit Zählmöglichkeit.

Ein halbes Jahr vor Schuleintritt kommen noch Aufgaben zur Zahlzerlegung, Additionsaufgaben ohne Zählmöglichkeit und Kontextaufgaben hinzu.

Die Gesamtbatterie umfasst Aufgaben bezüglich

- Seriation,
- Klassifikation,
- approximativer Größenvergleich von Punktmengen.

Im letzten Kindergartenhalbjahr erfolgt eine Ergänzung zum Größenvergleich von Zahlen, zur Mengeninvarianz, zum Teilmengenverständnis, zu Platzhalteraufgaben, zur Subtraktion und zu arithmetischen Konzepten (z. B. Tausch- und Umkehraufgabe).

Prozentränge können auch für einzelne Subtests ermittelt werden, so dass auch für einzelne Teilbereiche Leistungsvergleiche möglich sind. Bei einigen Untertests ist auch eine qualitative Leistungsbeurteilung vorgesehen.

Der TEDI-MATH eignet sich zur Erfassung numerischer Stärken und Schwächen. Er enthält keine Aufgabenstellungen zur Pränumerik. Auch die Aufgaben zur Seriation und Klassifikation beziehen sich ausschließlich auf Ziffern, Zahlen und Mengen. Der TEDI-MATH beruht auf kognitivneuropsychologischen Theorien und orientiert sich weitgehend an den Forschungen Dehaenes (Dehaene 1999).

2.5 Materialien zur Förderung mathematischer Kompetenzen

Wenngleich der Markt inzwischen fast unüberschaubar ist, sollte darauf geachtet werden, dass die Kinder nicht von einer Fülle von vorgefertigten Spiel- und Fördermaterialien überflutet werden, die für aktives und schöpferisches Tun wenig Raum lassen und eher kontraproduktiv sind. Erfahrungen zu sammeln, auszuprobieren und zu experimentieren braucht dagegen Raum und Zeit: Einen Ort, an dem auch mal Unordnung entstehen darf, nicht alles weggeräumt werden muss, wenn die Arbeit unterbrochen werden will oder muss. Zeit, für sich selbst, zum Beobachten von Regentropfen an der Fensterscheibe und fliegenden Papierschnipseln, auch wenn dies von Erwachsenen häufig nicht als sinnvolle Tätigkeit eingestuft wird. Zeit zum Nichtstun und für Langeweile. Langeweilephasen sind häufig kreative Phasen: wenn das Kind gefordert ist, sich mit sich selbst zu beschäftigen statt beschäftigt zu werden, entstehen häufig die besten Ideen.

Große Anschaffungen oder spezielle Fördermaterialien sind nicht notwendig, denn üblicherweise sind im Kindergarten und im Alltag genügend Materialien vorhanden, die einen vielfältigen Spielraum für mathematische Aktivitäten zulassen: Bauklötze und Legosteine, Formenplättchen, Bilderbücher, Gesellschaftsspiele, Papiere und Pappen, Farben, Woll-, Stoff-, Lederreste, Tücher und Decken, Haushaltsgegenstände, Kataloge, Werkzeuge, gesammelte Naturmaterialien, unterschiedliche Behältnisse, Uhren, Meterstäbe, Waagen, Spielgeld, …

Hoenisch & Niggemeyer (2007) zeigen in ihrem Buch „Mathekings" eindrucksvoll zahlreiche mathematische Aktivitäten, für die keinerlei zusätzliches Material gebraucht wird.

Hülswitt (2004) schlägt „gleiche Materialien in großer Menge" vor, um freie mathematische Eigenproduktionen zu ermöglichen und „Mathematik zu erfinden". „Der Reiz des Ordnens und das Entwickeln von Strukturen werden gerade durch die Schlichtheit des Materials und seiner charakteristischen Merkmale befördert" (Hülswitt 2004). Mit Centstücken, Eislöffeln, Holzwürfeln, etc. … werden über die Handlungsebene mathematische Erkenntnisse gewonnen. Dabei soll das Material nicht nur als Veranschaulichung von Mathematik sondern als Denkwerkzeug dienen. Inhaltlich sind keine Grenzen gesetzt, so dass ein breiter Zugang zur Mathematik möglich ist.

Für die Veranschaulichung der Zahlen und Operationen werden auch häufig bereits im Kindergarten didaktische Arbeitsmittel genutzt. Hierzu zählen beispielsweise die Zehner- bzw. Zwanziger-

felder, der Rechenrahmen und im größeren Zahlenraum auch das Zehnermaterial (Zehnerstangen und Einerwürfelchen).
Da die Arbeitsgedächtnisleistungen von Kindergartenkindern gering sind, macht es durchaus Sinn, strukturorientierte Darstellungsmittel bereits Kindergartenkindern zur Verfügung zu stellen, um Anzahlen oder auch in Kontexten vermittelte Rechenoperationen darzustellen. Da diese Arbeitsmittel die mathematischen Grundideen klar herausstellen, die numerischen Situationen kontextbereinigt visualisieren, wird das Gedächtnis nicht unnötig belastet und der Blick wird ohne Ablenkung auf die mathematische Struktur gelenkt.

Selbstverständlich ist auch gegen Einzelmaterialien oder Materialsammlungen, die speziell für die Förderung mathematischer Fähigkeiten im Kindergarten konzipiert wurden, nichts einzuwenden. Sie bieten Ideen für die Erzieherin und können mathematische Aktivitäten im Alltag ergänzen, vor allem dann, wenn es im Alltag wenig Ausgangs- und Anforderungssituationen für einen bestimmten Bereich gibt oder sinnvolle Materialien hierzu nur aufwändig zusammenzustellen sind.

Lehrgangsorientierte Förderprogramme werden jedoch – zumindest für die Bearbeitung mit allen Kindern – vielfach abgelehnt.
Zum einen können diese dem Anspruch einer individuellen Förderung nicht gerecht werden, da sie die heterogenen bereichsspezifischen und bereichsunspezifischen Voraussetzungen der Kinder kaum berücksichtigen, zum anderen wird in den meisten Lehrgängen mathematisches Wissen vermittelt anstatt dass mathematisches Denken angestoßen wird und mathematische Fähigkeiten durch die eigene Auseinandersetzung mit dem Inhalt aufgebaut werden. Zudem werden prozessbezogene Kompetenzen wie Problemlösen, Kommunizieren und Argumentieren – wenn überhaupt – nur im eng abgesteckten Rahmen angeregt. Sicherlich macht vielen Kindern die Arbeit mit Lernprogrammen Spaß, häufig jedoch auch deshalb, weil sie keinen Vergleich haben, da sie andere Konzeptionen nicht kennen gelernt haben.

Lehrgangsorientierte Förderprogramme

Entenland
„Entenland" (Preiß 2007) besteht aus 6 Lernfeldern, die jeweils in 5 Lerneinheiten untergliedert sind.
- Lernfeld 1: Farben und innen/außen (Sortieren und Orientierung im Raum)
- Lernfeld 2: Ebene Formen und ebene Formen in Kombination mit Farben (Sortieren)
- Lernfeld 3: Zählen, Würfeln und Simultanerfassung (Sortieren und Ordnen)
- Lernfeld 4: Räumliche Figuren, Gewichte und oben/unten (Sortieren, Ordnen und Orientierung im Raum)
- Lernfeld 5: Höhen, Längen und vorne/hinten, rechts/links (Sortieren, Ordnen und Orientierung im Raum)
- Lernfeld 6: Vorher/nachher und Jahreszeiten (Orientierung in der Zeit)

Für die Bearbeitung werden zwei Termine pro Woche im Umfang von ca. einer Stunde mit einer altersgemischten Kleingruppe bis zu 8 Kindern im Alter zwischen 2 ½ und 4 Jahren vorgeschlagen. Nach Aussagen des Autors ist die Gestaltung der sechs Lernfelder vor allem von den vier pädagogischen Prinzipien Ganzheitlichkeit, Selbsttätigkeit der Kinder, soziales Verhalten und Lernen in Zusammenhängen geprägt. Das Programm wirkt dennoch verschult.

Zahlenland
Für „Zahlenland" (Entdeckungen im Zahlenland, Preiß 2007; Komm mit ins Zahlenland, Friedrich & Galgóczy 2004) liegen zwei verschiedene Konzepte vor, wobei diese jedoch große Ähnlichkeiten aufweisen. So nehmen beide Programme für sich in Anspruch, sich auf neue Erkenntnisse aus Neurowissenschaft und Fachdidaktik und deren Verbindung zu stützen, die Mathematik mit Spaß und Fröhlichkeit zu verknüpfen, ganzheitliches Lernen zu berücksichtigen und das einzelne Kind mit seinen individuellen Neigungen und Begabungen in den Vordergrund zu stellen. Dennoch bestehen beide Programme aus Lerneinheiten mit jeweils einer Zahl im Mittelpunkt, die jeweils nach einem vorgegebenen, einheitlichen Schema ablaufen. Zahlenhaus, Zahlenweg, und Zahlengarten sind dabei wiederkehrende Elemente. Vorgeschlagen wird, in einer altersgemischten Gesamtgruppe

(4–6-Jährige) zu arbeiten. Eine Vorauswahl von besonders schwachen Kindern ist nicht vorgesehen. Kritisiert wird vor allem, dass trotz des spielerischen Zugangs und der Verpackung in kindgemäße Geschichten das Konzept sehr verschult wirkt und der auf der Arithmetik liegende Schwerpunkt nicht das breite Bild der Mathematik widerspiegelt (Grüßing & Peter-Koop 2007a). Ferner sind es Äußerungen wie „seid freundlich zu den Zahlen, dann sind die Zahlen auch freundlich zu euch" und die Personifizierung der Zahlen („Die 5 hat Geburtstag", „Guten Morgen, liebe Zahlen"), die häufig kritisiert werden. Des Weiteren gehen die Zahlen in den Geschichten von Friedrich & Galgóczy, quantitativ nicht auseinander hervor. Die 4 hat als Kennzeichen 4 Knöpfe und 4 Haare, die 5 hingegen 5 Zähne und 5 Luftballons. Von 4 zu 5 kommt nicht ein Haar und ein Knopf hinzu, sondern es verschwinden 4 Haare und 4 Knöpfe, dafür kommen 5 Zähne und 5 Luftballons hinzu. Wird mit diesen Geschichten und Repräsentanten weitergedacht, beispielsweise an einfache Rechenoperationen wie das Zusammenfügen von Mengen, ergibt sich hiermit keinerlei Sinn. Hat „die 9" nun 4 Haare und 5 Zähne? Allerdings wird die 9 auch nicht als Figur, sondern mit einer Geschichte um einen „neun-mal-klugen" und einen „neun-mal-starken" König eingeführt. Andere Zahlen werden durch „x-Länder" vorgestellt, in denen es alle Dinge x-fach gibt.

Daher ist es zweifelhaft, ob mit den Programmen tragfähige Zahl- und Zahlenenraumvorstellungen aufgebaut werden können.

Mengen-zählen-Zahlen

Das Programm MZZ (Mengen-zählen-Zahlen) von Krajewski (2007) bezieht sich, wie aus dem Namen bereits erkenntlich, lediglich auf den arithmetischen Bereich. Zugrunde liegt dem Programm das auf Resnik zurückgehende Entwicklungsmodell früher mathematischer Kompetenzen (s. Kap. 1.5).

Auf ausschmückende Verpackungen und Verzierungen wird gänzlich verzichtet, so dass der mathematische Kern im Vordergrund steht. Um den Anzahlaspekt hervorzuheben werden hierfür ausschließlich Materialien verwendet, die immer von gleicher Art sind. Neben den Holzchips, den Zahlenstufen und den Zahlenstreifen gibt es verschiedene Karten, die die Zahl repräsentieren (Ziffern, Punkte, Fingerbilder, Würfelbilder, Zahlenstrahle, Uhrsegmente).

Die 24 Einheiten sind in drei Schwerpunkte (Zahlen als Anzahlen, Anzahlordnung, Teil-Ganzes-Beziehungen und Anzahlunterschiede) unterteilt. Alle Einheiten sollen innerhalb von 8 Wochen in halbstündigen Blöcken in Kleingruppen oder in Einzelförderung erarbeitet werden. Die Einheiten zum ersten Schwerpunkt sind jeweils gleich aufgebaut. Genaue Sprechanweisungen für die Erzieherin sind für alle Einheiten vorgegeben.

Diese detaillierte Vorgabe des Ablaufs lässt wenig Raum für eigene Entdeckungen und Erkenntnisse der Kinder. Kritisiert werden u.a. auch die Beschränkung der Anschauungsmittel, mathematische Unsauberkeiten, auf das Material bezogene beschränkte Zahlvorstellungen, mangelnde Begriffsbildung und mangelndes Verständnis bei größer, kleiner, weniger und mehr (vgl. hierzu ausführlich Gasteiger 2010).

Punktuell einsetzbare Materialien

Punktuell einsetzbare Materialien sind flexibler verwendbar: als offenes Angebot oder als angeleitete Tätigkeit, vollständig oder nur teilweise und bezüglich Alter, Reihenfolge, Zeit und Intensität weitgehend variabel.

Kleine Zahlen-, Formen, Denkspielbücher

Die Kleinen Zahlenbücher, die kleinen Formenbücher, das kleine Denkspielbuch (Müller & Wittmann 2002–2007) bestehen jeweils aus einem Buch für die Kinder, einem Begleitbuch für die Erzieherin, Spielplänen und Materialien. In den kleinen Zahlenbüchern geht es vor allem darum, Zahlen und Formen in der Umgebung zu suchen und zu entdecken und um die Anzahlerfassung. Die Formenbücher zielen darauf, Flächen und Körper im Raum wahrzunehmen; geometrische Formen werden hergestellt, es werden Muster erzeugt. Aktivitäten zur Schulung der Feinmotorik (Falten, Schneiden und Zeichnen) werden angeregt, Würfelbauten werden hergestellt, und der Symmetriebegriff angebahnt. Mit dem Denkspielbuch soll spielerisch das logische Denken durch Probieren und Kombinieren trainiert werden.

Elementar – Erste Grundlagen in Mathematik

Die Elementarbox (Kaufmann & Lorenz 2009)

enthält für alle Inhaltsbereiche vielfältige Materialien und Anregungen für Aktivitäten, Impulskarten für die Kinder, ein Begleitheft für die Erzieherin, Lernfortschrittshefte und Beobachtungsbögen. Den Kindern soll damit ein erster Zugang zu den mathematischen Leitideen (Zahlen und Operationen; Raum und Form; Muster und Strukturen; Größen und Messen; Daten, Häufigkeit und Wahrscheinlichkeit) ermöglicht werden.

2.6 Kooperation

Neben der Vernetzung und Kooperation mit den Eltern, mit anderen Kindergärten und mit der Grundschule weist die Jugendministerkonferenz (2004) auch auf die Bedeutsamkeit der Gemeinwesenorientierung für den Bildungsauftrag von Kindertageseinrichtungen hin. So sollte auch mit kulturellen, sozialen, umweltpädagogischen und medizinischen Einrichtungen und Diensten, mit der politischen Gemeinde, den Pfarr- und Kirchengemeinden, mit familienunterstützenden Einrichtungen der Jugendhilfe, mit Arztpraxen und dem Gesundheitsamt eine Kooperation angestrebt werden. Als mögliche Perspektive wird gesehen, dass sich Kindertageseinrichtungen zu Nachbarschaftszentren bzw. Begegnungsstätten weiterentwickeln und dabei mit den Einrichtungen der Familienbildung und –beratung zusammenarbeiten.

Kooperation mit den Eltern

Wie der Übergang von der Familie in den Kindergarten erlebt wird, ist abhängig von verschiedenen Faktoren: den sozial-kontextuellen Bedingungen des frühkindlichen Umfelds im Übergangsprozess, der körperlichen Konstitution, von psychischen Besonderheiten, z. B. Angst, Lerngeschichte und Motivation, Abstraktionsniveau und sozialer Kompetenz, von der Erziehungspraxis des Elternhauses und des Kindergartens. Fast immer stellt dieser Schritt jedoch einen ersten markanten Übergang in der Biographie eines Kindes dar, der das Kind, aber auch die Eltern und die aufnehmende pädagogische Einrichtung vor große Herausforderungen stellt (Roux 2004).
Neue räumliche Umgebung, neue Bezugspersonen, ungewohnter Tagesablauf, neu hinzu kommende Aufgaben und Erwartungen, etc. erfordern eine Erweiterung bzw. Änderung der kindlichen Identität, auf die die Kinder mit unterschiedlichen Verhaltensweisen reagieren.
Auch für die Familie stellt der Kindergarteneintritt eine Veränderung dar – eine Erweiterung der Sozialbeziehungen, das Loslassen des Kindes in einen eigenständigen Raum, den sie nicht genau kennen, die Bereitschaft zur Akzeptanz von Regeln, Erziehungs- und Kommunikationsstilen.
Die Erzieherinnen stehen vor der Aufgabe, die unterschiedlichen Charaktere, Fähigkeiten und Fertigkeiten der neuen Kinder kennen zu lernen und ihnen bei der Eroberung der neuen (Lern-)umgebung behilflich zu sein. Dies wird häufig dadurch erschwert, dass die Erzieherinnen zunächst weder Kenntnisse bzgl. der Lern- und Entwicklungsprozesse der Kinder, noch über deren individuelle Eigenschaften und Erfahrungen und deren sozialen und kulturellen Kontext haben, die sie bei der Planung ihrer Aktivitäten berücksichtigen könnten.

Eine intensive Zusammenarbeit und ein aktiver Austausch zwischen Eltern und Erzieherinnen kann diese Prozesse auf allen Seiten erheblich unterstützen und kann verhindern, dass Kindergarten und Elternhaus als Bildungs- und Entwicklungsorte gegeneinander arbeiten. Auch die Jugend- und Familienministerkonferenz (2008, 2009) schreibt der Entwicklung einer tragfähigen Bildungs- und Erziehungspartnerschaft eine zentrale Bedeutung zu, mit dem gemeinsamen Anliegen, dem Kind von Anfang an die bestmögliche Bildung zu ermöglichen. Vor allem beim Übergang in die Grundschule sollen die Eltern einbezogen und begleitet werden.

Verschiedene Perspektiven auf das Kind können sich ideal ergänzen, so dass die Beobachtungen der Erzieherinnen im Kontext vielfach besser interpretiert werden können. So kennen die Eltern zum einen die Entwicklung ihrer Kinder schon vor Eintritt in den Kindergarten, zum anderen wissen sie auch über deren Erwartungen und Ängste bezüglich des Kindergartens in der Regel besser Bescheid. Eltern erhalten hingegen qualifizierte Rückmeldungen zur Entwicklung ihres Kindes und gegebenenfalls auch Vorschläge, wie sie im Alltag den Entwicklungsprozess anregen können. Denn vieles, was Kinder zu Hause, alleine oder mit der Familie machen, beinhaltet mathematische Erfahrungen, ohne dass diese von den Eltern als solche wahrgenommen werden. Werden diese Erfahrungen jedoch nicht aufgegriffen und reflektiert bestehen wenig Chancen auf eine Weiterentwicklung.

Eine effektive Kooperation setzt jedoch gegenseitige Anerkennung und einen wertschätzenden respektvollen Umgang miteinander voraus. Regelmäßiger Kontakt durch Elternabende, Informationsveranstaltungen, Einbezug der Eltern an Projekten/Aktionstagen, gemeinsame Feste, die Möglichkeit, am Kindergartenalltag aktiv oder passiv teilzunehmen, etc. können dies sicherlich unterstützen, ersetzen jedoch nicht notwendige Einzelgespräche, wenn es um die individuellen Entwicklungs- und Bildungsprozesse der einzelnen Kinder geht.

Was die Erwartungen an den Kindergarten und die frühe Förderung der Kinder angeht, treffen die Erzieherinnen meist auf eine hohe Heterogenität in der Elternschaft.
Während manche Eltern eher dem Selbstentfaltungsansatz verbunden sind und deshalb externe Einflussnahme eher ablehnen, gibt es andererseits viele Eltern, die ihre Kinder von klein auf bestmöglich fördern wollen: Sportkurse, Musikkurse, Malkurse, Fremdsprachenkurse, Schachkurse, etc. – schon für Kleinkinder angeboten – gehören für viele Kinder neben dem Kindergarten von klein auf zum festen Programm. Schon früh wird mit manchen Kindern zu Hause die Zahlwortreihe und das Schreiben von Buchstaben und Ziffern trainiert, Vorschulhefte werden abgearbeitet. Häufig werden die Kinder damit überfordert, weil sie von ihrer Entwicklung her dafür noch nicht bereit sind, weil dadurch die Zeit fehlt, wichtige Erfahrungen im Alltag zu machen, diese zu verarbeiten, zu integrieren und zu vernetzen. Manche Eltern sind sicherlich fest überzeugt von ihrer Einstellung und nicht bereit, diese zu überdenken. Andere sind jedoch vielleicht auch verunsichert und dankbar für Tipps und Hinweise.

Wichtig ist, dass die Eltern über die Konzeption des Kindergartens genau Bescheid wissen und die Gründe kennen, warum der Kindergarten sich dafür entschieden hat. Auch die Einladung externer Experten zu Informationsveranstaltungen kann dazu beitragen, dass die Eltern das Gefühl haben, dass die Betreuung und Förderung ihrer Kinder wohl durchdacht ist.
Hoenisch (2007) weist darauf hin, dass gerade das Thema „Mathematische Kenntnisse“, auf Elternseite oft vorurteils- und angstbesetzt ist und vielfach Ablehnung auslöst. Deshalb muss der Kommunikation zwischen Eltern und Erzieherinnen diesbezüglich eine besondere Bedeutung zukommen. Durch die Präsentation von mathematikhaltigen Tätigkeiten, die im Kindergarten stattgefunden und dokumentiert wurden, können Eltern sensibel gemacht werden, wie auch sie selbst ihre Kinder im Alltag mathematisch fördern können, häufig schon alleine dadurch, dass sie sie aktiv an ihren Alltagstätigkeiten teilhaben lassen und sie anregen, darüber zu sprechen.
Peter-Koop und Grüßing (2006a) entwickelten, angeregt durch Projekte in Australien, gemeinsam mit Eltern und Kindern mathematische Bilderbücher, die in der mathematischen Förderung im Kindergarten und auch im Anfangsunterricht der Grundschule als Gesprächseinstiege und Anlässe für weitere Erkundungen dienen sollten. Die Eltern wurden gebeten, ihr Kind immer dann zu fotografieren, wenn sie der Ansicht waren, dass es sich im weitesten Sinne mathematisch betätigt. Gemeinsam wurden die Bilder anschließend betrachtet und kommentiert, Bilderbücher mit den Kommentaren der Kinder wurden hergestellt. Bemerkenswert war, dass bei den Aktivitäten alle fünf in den Bildungsstandards aufgeführten Inhaltsbereiche vertreten waren.
Auch viele Spiele, die zu Hause gespielt werden (können), haben durchaus mathematisches Potential. Nach Schuler & Wittmann (2009) ist dieses jedoch keine feste Größe, sondern eingebunden in den Kontext. Die Möglichkeiten sind einerseits durch die Spielidee und das Spielmaterial gekennzeichnet, andererseits jedoch auch u. a. von der mathematikdidaktischen Kompetenz des mitspielenden Erwachsenen abhängig. Durch Zwischenfragen können neben den fachlichen auch prozessbezogene Kompetenzen erweitert und vertieft werden, wie z. B. durch die Frage „Woher weißt du, dass ich nicht mehr gewinnen kann?“

Nun sind Eltern in der Regel keine mathematikdidaktischen Experten. Allerdings können Videobeispiele oder beispielhaft transkribierte mögliche „mathematische Gespräche“ ihren Blick dafür schärfen, so dass dies, zumindest in Ansätzen, auch zu Hause erprobt werden könnte.

Mathematisches Gespräch beim Würfelspiel
Die Spielfigur von Kim steht 2 Felder vor dem Ziel, die der Erzieherin steht 7 Felder vor dem Ziel. Kim ist an der Reihe.

K: Jetzt 2 oder größer! (pustet den Würfel an).
E: Hm, eigentlich hab ich ja schon fast verloren!
K: Aber wenn ich 1 würfle, dann nicht.
E: Ich brauche aber noch 7. Darf ich ausnahmsweise mit 2 Würfeln würfeln? Dann könnte ich z. B. 2 und 5 würfeln, oder …
K: oder 6 und 1.
E: oder …?
K: (dreht den Würfel in verschiedene Richtungen) 3 und 4. Darfst du aber nicht! Also ich bin Sieger!
E: Auch wenn du eine 1 würfelst? Woher weißt du das?
K: Dann beim nächsten Würfeln. Kleiner als 1 geht ja nicht, dann bin ich drin, bevor du wieder darfst.
E: Und wenn ich dich rausschmeiße?
K: Ach so. Hm, aber nur wenn du eine 5 hast.
E: Eine 5? Die bräuchte ich, wenn du so stehen bleibst.
K: … eine 6. Und dann bist du Sieger, weil du ja nochmal würfeln darfst.

Eine weitere Möglichkeit, um die Kooperation zwischen Kindergarten und Eltern zu fördern, sind die von Hoenisch (2007) vorgeschlagenen praise-notes (lobende Mitteilung über das Kind) und Briefe an die Eltern, die über Aktivitäten und besondere Tagesereignisse informieren. Neben der Information und der Sensibilisierung für mathematische Aktivitäten entsteht dadurch die Möglichkeit, dass die Eltern gezielter nachfragen können und den Kindern die Möglichkeit gegeben wird, über Problemlöseprozesse nachzudenken und sich zu erinnern, wie Ergebnisse entstanden sind.

Kooperation Kindergarten – Grundschule

Auch der Übergang vom Kindergarten in die Grundschule ist mit einem Wechsel des Lebensumfeldes, neuen Aufgaben und Erwartungen und einem Rollenwechsel verbunden und kann ein „kritisches Lebensereignis“ darstellen (Peter-Koop u. a. 2006). Um die Kinder bestmöglich dabei zu unterstützen, ist es notwendig, dass die Kinder sowohl fachlich und inhaltsbezogen als auch im affektiven Bereich – bezüglich ihrer Erwartungen, Hoffnungen und Ängste – gut vorbereitet sind.
Bernauer (2010), Heinemann (2010) und Straulino (2010) konnten in ihren nicht-repräsentativen Interviews zwar herausfinden, dass sich erfreulicherweise fast alle Kinder im letzten Kindergartenjahr auf die Schule freuten, dass sie jedoch teilweise wenig informiert waren, was sie in der Schule inhaltlich erwartet. Auffällig war auch, dass Äußerungen wie „man darf nicht spielen“, „man muss still sitzen“ häufig fielen. Auch etwa die Hälfte der Eltern äußerten ein sehr traditionelles Bild vom Mathematikunterricht in der Grundschule (N=84): Der Wegfall von spielerischen Zugängen, Zeit- und Leistungsdruck und der Zwang zum Lernen und Üben werden als charakteristische Elemente des Mathematikunterrichts im Gegensatz zum Mathematik lernen im Kindergarten am häufigsten benannt.

Ein bruchloser Übergang setzt eine gute Kooperation zwischen Kindergarten und Grundschule voraus, die über gelegentliche Besuche der Kindergartenkinder in der Schule hinausgehen muss. Die Jugendministerkonferenz (2004, 2006, 2008) weist darauf hin, dass der Übergang vom Kindergarten in die Grundschule von beiden Bildungsorten gemeinsam zu gestalten ist und dabei Kindergärten und Grundschulen auf die Anschlussfähigkeit der Bildungsinhalte zu achten und pädagogischen Methoden aufeinander abzustimmen haben, um die Kontinuität des Lernens zu sichern und einen Übergang ohne Brüche und Misslingenserfahrungen zu ermöglichen. Im gemeinsamen Beschluss der Kultusminister- und der Jugend- und Familienministerkonferenz 2009 wird die Notwendigkeit betont, dass „die Länder durch Rechtssetzung oder Vereinbarung Ziele zur Gestaltung des Übergangs und der Kooperation

von Kindertagesstätte und Grundschule verbindlich formulieren und durch geeignete Instrumentarien auf ihre Umsetzung achten".
Die Kooperation kann also nicht als einseitige Anforderung an die Kindergärten gesehen werden. Gleichermaßen sind hier die Grundschullehrkräfte gefordert, denn eine nachhaltige Verbesserung lässt sich lediglich durch die Anstrengung aller Beteiligten erreichen.

Eine Verzahnung von Kindergarten und Grundschule, bei der Erzieherinnen, Sozialpädagoginnen und Lehrerinnen über zwei Jahre hinweg eng zusammen arbeiten sollten, wurde schon in der Bildungsreform der 60/70er Jahre angedacht, konnte sich damals politisch jedoch nicht durchsetzen. Bis heute gestaltet sich eine intensive Kooperation zwischen Kindergarten und Grundschule in den meisten Bundesländern eher schwierig, obwohl diese in Gesetzen, Erlassen und Verordnungen teilweise verpflichtend festgeschrieben wurde und Kindergarten und Grundschule darüber hinaus eine Menge Gemeinsamkeiten aufweisen (Strätz 2000): So haben beide Institutionen einen Bildungs- und Erziehungsauftrag, beide werden von allen Kindern besucht, was zum einen aufgrund der daraus resultierenden Heterogenität hohe Differenzierungsmaßnahmen erfordert, zum anderen sozialer Isolierung und sozialer Trennung in besonderem Maße entgegenwirken kann. Bei beiden stellt sich die Frage, wie die Einstiegsphase gestaltet und wie auf die folgende, verpflichtende Institution vorbereitet wird. Des Weiteren erfahren beide Institutionen großes Interesse seitens der Eltern, was deren Bereitschaft zur Mitwirkung am Geschehen in der Einrichtung einschließt.

Die Problematik bei der Kooperation ergibt sich jedoch nicht zuletzt daraus, dass in den meisten Ländern eine Bildungskonzeption für Kinder von 0 bis 10 Jahren fehlt. Stattdessen werden die Institutionen weiterhin eher getrennt gesehen, mit jeweils eigenem Erziehungs- und Bildungsauftrag, mit spezifischer curricularer und pädagogischer Orientierung, mit verschiedener Erwartung an die Kinder und häufig auch mit verschiedenen Zuständigkeiten, was auch zur Folge hat, dass in manchen Bundesländern bislang der Austausch nur mit Genehmigung der Eltern möglich ist.

Traditionell verstand sich der Kindergarten eher als Schonraum, in dem wenig oder keine Leistungsan- und -herausforderungen an die Kinder gestellt wurden. Während im Kindergarten der Blick eher auf das Kind gerichtet wurde, lag der Fokus in der Schule eher auf der Sache, wobei sicherlich auch die unterschiedlichen Ausbildungen an verschiedenen Ausbildungsinstitutionen hierbei eine Rolle spielen. Das daraus resultierende verschiedene Rollenverständnis, die unterschiedliche berufliche Identität und auch die unterschiedliche gesellschaftliche Anerkennung von Erzieherinnen und Lehrerinnen können zusätzlich eine fruchtbare Zusammenarbeit erschweren.
Erstrebenswert wäre deshalb ein gemeinsames Grundstudium für Elementar- und Primarpädagogik mit anschließender Schwerpunktsetzung auf Kindergarten oder Grundschule. Die genaue Kenntnis der jeweiligen Arbeit und die gegenseitige Anerkennung und Wertschätzung würde die Kooperation sicherlich erleichtern. Wenn die Erzieherinnen die Anforderungen kennen, die die Kinder bei Schuleintritt erwarten und die Lehrerinnen wissen, welche Erfahrungen und Kenntnisse die Kinder mitbringen und ihren Unterricht darauf abstimmen können, könnte ein bruchloser Übergang besser gewährleistet werden. Eine solche Veränderung der Ausbildung wird zwar derzeit in verschiedenen Bundesländern angedacht, eine bundesweite Umsetzung ist jedoch bestenfalls in fernerer Zukunft zu erwarten.
Bis dahin könnten zumindest gegenseitige Hospitationen und gemeinsame Fortbildungen dazu beitragen, die teilweise vorhandenen Abwehrhaltungen und Unsicherheiten zu verringern, die gegenseitige Wertschätzung und Akzeptanz zu erhöhen, differenzierte Kooperationsplanungen auszuarbeiten und damit die frühkindliche Bildung als gemeinsame Aufgabe zu betrachten.
Der immer wieder gestellten Forderung nach einer besseren Nutzung des kindlichen Lernpotentials wurde in den letzten Jahren in fast allen Bundesländern durch die Neugestaltung der Schuleingangsphase begegnet: durch die Flexibilisierung (vielerorts sind die traditionell ersten beiden Klassen in ein bis drei Jahren zu durchlaufen) durch jahrgangsgemischte Klassen, durch die Ermöglichung einer vorzeitigen Einschulung auf Elternwunsch, durch die Integration von Kindern mit sonderpädagogischem Förderbedarf.

Eine engere Verzahnung von Kindergarten und Grundschule hat sich hingegen bislang in der Praxis nicht flächendeckend durchsetzen können. Allerdings gibt es inzwischen in fast allen Bundesländern zahlreiche Projekte und Modellversuche.
Zu erwähnen ist vor allem das Modellprojekt KidZ (Kindergarten der Zukunft) in Bayern, bei dem Erzieherinnen und Lehrerinnen im Team zusammen arbeiten und gemeinsam die kognitive, soziale, emotionale und körperliche Entwicklung unterstützen (Stiftung Bildungspakt Bayern 2007). Grundlage der Leitlinien bildet der Bayerische Bildungs- und Erziehungsplan für Kinder in Tageseinrichtungen bis zur Einschulung (BBEP) und der Lehrplan für die Grundschulen in Bayern, die aufeinander abgestimmt wurden. Gemeinsame Fortbildungen, regelmäßige gegenseitige Hospitationen, und teilweises Teamteaching von Erzieherinnen und Lehrerinnen ermöglichen es, intensive Einblicke in die Arbeit des anderen zu erlangen und damit direkte Anknüpfungsmöglichkeiten zu schaffen. Der Übergang in eine jahrgangsgemischte Klasse wird als gemeinsame Aufgabe verstanden und gemeinsam sorgfältig vorbereitet.

KIDZ-Leitlinien
(Stiftung Bildungspakt Bayern 2007, S. 19)

- Kontinuierliche Weiterqualifizierung von Erzieherinnen, Kinderpflegerinnen und Lehrerinnen
- Erziehungspartnerschaft mit Eltern und Vernetzung mit Fachdiensten
- Genaue Beobachtung und Dokumentation von Entwicklungsverläufen
- Situations- und zielorientierte Lernarrangements in heterogenen und homogenen Gruppen
- Zeit und Raum für selbstständiges Entdecken, Lernen und Forschen; Anregendes Spiel und Lernmaterial
- Breiter Bildungsbegriff, Vermittlung von lernmethodischen Kompetenzen und Wissenserwerb
- Förderung von Basiskompetenzen
- Kooperation zwischen Kindergarten und Grundschule
- Teamteaching zwischen Erzieherinnen, Kinderpflegerinnen und Lehrerinnen

Auch wenn in den meisten Kindergärten und Grundschulen keine idealen Rahmenbedingungen und keine externe Unterstützung und Begleitung durch Modellversuche gegeben sind, können und sollten Bemühungen stattfinden, die traditionellen Grenzen zwischen den Institutionen zu überwinden: Gemeinsame pädagogische Tage und Fortbildungen verdeutlichen das gemeinsame Ziel und können eine erste gemeinsame Arbeitsgrundlage schaffen. Gemeinsame Elternarbeit – Elternabende und Elternsprechstunden – im letzten Kindergarten- und ersten Schuljahr vermittelt den Eltern Sicherheit und das Gefühl, dass ihre Kinder und sie selbst beim Übergang gut, kompetent und bruchlos begleitet werden.
Um gemeinsame Konzepte bezüglich der pädagogischen Arbeit zu erarbeiten sind regelmäßige Treffen notwendig. Auch die Art und Weise der Lerndokumentation, die Verbesserung der Elternarbeit, die eingespielten Rituale in Kindergarten und Schule, … sollten gemeinsam besprochen werden. Sofern sich Kindergarten und Grundschule in räumlicher Nähe befinden, können problemlos Musik-, Sport- und Kunststunden gemeinsam geplant werden; auch Lernwerkstätten zu Sachthemen sind in Kooperation möglich, ohne dass dies einen allzu hohen Mehraufwand darstellt. Auf diese Weise werden die Kindergartenkinder schon vor Schuleintritt mit dem Gebäude, den Lehrkräften, den Schulkameraden und den Arbeitsformen in der Schule vertraut. Ganz von selbst ergeben sich schon vor Schuleintritt „Patenschaften" zwischen „Kleinen" und „Großen".

3. Zu den Bereichen und Inhalten

Mathematische Grunderfahrungen beziehen sich nicht, wie gemeinhin oftmals angenommen, lediglich auf Mengen und Zahlen. Dies wird auch in den 2004 von der Kultusministerkonferenz beschlossenen Bildungsstandards für den Primarbereich deutlich, wo fünf Leitideen für den Mathematikunterricht formuliert sind, aus denen jeweils inhaltsbezogene Kompetenzen abgeleitet werden:

- Zahlen und Operationen,
- Raum und Form,
- Muster und Strukturen,
- Größen und Messen,
- Daten, Häufigkeit und Wahrscheinlichkeit.

Da der Mathematikunterricht frühe mathematische Alltagserfahrungen der Kinder aufgreifen, vertiefen und erweitern soll (Kultusministerkonferenz 2004), scheint es sinnvoll, diese für den Primarstufenbereich gewählte Einteilung auch auf den vorschulischen Bereich zu übertragen. Dadurch wird auch deutlich, dass kindliches Lernen institutionenübergreifend stattfinden muss und gute Anschlussmöglichkeiten beim Übergang vom Kindergarten in die Grundschule geschaffen werden sollen.

Die Notwendigkeit, die Anschlussfähigkeit der Bildungsinhalte zu beachten, um im Interesse des Kindes die Kontinuität des Lernens zu sichern, wird auch in den Beschlüssen der Jugendministerkonferenz wiederholt betont (Jugendministerkonferenz 2004, 2006, 2008, 2009). Heinze & Grüßing (2009) weisen darauf hin, dass Inkohärenzen, etwa durch nicht abgestimmte Curricula oder Änderungen in Anforderungsprofilen beim Wechsel von Bildungseinrichtungen, potentielle Gefahren für kognitive Brüche in den Lehr-Lernprozessen darstellen, die ein kumulatives Lernen nachhaltig beeinträchtigen können. Bei der Umsetzung der Anschlussfähigkeit wird als problematisch erachtet, dass die formale Trennung der Bildungsphasen für die Lernenden als strukturelle Folge hat, „dass auch bei der Ausbildung von Lehrkräften oder Erzieherinnen und Erziehern genauso wie in der Lehrplanentwicklung und sogar in der Forschung nicht selten separate Teilbereiche entstehen. Kontinuität und Kohärenz in Bezug auf das Mathematiklernen ist damit allenfalls innerhalb der Teilbereiche gesichert, nach außen wird aber zu wenig miteinander und die Bereiche werden entsprechend zu wenig aufeinander abgestimmt“ (Heinze & Grüßing 2009).

Auf konkreter Ebene beschäftigten sich Kinder auch bisher schon viel früher mit den o. g. Bereichen: Gegenstände und Aktivitäten werden gezählt, Zahlen in der Umwelt gesucht und gefunden, der umgebende Raum erkundet, mit Bauklötzen und Legosteinen räumliche Objekte gebaut, Formen werden erkannt und beim Malen nachgebildet, Muster werden beim Perlenfädeln und Zeichnen selbst entwickelt, es wird verglichen, wer größer oder schwerer ist, wer mehr oder weniger Bonbons hat, bei Würfelspielen wird darüber geredet, welche Zahl zum Gewinnen notwendig ist und dabei werden erste Erfahrungen mit sicheren, wahrscheinlichen und unmöglichen Ereignissen gemacht. Im Mathematikunterricht sollen diese Fähigkeiten dann abstrahiert werden, was umso leichter fällt, je mehr konkrete Erfahrungen die Kinder hierzu machen konnten und je mehr innere Vorstellungsbilder sich entwickelt haben. Damit diese konkreten Aktivitäten und Erfahrungen zu mathematischen Fähigkeiten werden, ist es wichtig, dass diese aufgegriffen, reflektiert und strukturiert werden (s. Kap. 2.4.).

Neben den inhaltlichen mathematischen Kompetenzen sind in den Beschlüssen der Kultusministerkonferenz auch allgemeine mathematische Kompetenzen formuliert, die in der Auseinandersetzung mit Mathematik erworben werden sollen und die für die erfolgreiche Nutzung und Aneignung von Mathematik von zentraler Bedeutung sind (Kultusministerkonferenz 2004):

- Problemlösen,
- Kommunizieren,
- Modellieren,
- Argumentieren,
- Darstellen von Mathematik.

Diese allgemeinen mathematischen Kompetenzen werden als entscheidend für die Entwicklung mathematischer Grundbildung und für eine positive Einstellung und Grundhaltung zum Fach gesehen. Aus diesem Grund sind auch die allgemeinen mathematischen Kompetenzen unverzichtbare Bestandteile im Elementarbereich, wenngleich sie häufig nicht explizit benannt werden, sondern in

der Art und Weise des Umgangs mit den inhaltlichen Kompetenzen zum Ausdruck kommen.
Während das *Modellieren*, die Bearbeitung von außermathematischen Fragestellungen durch die Einbettung in innermathematische Kontexte, im Kindergarten eine untergeordnete Rolle spielt, so sollte jedoch immer darauf geachtet werden, dass Kinder in geeigneten Situationen dazu ermutigt werden, Lösungsstrategien für problemhaltige Aufgaben zu entwickeln und zu nutzen und Zusammenhänge zu erkennen *(Problemlösen)*. Die Vorgehensweisen sollten beschrieben werden, bei gemeinsamen Aufgaben sollten Verabredungen getroffen und eingehalten werden, über mathematische Tätigkeiten sollte mit anderen Kindern oder Erwachsenen gesprochen werden *(Kommunizieren)*. Eigene Aussagen und die von anderen Kindern sollten hinterfragt und auf Korrektheit überprüft werden, Begründungen gesucht und nachvollzogen werden *(Argumentieren)*. Auch das Darstellen von Sachverhalten, das Vergleichen von Darstellungen, die Übertragung von einer Darstellung in eine andere, kann schon im Kindergarten grundgelegt werden, ohne dass die Kinder sich dabei an die späteren konventionellen Darstellungen halten müssen.
Problemlösekompetenzen, Kommunikation, Argumentation und Darstellung von Sachverhalten gehören zu den Basiskompetenzen, die in allen Bildungsbereichen – nicht nur in der Mathematik – gefordert sind und von Anfang an gefördert werden sollten.

Im Folgenden werden die oben benannten Leitideen erläutert und mögliche Aktivitäten zur Förderung der Kompetenzen in den verschiedenen inhaltlichen Bereichen dargestellt.
Bei der Beschreibung der Aktivitäten wird deutlich, dass sie sich teilweise mehreren inhaltlichen Bereichen zuordnen lassen: so können beim Sortieren und Klassifizieren (Leitidee Muster und Strukturen) die Gegenstände auch gezählt und nach ihrer Anzahl (Leitidee Zahlen und Operationen) oder nach ihrer Größe (Leitidee Größen und Messen) verglichen werden oder bezüglich der Form klassifiziert werden (Leitidee Raum und Form). Dies scheint vielleicht auf den ersten Blick verwirrend, zeigt jedoch die enge Beziehung zwischen den Lernbereichen auf. Die Kompetenzbereiche sollten keinesfalls isoliert „abgearbeitet“, sondern ganz bewusst miteinander verwoben werden. Von daher ist die Untergliederung in diesem Handbuch eine künstliche, die jedoch der Erzieherin helfen soll, die verschiedenen Kompetenzen alle im Blick zu behalten. Um Wiederholungen zu vermeiden ist nicht konsequent auf mögliche Querverbindungen hingewiesen.
Die Bewältigung der vorgeschlagenen Aktivitäten ist nicht als zu erreichendes „Lernziel“ für alle Kindergartenkinder zu sehen. Vielmehr sollen die Vorschläge als Möglichkeiten angesehen werden, bestimmte Aktivitäten anzuregen. Dabei soll es nicht um Stoffvermittlung gehen, sondern vielmehr um Inhalte, die direkt oder indirekt mit der Mathematik zu tun haben und vor allem auch um mathematische Handlungsweisen wie Problemlösen, Argumentieren, Kommunizieren.
Wie oben schon erwähnt, sollen die Vorschläge nicht verstanden werden als ein neben dem Kindergartenalltag zusätzlich abzuarbeitendes Programm. Denn tatsächlich bietet der Alltag genügend Gelegenheiten und Anlässe, mathematische Förderung zu integrieren. Viele der vorgeschlagenen Aktivitäten sind für die Erzieherinnen längst bekannt und werden „schon immer“ praktiziert, manchmal jedoch vielleicht, ohne dass ihnen der mathematische Kontext dabei bewusst ist. Die Zusammenstellung soll deshalb eher als Hilfe gesehen werden, die Bedeutung verschiedener Aktivitäten zu erkennen und sich der mathematischen Kerne bewusst zu werden. Vielleicht kann dies auch dazu führen, dass es im Kindergartenalltag leichter fällt, mathematikhaltige Situationen zu erkennen, spontan aufzugreifen und zu erweitern.

3.1 Muster und Strukturen

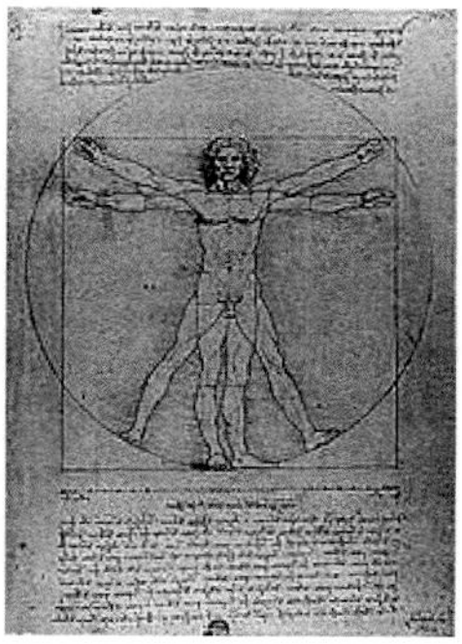

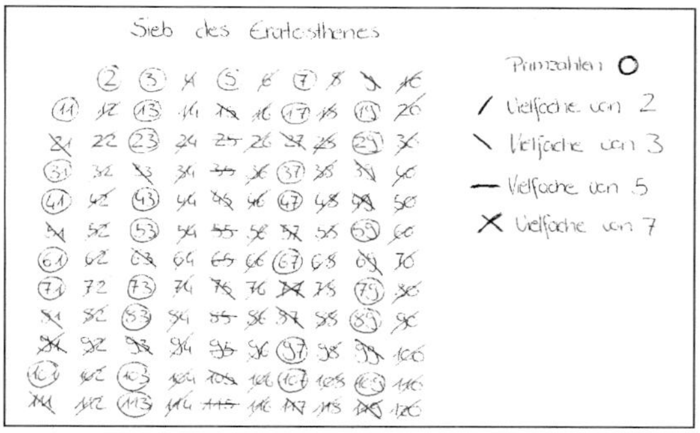

Wird im Alltag bei Mustern wohl eher an visuell wahrnehmbare Muster, an Ornamente oder Parkettierungen wie z. B. das Muster auf der Tapete, dem Kleid oder der Blumenvase gedacht, so hat das Wort Muster in der Mathematik noch eine andere Bedeutung, die auch in der Redewendung „nach einem bestimmten Muster ablaufen" steckt: Muster, im Sinn von Regelhaftem, ordnen und strukturieren unsere Umwelt (Lorenz 2006). Regelhaftes und Wiederkehrendes gibt uns Orientierung und Sicherheit, machen manches vorhersehbar.

Muster finden wir überall: In der Natur bei Blüten, Tannenzapfen, in den Jahreszeiten, dem Sternensystem. Es gibt sie in der Musik, in der Informatik, in der Technik. Es gibt individuelle Handlungsmuster im Sinne von Handlungsstrategien und gesellschaftliche Handlungsmuster, die durch Gewohnheiten und Tradition festgelegt sind. Es gibt Bewegungsmuster im Sport und beim Tanz, und als Gestaltungselemente finden wir Muster an Alltagsgegenständen, in der Kunst und in der Architektur.
Und nicht zuletzt können auch beim Umgang mit Zahlen schon früh einfache Muster erkannt werden: So können die Kinder beispielsweise entdecken, dass eine Gesamtmenge gleich bleibt, wenn bei der einen Menge ein Element weggenommen wird, bei der anderen jedoch dazugefügt wird (Konstanz der Summe: gleich bleibende Summe bei gegensinnigem Verändern) oder dass die Differenz zweier Mengen die gleiche ist, wenn beide Mengen um die gleiche Anzahl verändert wird (Konstanz der Differenz: gleich bleibende Differenz bei gleichsinnigem Verändern). In ihrer späteren Schullaufbahn begegnen die Kinder unentwegt geometrischen und arithmetischen Mustern und Strukturen: Bei den Rechengesetzen, Zahlenfolgen, figurierten Zahlen, Teilbarkeitsregeln, Codierungen, Fibonacci-Zahlen, beim Goldenen Schnitt, etc. Deshalb wird die Mathematik auch häufig als „die Wissenschaft von Mustern" bezeichnet.

Schon früh nehmen Kinder im Alltag Gesetzmäßigkeiten und Muster wahr: in einfachen Reiz-Reaktionsschemata, im Tagesablauf, im Spiel, etc. (Grassmann u. a. 2009). Auch bei funktionalen Abhängigkeiten können sie schon früh Regelmäßigkeiten bemerken: Je mehr Sand in den Eimer geschaufelt wird, desto schwerer wird dieser oder je mehr Kinder beim Aufräumen helfen, desto schneller geht es.
Mit kindgemäßen Aktivitäten können im Kindergarten grundlegende Erfahrungen im Bereich der Muster erworben und vertieft werden: Beim Singen, Klatschen, Musizieren, bei Fingerspielen, Tänzen und Bewegungsliedern und selbstverständlich auch beim Gestalten.
Visuelle Muster haben auf Kinder (und Erwachsene!) einen hohen ästhetischen Reiz; deshalb ist das Musterbilden eine im Vorschulalter häufig selbstinitiierte Aktivität. Die Regelhaftigkeiten geben Sicherheit durch den erkennbaren Fortgang: bei Mustern, Bandornamenten und Parketten wird ein Grundelement nach einer gewissen Regel mehrfach arrangiert. Dabei können Bandornamente beliebig in zwei Richtungen, Parkette innerhalb einer Ebene in alle Richtungen fortgesetzt werden (Franke 2000). Voraussetzung für ein Parkett ist, dass keine Lücken oder Überlappungen entstehen, sondern die Ebene mit deckungsgleichen Figuren vollständig abgedeckt werden können. Hierfür können auch mehrere Ausgangsfiguren benutzt werden. Beim Erkennen, Erfinden und Fortsetzen von Bandornamenten und Parketten werden erste Einsichten in geometrische Operationen wie Verschieben, Drehen, Spiegeln angebahnt.
Mathematisch lassen sich die Regelhaftigkeiten von Bandornamenten und Parketten mit Hilfe von Kongruenzabbildungen beschreiben, wobei sich diese alle aus Achsenspiegelungen ergeben: Werden zwei Achsenspiegelungen verkettet, bei der die Achsen zueinander parallel und senkrecht zur Verschiebungsrichtung sind, entsteht eine Verschiebung. Schneiden sich die Spiegelachsen im Drehzentrum, entsteht eine Drehung. Die Schubspiegelung entsteht durch Verkettung einer Achsenspiegelung mit einer Verschiebung, wobei die Spiegelachse in Richtung der Verschiebung liegt (Franke 2000).
Da sich also jede Kongruenzabbildung der Ebene aus Achsenspiegelungen aufbauen lässt, begegnet uns in Bandornamenten und Parketten immer die Achsensymmetrie. Doch auch in Einzelmustern finden wir häufig Symmetrien. Da die Symmetrie jedoch auch mit der Leitidee Raum und Form eng verzahnt ist, wird diese in Kapitel 3.2.3 näher betrachtet.

3.1.1 Muster und Sprache – Begriffsbildung

Muster erkennen bedeutet, Ähnlichkeiten zwischen Phänomenen zu erkennen, die vielleicht auf den ersten Blick nichts miteinander zu tun haben. Diese Fähigkeit hängt eng mit der Begriffsentwicklung und auch mit der Wahrnehmung zusammen. Um Gegenstände ordnen und klassifizieren zu können, müssen Gemeinsamkeiten und Unterschiede erkannt werden. Was ist das Gemeinsame einer Klasse, welches Muster, welche Regel verbindet sie?
Schon Piaget (1896–1980) hat sich mit dem Zusammenhang von Wahrnehmung und Begriffsbildung beschäftigt. Nach Piaget bilden sich kognitive Strukturen durch Interaktion mit den Objekten. Alte Strukturen werden so lange beibehalten, bis neue invariante Merkmale zugeordnet werden können und so zu einer Veränderung führen. Dabei wird entweder das Objekt der Wahrnehmung angepasst (Assimilation) oder die Wahrnehmung wird dem Objekt angepasst (Akkomodation). Die Wahrnehmung und damit einhergehend auch die Möglichkeit, neue Begriffe bilden zu können, differenziert sich dadurch immer mehr aus.

Bereits im Kindergarten verfügen die Kinder über eine Vielzahl von Wörtern. Von einem Begriff wird jedoch nur dann gesprochen, wenn damit nicht nur ein einzelner Gegenstand oder ein einzelnes Ereignis bezeichnet wird, sondern darunter eine ganze Kategorie verstanden wird, in die das konkrete Objekt einzuordnen ist. Dabei werden spezifische Eigenschaften der einzelnen Gegenstände vernachlässigt; es wird also vorausgesetzt, dass die charakteristischen Merkmale von den unwesentlichen unterschieden werden können. So ist ein Hund nicht nur der Familienhund, sondern bezeichnet alle Tiere der Gattung Hund.
Kinder lernen die Bezeichnungen für solche Klassen jedoch nicht durch Definitionen, sondern indem sie versuchen, eine Regel zu entdecken. Warum heißt beispielsweise das eine Tier mit vier Beinen und Fell „Hund“, das andere dagegen „Katze“?
Begriffe werden vorwiegend über Begegnungen und Erfahrungen im aktiven Umgang mit den Objekten in Verbindung mit der Sprache gebildet. Während zunächst die Begriffsbildung durch die anschauliche Ähnlichkeit der Objekte begünstigt wird – jedes Tier mit vier Beinen und Fell wird als Hund bezeichnet – werden nach und nach die Unterschiede erfahren.
Zu beachten ist, dass Objekte auf ganz unterschiedliche Art klassifiziert werden können. So kann der Familiendackel der Kategorie „Hund“, jedoch auch den Kategorien „Lebewesen“ (vs. Schrank, Haus, ...), „Tier“ (vs. Bäume, Büsche, Blumen, ...), „Vierbeiner“ (vs. Vögel, Spinnen, Insekten“), „Haustier“ (vs. Elefant, Giraffe, ...) zugeordnet werden.
Auch das viereckige Legeplättchen mit den vier rechten Winkeln und den gleich langen Seiten kann als Quadrat kategorisiert werden aber genauso als symmetrische Figur, als parkettierfähige Form, als orangener Gegenstand oder Gegenstand aus Holz bzw. Kunststoff.
Mit wachsender Erfahrung mit Objekten und Sprache bilden sich hierarchische Begriffssysteme. Je allgemeiner ein Begriff innerhalb einer Hierarchie ist, desto weniger begriffsbestimmende Merkmale aber desto mehr Repräsentanten umfasst dieser: Der Begriff „Lebewesen“ umfasst weniger Merkmale jedoch mehr Repräsentanten als der Begriff „Dackel“. Genauso verhält es sich mit dem viereckigen Legeplättchen, das lediglich mit dem Merkmal „Figur mit vier Ecken“ bestimmt ist und ein Quadrat, ein Rechteck, eine Raute, ein Trapez, ein Drachenviereck, ein Parallelogramm oder auch ein unregelmäßiges Viereck sein kann.

Nach Franke (2000) lassen sich bei der Gewinnung mathematischer Begriffe folgende Stufen unterscheiden:
- Intuitives Begriffsverständnis: Die Kinder kennen Repräsentanten für einen Begriff und können Beispiele und Gegenbeispiele finden. Es erfolgt ein Vergleich mit einem Prototyp; begründet wird häufig mit Formulierungen wie „sieht aus wie ...“.
- Inhaltliches Begriffsverständnis: Die Eigenschaften des Begriffs werden erfasst; begründet wird durch den Abgleich mit den begriffsbestimmenden Eigenschaften.
- Integriertes Begriffsverständnis: Die Kinder erfassen die Beziehungen zwischen den Eigenschaften eines Begriffes und auch die Beziehungen zwischen Begriffen innerhalb einer Begriffshierarchie.

Diese Stufung, bei Franke bezogen auf geometrische Begriffe, lässt sich jedoch durchaus auch auf Alltagsbegriffe übertragen.
Indem Kinder vielerlei Gegenstände ordnen und sortieren, ihr Sortiersystem beschreiben und ihre Zuordnungen zu verschiedenen Klassen begründen, wird die Begriffsbildung gefördert, was wiederum die Fähigkeit zum Ordnen und Klassifizieren positiv beeinflusst.

Wenngleich die Versprachlichung im Bereich Muster und Strukturen einen hohen Stellenwert hat, dürfen im Kindergarten keine allzu hohen Erwartungen an die Regelformulierung gestellt werden. Trotzdem sollten die Kinder immer wieder aufgefordert werden, dies zu versuchen.
Die Begriffsgewinnung ist ein langfristiger Prozess, der in unterschiedlichen Stufen abläuft.

3.1.2 Sortieren und Klassifizieren

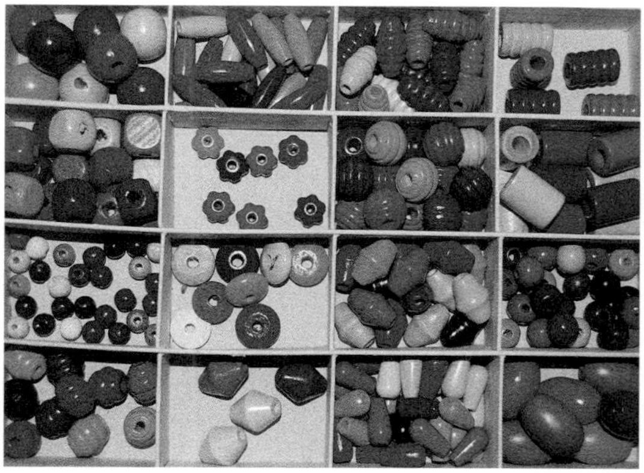

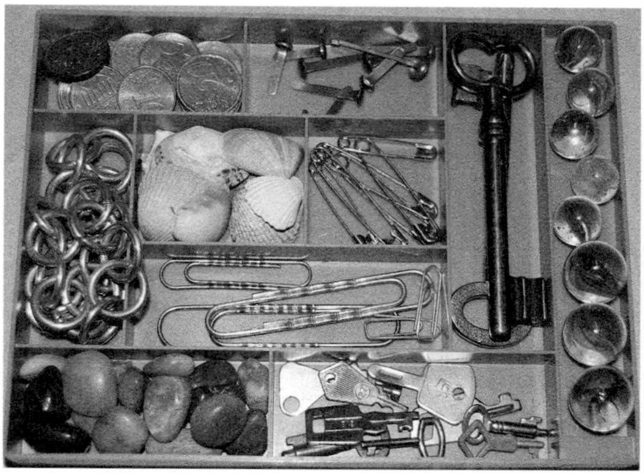

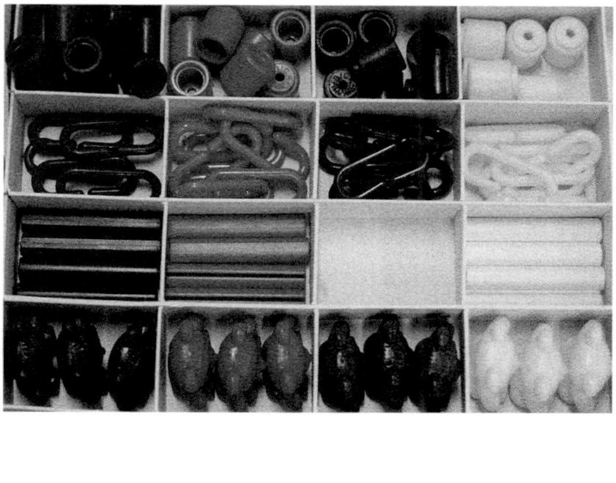

Kinder sortieren und ordnen gerne – zumindest dann, wenn das Material ansprechend, schön anzusehen, gut anzufühlen oder vielleicht besonders interessant ist oder einen persönlichen Bezug hat, weil es beispielsweise selbst gesammelt wurde.
Zum Sortieren und Klassifizieren eignet sich alles, was sich im Kindergarten und im Alltag findet: Spieltiere und -puppen in verschiedenen Farben und Größen, Legeplättchen aus verschiedenen Materialien, in verschiedenen Größen und in verschiedenen Farben, Bauklötze, Legosteine, Murmeln, Schreibgeräte, Büroklammern, Muttern, Schrauben, Dübel, Garnrollen, Schlüssel, Perlen, Knöpfe, Kleidungsstücke, Haarspangen, Modeschmuck, Steine, Muscheln, verschiedene Baumfrüchte, Hülsenfrüchte, Korken, Wäscheklammern ...

Sortieren und Klassifizieren mit Bildmaterial

Wenngleich „echtes“ Material für die Kinder sicherlich ansprechender und motivierender ist, kann natürlich auch mit Bildmaterial (Zeichnungen oder Fotos) gearbeitet werden – sowohl beim freien Sortieren und beim Sortieren nach vorgegebenen Kategorien als auch beim Kategorien erkennen als statischer oder als dynamischer Prozess (s. u.).
Beim Sortieren werden die einzelnen Eigenschaften losgelöst vom Gesamtobjekt betrachtet und danach Kategorien gebildet; die unterscheidenden Merkmale der Objekte hingegen werden ausgeblendet. Diese Abstraktionsleistung ist bereits ein großer und wichtiger Schritt in der Entwicklung des mathematischen Denkens. Entwicklungsbedingt ist es jüngeren Kindern zunächst nur möglich, nach einem Merkmal zu ordnen. Erst später gelingt es ihnen, auch multiple Klassifikationen vorzunehmen, also nach mehreren Merkmalen zu ordnen (z. B. nach Farbe, Form, Verwendungszweck: rote, kleine, runde Gegenstände zum Spielen oder Tiere mit Fell, die bei uns leben, ...).
Häufig kann die Klasseninklusion – vermutlich auch aufgrund fehlender Begrifflichkeiten – noch nicht ausgedrückt werden: So wird bespielsweise die Frage, ob es mehr Katzen oder meht Tiere sind (bei 5 Katzen und 3 Hunden) von jüngeren Kindern häufig noch falsch beantwortet.
Eine Vorübung für jüngere Kinder könnte darin bestehen, aus einem Korb von Gegenständen zwei auszuwählen, die etwas miteinander zu tun haben und ihre Auswahl zu begründen oder von anderen Kindern begründen zu lassen.

Kategorien finden: Freies Sortieren

Dürfen Kinder „frei“ sortieren, werden sicherlich, je nach Vielfalt der Materialien, zahlreiche verschiedene Sortierergebnisse entstehen. So wird ein Kind vielleicht die Gegenstände nach Farben sortieren, ein anderes Kind nach Funktion (Kleidung, Spielzeug, ...), ein anderes nach Material (Plastik, Holz, Stoff, Metall ...). Manche Kinder werden grob sortieren („Spielzeug“), andere werden Unterkategorien bilden (Spielzeug zum Bauen, Spielzeugautos, Puppen, Tiere).
Die Kategorienbildung ist u. a. abhängig vom Wortschatz der Kinder. So wird ein Kind, das die Begriffe *Plastik/Kunststoff, Holz, Stoff* nicht kennt, nicht nach diesen Kategorien ordnen. Auch spielt das Weltwissen dabei eine Rolle: kennen die Kinder Hammer, Schraubendreher und Zange und deren Funktion nicht, so werden sie keine Kategorie *Werkzeuge* bilden.
Auch wenn sich für Erwachsene eine bestimmte Sortierung vielleicht nicht auf den ersten Blick erschließt, so muss diese nicht falsch sein. Wichtig ist, dass Kinder diese begründen. Oftmals fokussieren Kinder bei der Betrachtung der Gegenstände andere Eigenschaften als dies vielleicht Erwachsene tun würden. So sortierte Lara (4 Jahre u. 5 Monate) die Markteinkäufe in zwei Gruppen: zum einen Bohnen, Erdbeeren, Kirschen, Karotten und Bananen, zum anderen Gurken, Birnen,

Paprika und Kiwi. Kennt Lara nicht die Kategorien Obst und Gemüse? Vermutlich schon, doch für sie standen andere Kriterien im Vordergrund, nämlich was sie mag und was sie nicht mag.
Durch die entstehenden verschiedenen Kategorisierungen ergeben sich immer wieder auf's Neue ungezwungene Gesprächsanlässe zwischen den Kindern und mit der Erzieherin: Warum sind denn alle diese Gegenstände in einer Kiste? Könnte ich auch eine Haarspange dazu legen? Warum? Warum nicht?

Während sich beim Klassifizieren von Gegenständen und Bildern die Aufmerksamkeit eher auf sichtbare Merkmale oder Funktion der Gegenstände richtet, wird der Fokus beim Sortieren mit verbundenen Augen auf haptische und/oder akustische Merkmale gelenkt.
So können entweder Fühlboxen oder Fühlsäckchen gefüllt werden mit verschiedenen Materialien (Sand, Steine, Muscheln, Kirschkerne, Kastanien, Eicheln, Walnüsse, Holzperlen, Federn, Watte, Naturwolle, Muttern, Knöpfe, ...), oder es können verschiedene Materialien auf Kärtchen aufgeklebt werden (Fellstücke, Samt, Mohairwolle, Schnur, Schmirgelpapier, Wellpappe, Hochglanzkarton, Baumrinde, Holzfurnier, Metallstück, Riffelblech, ...), die mit verbundenen Augen erfühlt werden.

Sortieren und klassifizieren nach haptischen Merkmalen

Kleine Schachteln oder Blechdosen können mit verschiedenen Materialien gefüllt werden und nach ihrem Klang beim Schütteln sortiert werden.

Sortieren und Klassifizieren nach akustischen Merkmalen

Kategorien erkennen

Haben die Kinder genügend Erfahrung gesammelt mit dem Zuordnen nach selbst gewählten Merkmalen, so kann dieser Prozess auch umgekehrt werden: Für die von der Erzieherin oder anderen Kindern gruppierten Gegenstände sollen die zugrunde liegenden Sortiereigenschaften erkannt und benannt werden.
Während zunächst mit statischen Gruppierungen gearbeitet werden sollte, kann später auch ein dynamischer Prozess, mit sich immer wieder ändernden Kategorien entstehen:
Was hat die rote Kindersocke, der rote Kindergummistiefel und die rote Kindersandale miteinander zu tun? „Alles ist rot", vermutet Lea. „Alles zum Anziehen", sagt Ben. „Alles von Kindern", meint Jule. „Alles richtig", sagt die Erzieherin und legt ihren roten Hausschuh dazu. „Und jetzt?" Jule schließt sich nun Lea an. Eine blaue Socke wird dazugelegt. Lea und Jule sind enttäuscht, Ben jubelt. Ein roter Handschuh wird abseits gelegt. „Der gehört aber nicht dazu", meint die Erzieherin. Nach kurzer Ratlosigkeit erkennen die

Kinder, dass es wohl um „Anziehsachen für die Füße" geht.
Für solche Übungen ist fast alles geeignet, was sich spontan im Kindergarten findet, auch die Kinder selbst: sortiert werden kann nach Geschlecht, Haarfarbe, Haarlänge, Frisur, Kleidungsfarbe, Kleidungsmaterial, Schuhart, Schuhfarbe, ...

Kategorien füllen

Anders als beim freien Sortieren kann den Kindern auch vorgegeben werden, nach welchen Kriterien sie sortieren sollen. Während das freie Sortieren auch in einer sehr heterogenen Gruppe für alle Kinder Aktivitäten auf dem jeweiligen Niveau zulässt, ist es beim kategoriengeleiteten Vorgehen teilweise eher schwierig, Kinder mit sehr unterschiedlichem Wortschatz und Weltwissen an derselben Aufgabe zu beteiligen. Auch gelingt es jüngeren Kindern häufig noch nicht, nach mehreren Merkmalen zu sortieren (vgl. oben: multiple Klassifikationen: Objekte, die rot *und* essbar sind).
Je nach Entwicklungsstand der Kinder können auch einfache oder komplexe Eigenschaften vorgegeben werden, nach denen die Kinder im Kindergarten oder zu Hause Ausschau halten sollen. Beim Suchauftrag nach „silberfarbenen Gegenstände, die man in der Hand halten kann", werden auch jüngere Kinder sicherlich viel Krimskrams finden, was sich anschließend weiter in Unterkategorien ordnen lässt: Schmuck, Schlüssel, Schrauben, Muttern, Flaschenöffner, Büroklammern, Sicherheitsnadeln, Döschen, Münzen, Spielzeugautos, uvm. Älteren, sortiererfahrenen Kindern können auch komplexere Such- und Sammelaufträge erteilt werden.
Auch kann in Zeitschriften nach bestimmten Dingen gesucht werden. So könnte beispielsweise nach runden Gegenständen gesucht werden, die ausgeschnitten und aufgeklebt werden oder aber auch nach Uhren, nach Pflanzen, nach Tieren, nach Spielzeug, nach Schreibgeräten, nach Essbarem, ...
Beim Waldspaziergang kann der Auftrag gegeben werden, bestimmte Blätter zu sammeln. Welche Blätter stammen wohl von der gleichen Baumart? Hier schließt sich ganz selbstverständlich die Frage an, zu welchem Baum die Blätter gehören. Ganz „nebenbei" lernen die Kinder dabei die verschiedenen Bäume und ihre Blätter kennen.

Ebenso lernen die Kinder beim Sortieren von Münzen „ganz nebenbei" unser Geld kennen und, sofern ausländische Münzen untergemischt sind, unser Geld von fremdem zu unterscheiden.

Sortieren und klassifizieren von Münzen

3.1.3 Gesetzmäßigkeiten in Mustern erkennen, beschreiben, fortsetzen, selbst entwickeln

Wie oben schon erwähnt, können Muster und Reihen mit Sichtbarem (Alltagsgegenstände, Formen, Bilder) aber auch mit Geräuschen und Bewegungen gebildet werden.
Die Gesetzmäßigkeit, die sich wiederholende Ordnung, kann sichtbar, hörbar oder fühlbar sein.

Visuell wahrnehmbare Muster

Muster suchen

Im Kindergarten, zu Hause, in der Stadt – überall finden sich Muster als Gestaltungselemente. Die Kinder können als „Mustersucher" losgeschickt werden, um möglichst viele verschiedene Muster zu entdecken, die sie aufzeichnen oder beschreiben sollten.
Auch in Zeitschriften finden sich Muster, die ausgeschnitten und aufgeklebt werden können.

Freies Legen von Mustern

Wenngleich es verschiedene Legematerialien gibt, die geradezu zum Musterlegen auffordern, so können auch mit vorhandenen Naturmaterialien wie Steinen, Muscheln, Schneckenhäusern oder Alltagsmaterialien wie Besteckteilen, Knöpfen, Schrauben, Stiften oder gängigen Kindergartenmaterialien wie Perlen, Bauklötzen u. ä. Muster gelegt werden. Hiermit entstehen i.d.R. jedoch eher Bandornamente, während beispielsweise die Patternblocks durch ihre aufeinander abgestimmten Seitenlängen zum Parkettieren geradezu auffordern. Auch Winkelplättchen eignen sich vorzüglich zum Parkettieren.

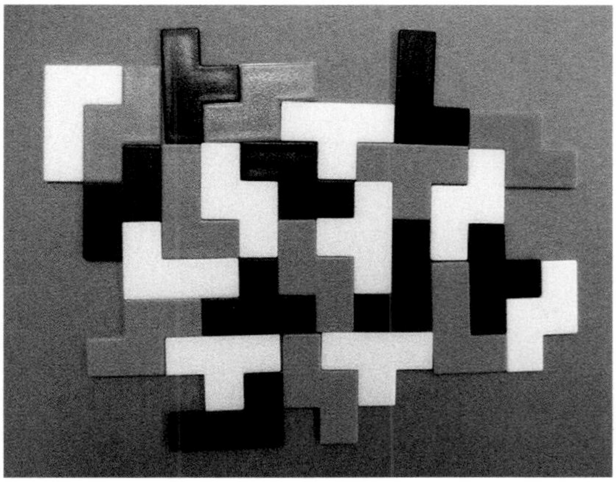

Parkettieren mit Winkelplättchen

Parkettieren mit Patternblocks

Besteckmuster

Würfeltreppe

Bärenkreis

Verschiedene Perlenketten

Kettenfädeln mit Perlen oder auch mit Naturmaterialien (Kerne, Früchte, Samen, ...) ist eine beliebte Aktivität – nicht nur bei Mädchen. Auch hier entstehen nur selten beliebige Zusammenstellungen, denn meist versuchen die Kinder Regelmäßigkeiten einzubauen, weil sie diese als besonders ästhetisch empfinden.

Freies Zeichnen, Stempeln, Drucken von Mustern

Bildränder, Schachteln, Briefbögen, Lesezeichen, Buchumschläge, Tischsets, Namensschilder, Sitzkissenbezüge und vieles andere mehr eignen sich vorzüglich dazu, mit Mustern verziert zu werden. Muster lassen sich zeichnerisch frei oder mit Schablonen gestalten. Zum Drucken eignen sich Kartoffelstempel oder auch Materialien mit verschiedenen Formen. Auch mit fertigen Buchstaben-, Zahl- oder Bildstempeln lassen sich Muster erstellen. Packpapier wird – mit gedruckten oder gestempelten Mustern verziert – schnell zum persönlichen Geschenkpapier.

Neben der Beschäftigung mit Mustern und Strukturen sind diese Aktivitäten auch für die Förderung anderer Kompetenzen sinnvoll. So werden beispielsweise die visuomotorische Koordination und die Feinmotorik geschult. Die später so wichtige angemessene Nutzung von Zeichengeräten, Genauigkeit und Übersichtlichkeit entwickeln sich nur durch wiederholtes Tun. Sauberes Arbeiten ist schon hier eine wichtige Voraussetzung für ein befriedigendes Arbeitsergebnis.

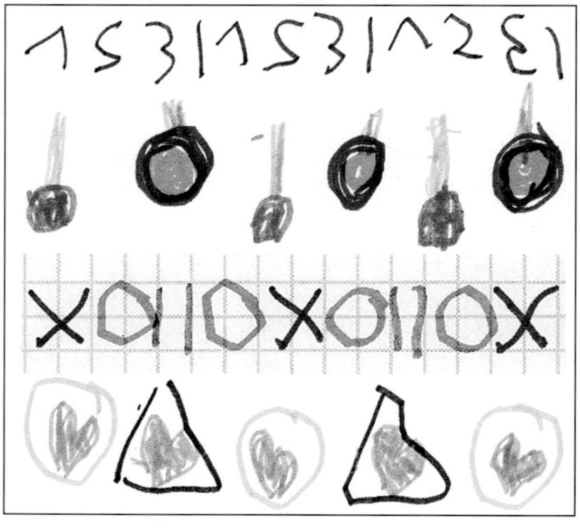

Erkennen, beschreiben und fortsetzen von Mustern

Von der Erzieherin oder anderen Kindern begonnene Muster fordern geradezu dazu heraus, diese fortzusetzen. Dies setzt jedoch voraus, dass das begonnene Muster erkannt wird. Die Fähigkeit, Muster zu erkennen, hängt – ebenso wie das Sortieren und Klassifizieren – mit der Begriffsentwicklung zusammen. Erkennen von Mustern ist kein reiner Wahrnehmungsakt. Die Struktur selbst ist nicht direkt ablesbar, sondern muss entdeckt werden.
Am leichtesten fällt jungen Kindern i.d.R. das Reihenbilden mit verschiedenen Farben (blauer Würfel, roter Würfel, blauer Würfel, roter Würfel ...). Auch Reihen legen mit verschiedenen Körpern oder Formen (roter Würfel, rote Pyramide, roter Würfel, rote Pyramide,...) ist eine früh bewältigbare Anforderung. Schwierig wird es, wenn zwei Eigenschaften unabhängig voneinander beachtet werden müssen: liegt ein roter Würfel, eine blaue Pyramide, ein gelber Quader, ein roter Zylinder, ein blauer Würfel, eine gelbe Pyramide, ein roter Quader, so ist bezüglich der Körperform als nächstes ein Zylinder zu wählen. Da die Farbreihenfolge rot-blau-gelb-rot-blau-gelb ist, muss der Zylinder blau sein.
Wichtig ist, die Kinder immer wieder aufzufordern, zu beschreiben, wie das begonnene Muster aufgebaut ist bzw. zu begründen, aus welchem Grund es auf eine bestimmte Art und Weise fortgesetzt wird.

Strukturgleiche Muster erkennen und herstellen

Was hat die Zahlenfolge 0273402734 0... mit dem Ornament ■□◆★●■□◆★●■□◆ ... zu tun? Zahlenfolge und Ornament unterliegen dem gleichen Muster, der gleichen Regelhaftigkeit: Beide wiederholen sich nach fünf Zahlen bzw. Formen. Mathematischer ausgedrückt: man muss die Bänder jeweils um 5 Elemente nach rechts verschieben, bis es wieder mit sich zur Deckung kommt; beide Bänder haben also die gleiche „Translationsperiode".
Diese Gemeinsamkeit bei ansonsten so unterschiedlichen Reihen zu erkennen, stellt eine hohe Anforderung an Kindergartenkinder dar, da sie die direkt wahrnehmbaren Eigenschaften vernachlässigen, und den Fokus auf die zugrunde liegende Struktur, die Bauweise, richten müssen. Trotzdem werden die meisten Kinder durchaus in der Lage sein, nachdem die Wiederholungslänge als Strukturmerkmal beim Beschreiben von Mustern thematisiert wurde, strukturgleiche Muster zu entwickeln, vor allem dann, wenn wie im obigen Beispiel, beide Reihen aus Symbolen bestehen. Schwieriger wird es für die Kinder, wenn die einzelnen Elemente durch ihre Gegenständlichkeit eher von der Struktur ablenken.

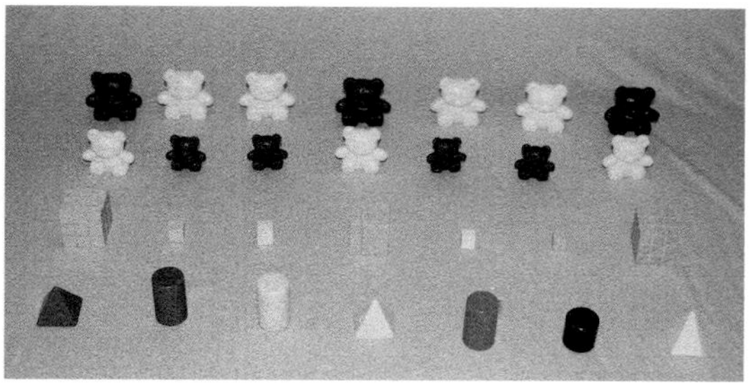

Strukturgleiche Muster

Den meisten Kindern fällt es leichter, visuelle Muster in strukturgleiche akustische oder Bewegungsmuster zu übersetzen (s. u.).

Fehler finden

Fehler zu finden und zu korrigieren, die die Erzieherin in Musterreihen eingebaut hat, macht den meisten Kindern großen Spaß. Wie bei allen Aufgabenstellungen zu *Muster und Strukturen* ist dies auf ganz verschiedenen Schwierigkeitsniveaus möglich, je nachdem wie komplex das Muster ist. Auch hier ist es wichtig, dass die Kinder versuchen, den Fehler zu verbalisieren.

Akustische Muster und Bewegungsmuster

Erfinden von akustischen Mustern

Neben visuellen Mustern können auch akustische gebildet werden. Muster entstehen dabei durch einen Rhythmus, durch sich wiederholende Töne oder durch eine Kombination von beidem.
Wenn Kinder um der Geräusche willen stampfen, klopfen, rasseln, klatschen, schnipsen, so geschieht dies nach einigen Experimenten, die sich zunächst eher auf das Geräusch selbst richten, meist in einem bestimmten Rhythmus. Was ist aber ein Rhythmus? Man hat seinen Lebensrhythmus (beispielsweise aufstehen, duschen, frühstücken, arbeiten, Sport machen, schlafen...). Auch der Herzschlag hat seinen ganz eigenen Rhythmus. Rhythmus hat mit Regelmäßigkeit zu tun, mit Dingen, die immer wiederkehren. Auch in der Musik wiederholen sich Rhythmen i.d.R. immer wieder. Rasseln, Tamburine, Trommeln sind für Kinder sehr motivierend und eignen sich vorzüglich, um rhythmische Muster zu erfinden.
Auch mit Tonfolgen (Glockenspiel, Xylophon, ...) kann selbstverständlich experimentiert werden, wobei es dabei sinnvoll ist, lediglich die pentatonische Tonleiter zu benutzen. Da bei dieser 5-Ton-Tonleiter (d, f, g, a, c) keine Halbtonschritte vorkommen, kommt es niemals zu Misstönen.
Cslovjecsek (2005) macht Vorschläge, wie auch mit Silbenfolgen experimentiert werden kann: rhythmisch gesprochene Silben werden wiederholt, so dass ein akustisches Bandornament entsteht: Tak-Dun-TakTakDun-Tak-Dun-Tak...

Fortsetzen von akustischen Mustern

Die von der Erzieherin oder einem anderen Kind vorgemachten Muster werden durch die anderen Kinder nachgemacht und fortgesetzt. Die bei rhythmischen Mustern eingesetzten „Geräuschemacher“ müssen nicht zwingend die gleichen sein. So kann ein auf dem Tamburin geschlagenes Muster auch nachgeklatscht, oder ein vorgeklatschtes Muster auch nachgestampft werden.
Auch einfache Tonfolgen auf dem Glockenspiel können nachgespielt und fortgesetzt werden.
Rhythmisch gesprochene Silben können gut im Kreis „reihum“ weitergeführt werden.
Bei älteren Kindern lassen sich akustische Muster auch mit Bewegungsmustern koordinieren und kombinieren (z. B. bei einem kurzen Ton wird auf zwei Beinen gehüpft, bei einem langen Ton wird ein großer Schritt nach vorne gemacht).

Fortsetzen von Bewegungsmustern

Dass bestimmte Bewegungen in einer bestimmten Reihenfolge ausgeführt werden und dieses Muster mehrfach wiederholt wird, kennen die Kinder schon früh aus Bewegungsliedern, Fingerspielen und kleinen Tänzen.
Auch ein einfaches Bewegungsmuster (rechts winken-verbeugen-links winken-rechts winken-verbeugen-links winken ...) kann von Kindern entdeckt und fortgesetzt werden. Die einzelnen Bewegungen können auch reihum weiterwandern, d. h. das erste Kind winkt mit der rechten Hand, das zweite verbeugt sich, das dritte Kind winkt mit der linken Hand, ...

Strukturgleiche Muster erkennen und herstellen

Visuelle Muster können in Klänge oder Rhythmen übersetzt werden und umgekehrt. Auch ein Transfer in Bewegungsmuster ist möglich.
So könnte das gelegte Muster ❍❍■❍❍■❍❍ den Tönen ddfddfdd entsprechen, wenn jede Form durch einen anderen Ton dargestellt wird. Auch der Rhythmus kurz-kurz-lang-kurz-kurz-lang ist strukturgleich, wenn ❍ in einen kurzen und ■ in einen langen Ton übersetzt wird.

Strukturgleiche visuelle und auditive Muster

Beim Sprechmuster tak-tak-dun-tak-tak-dun wird ❍ als tak und ■ als dun gesprochen. Auch das Bewegungsmuster aufstehen-aufstehen-winken-aufstehen-aufstehen-winken ... ist zu den oben beschriebenen strukturgleich.
Diese Übersetzungen sind für die Kinder i. d. R. nicht schwierig, wenn zunächst die verschiedenen Muster miteinander verbunden werden, also beispielsweise parallel zum Zeigen auf die Elemente des „Materialmusters“, die entsprechenden Töne produziert oder Bewegungen durchgeführt werden.
Das Erkennen und selbstständige Produzieren strukturgleicher Muster in verschiedenen Repräsentationen erfordert ein recht hohes Abstraktionsvermögen und gelingt vielen Kindern erst nach ausführlicher Thematisierung.

3.2 Raum und Form

Die Leitidee „Raum und Form“ ist der Geometrie, einem wichtigen Teilgebiet der Mathematik, zuzuordnen. Durch den engen Zusammenhang der Teilgebiete und den Querverbindungen ist die Geometrie jedoch nicht isoliert zu betrachten.

Für die Grundschule werden die Raumorientierung und das Erkennen und Benennen von geometrischen Figuren und einfachen geometrischen Abbildungen als anzustrebende Kompetenzen benannt, was das Erkennen, Beschreiben und Nutzen der Eigenschaften der Achsensymmetrie beinhaltet. Da die meisten Muster symmetrisch sind, ist die Symmetrie auch eng verwoben mit der Leitidee Muster und Strukturen. Auf das ebenfalls der Leitidee Raum und Form zugeordnete Vergleichen und Messen von Raum- und Flächeninhalten wird in Kapitel 3.3 (Größen und Messen) näher eingegangen.

3.2.1 Raumorientierung – Vorstellung, Wahrnehmung; Räumliche Begriffe

Raumorientierung und -vorstellung kann sich nicht durch Papier-Bleistift-Übungen entwickeln. Notwendige Voraussetzung sind vielseitige Bewegungserfahrungen im Raum. Die Fähigkeit, räumliche Beziehungen zu erfassen, hängt eng mit der Entwicklung des Körperschemas zusammen. Ausgehend vom eigenen Körper werden von Anfang an erste Raumerfahrungen gemacht, die dann, mit wachsender Mobilität, auf erweiterte Dimensionen ausgedehnt werden. Das Körperschema, die Orientierung am eigenen Körper, ist das erste räumliche Vorstellungsbild, welches sich entfaltet. Es entwickelt sich durch Bewegungserfahrungen und Sinnesempfindungen. So haben die frühen Aktivitäten zur Raumorientierung auf den ersten Blick wenig mit Mathematik zu tun, sind jedoch wichtiger Bestandteil der frühen mathematischen Bildung. Hierbei geht es vor allem darum, geeignete Lernumgebungen anzubieten, die viel Freiraum für selbstinitiierte Aktivitäten und entwicklungsgemäße Erfahrungen bieten und möglichst alle Sinne ansprechen.

Sprachliche Begleitung hilft, die Wahrnehmungen zu integrieren und unterstützt die Ausbildung des Körperschemas. So können und sollen die Aktivitäten und Bewegungserfahrungen der Kinder schon früh mit Begriffen der Raumrichtung (vorwärts, rückwärts, seitwärts, oben-unten, vorne-hinten, rechts-links), der Raumausdehnung (klein-groß, schmal-breit, hoch-tief, kurz-lang), der Raumwege (gerade, rund, eckig) und der Raumlagen (zwischen, vor, neben, hinter) begleitet und verknüpft werden. Erst wenn die Kinder in der Lage sind, Positions- und Richtungsbegriffe zu verstehen, können sie beschriebene Wege auch gedanklich, in der Vorstellung, nachvollziehen und sich von der konkreten Anschauung mehr und mehr lösen.

Körpergefühl und Raumorientierung können durch vielfältige Bewegungserfahrungen gestärkt werden:

- Körperumrisse aufzeichnen, anmalen
- „Bewegungslandschaften“ aus Matten, Bänken, Leitern, Kisten, Rohren, Reifen, Kriechtunnels, Autoschläuchen, ... zum Klettern, Hüpfen, Balancieren, Schwingen, Schaukeln, Rutschen, Krabbeln, Durchkriechen, ...
- Häuser und Höhlen bauen mit Kartons, Decken, ...
- Polonaise: gehend und hüpfend (auch rückwärts), über Hindernisse kletternd ...
- Hindernisparcours
- Staffelläufe mit verschiedenen Anforderungen (Eierlauf, Wassergefäß tragen, Ball rollen, krabbelnd, hüpfend, zu zweit mit einem Luftballon zwischen sich, ...)
- Erproben von Rollbrettern, Pedalos, Kippelscheiben, ...
- Verschiedene Gang- und Hüpfarten erproben (vorwärts-rückwärts, große Schritte, kleine Schritte, Wechselschritte, Wiegeschritte, Drehschritte, Kreuzschritte, Roboterschritte, schlurfend, hinkend, tänzelnd, stampfend, schleichend, ...),
- Bewegungskoordination:
  - „symmetrische“ Bewegungen, z. B. Hampelmann, beidhändiges Malen,
  - gleichzeitig mit dem Fuß und mit der Hand vorgegebene Bewegungen ausführen, z. B. Fuß stampft, Hand winkt,
  - mit beiden Händen verschiedene Bewegungen ausführen, z. B. linke Hand klopft, rechte Hand malt einen Kreis,
  - Körpermitte kreuzen, z. B.
    - mit zusammengelegten Händen eine große liegende Acht oder einen Kreis in die Luft malen,

- in einer breiten Grätsche einen Gegenstand mit der rechten Hand von rechts oben neben den linken Fuß legen oder ihn dort aufheben,
- rechte Hand ans linke Knie und linke Hand ans rechte Knie legen, mit der rechten Hand ans linke Ohr, mit der linken Hand ans rechte Ohr fassen,
- mit der rechten Hand nach einem Gegenstand in der linken Tischecke greifen, ...

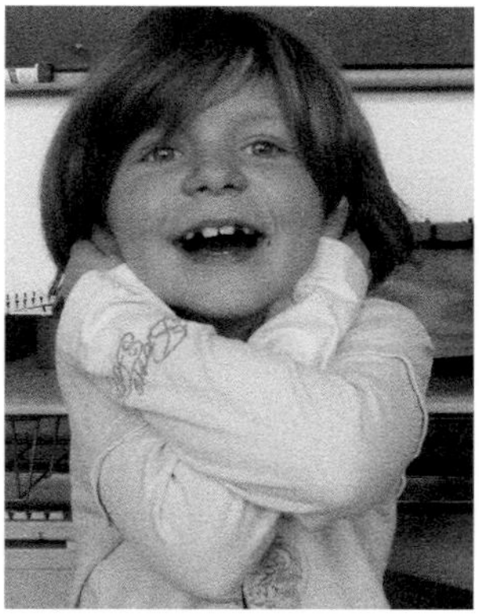

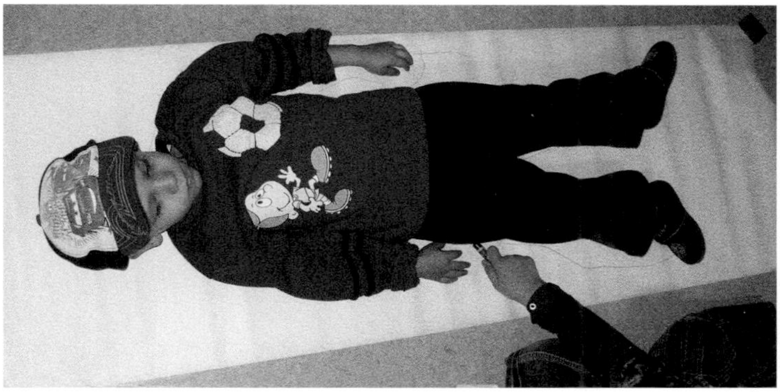

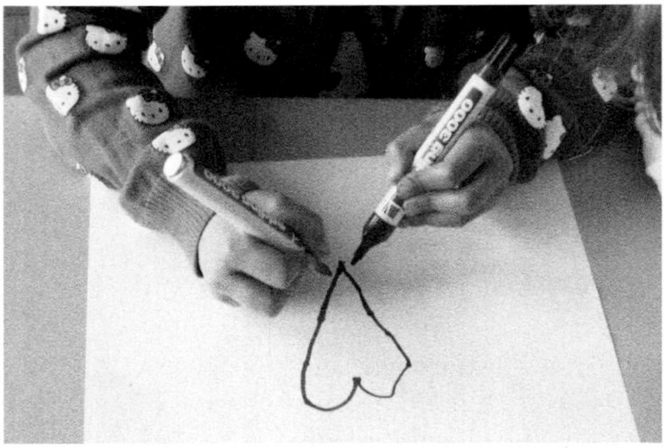

Vorstellung

Räumliches Denkvermögen ist wichtig für die Geometrie. Es ist die Fähigkeit, die Eigenschaften von Dingen und deren Beziehungen untereinander unter räumlichen Aspekten wahrzunehmen und sie innerlich zu visualisieren. Dieses „innere Bild“ wird als „Vorstellung“ bezeichnet.
Doch ist ein gutes Vorstellungsvermögen auch in anderen Bereichen hilfreich. Können wir uns von etwas ein „inneres Bild“, eine Vorstellung machen, so fällt es uns leichter, uns dies zu merken. Dies wird auch bei den zahlreichen Gedächtnistrainingsprogrammen genutzt, die für jung und alt angeboten werden: Viele dieser Programme beruhen auf der Verbindung von Wörtern und vorgestellten Bildern. Dass bildliche Vorstellungen das Merken erleichtern, wird uns deutlich, wenn wir versuchen, uns nachfolgende Wegbeschreibungen zu merken: *„Bei der nächsten Straße links, nach dem Parkplatz rechts fahren, vor der Brücke rechts , bei der zweiten Ampel links, nach der Eisdiele rechts in die kleine Straße, dann bei der dritten Möglichkeit rechts abbiegen.“* In einer fremden Stadt führt diese Beschreibung sicherlich nicht jeden zum Ziel, weil die vielen Richtungsanweisungen schwer zu merken sind und leicht wieder vergessen werden. Anders ist dies in einer bekannten Umgebung: Während uns der Weg beschrieben wird, gehen wir den Weg bereits „in der Vorstellung“ ab. Durch die entstandenen Vorstellungsbilder ist der Weg leichter erinnerbar.

Insbesondere auch für das Rechnen lernen wird dem Vorstellungsvermögen eine wichtige Bedeutung zugeschrieben. Lorenz (1998) geht davon aus, dass die bildhafte Vorstellung das wichtigste Medium des kindlichen Denkens darstellt und Zahlen und Rechenoperationen bei Kindern durch bildhaft vorgestellte räumliche Beziehungen repräsentiert werden. So liegt für die Zahlen eine räumliche Anordnung vor, die beispielsweise Vorgänger, Nachfolger und Zahlvergleiche als Entfernungsbetrachtungen beinhaltet. Entsprechend werden die Grundrechenarten zum einen in Form räumlicher Bewegungen (vorwärts-/rückwärts-/in Sprüngen gehen), zum anderen durch andere interne Bilder, wie dem Operieren mit Mengen, repräsentiert. Auch nach Merschmeyer-Brüwer (2003) stellt das Vorstellungsvermögen einen wichtigen Baustein der intellektuellen Entwicklung für Kinder dar, der deutliche Bezüge zur Entwicklung von Zahlbegriffs- und Zahlraum-Vorstellungen aufweist. Nur wenn die Symbole, Ziffern und Operationszeichen mit Bedeutung gefüllt sind, wenn eine Vorstellung besteht, was hinter den Symbolen steckt, wenn eine Vorstellung vom Zahlenraum aufgebaut worden ist, können Strukturen und Beziehungen erkannt werden.

Die Entwicklung der Vorstellung ist ein aktiver Prozess, dem vielfältige Gelegenheiten zum Handeln, Sehen und Wahrnehmen vorausgehen müssen. Nur wer vielfältige Handlungserfahrungen gemacht hat, kann Handlungen allmählich auch in der Vorstellung vollziehen.
Vorstellung setzt neben einer intakten visuellen Wahrnehmung auch die Fähigkeit voraus, visuell Wahrgenommenes zu speichern. Bekanntes Beispiel zur Beobachtung und Förderung visueller Speicherfähigkeit ist das Memory-Spiel.
Doch geht es bei der Vorstellungsfähigkeit nicht lediglich um Reproduktion, sondern auch um

Neukonstruktion und Umkonstruktion von Wahrgenommenem. Radatz & Rickmeyer (1991) erläutern dies sehr anschaulich: Ohne jemals tatsächlich eine rosa Kuh gesehen zu haben, die nach links schaut und Gras frisst, können wir uns diese durchaus vorstellen. Auch können wir diese Kuh in unserer Vorstellung um 180 Grad drehen und sie nach rechts schauend fressen lassen.
Grundlage einer Umkonstruktion oder Neukonstruktion kann eine sprachliche Beschreibung oder auch ein Bild sein. Doch selbst eine perspektivische Zeichnung oder eine Fotografie kann immer nur zweidimensional sein, und die Vorstellung ist gefordert, um diese tatsächlich räumlich zu sehen. Wird die unten stehende Skizze betrachtet, werden wohl zunächst eher Linien, drei gleich große Rauten, ein Sechseck gesehen. Nur wer Erfahrung mit der isometrischen Normalprojektion hat, und auf Handlungserfahrungen mit Würfeln zurückgreifen kann, ist in der Lage, sich einen Würfel vorzustellen.

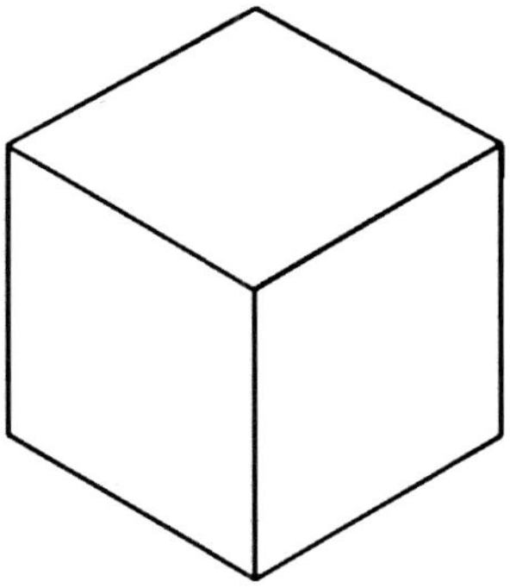

Rauten, Sechseck oder Würfel?

Wahrnehmung

Da die Vorstellung eine intakte visuelle Wahrnehmung voraussetzt, ist die Wahrnehmung ebenfalls Inhalt der Förderung im Bereich „Raum und Form".
Auch Wahrnehmen ist bereits ein aktiver Prozess, der das Gesehene selektiert. Dies wird deutlich, wenn man Aussagen von Zeugen vergleicht, die den selben Vorfall beobachtet haben. Des Weiteren ist die Auswahl dessen, was wahrgenommen wird, von den Vorerfahrungen abhängig. So sieht ein erfahrener Schachspieler ein drohendes Matt, während der Laie lediglich eine bestimmte Figurenkonstellation sieht (Lorenz 1998).

Die Fähigkeit zur Aufnahme, Verarbeitung und Speicherung visuell dargebotener Informationen ist, wie die Vorstellung, auch in anderen Schulfächern und Lernbereichen wichtige Voraussetzung für erfolgreiches Lernen. In der Mathematik wird ein Zusammenhang von unterdurchschnittlichen visuellen Leistungen und Rechenstörungen angenommen (Lorenz 1998, Kaufmann 2003).
Eine intakte visuelle Wahrnehmung wird bei Schuleintritt stillschweigend vorausgesetzt. Doch bei vielen Schulanfängern sind diese Fähigkeiten noch unzureichend ausgebildet, so dass ihnen die zur Unterstützung angebotenen Materialien und Veranschaulichungen nicht hilfreich sein können. Aus diesem Grund hat die Förderung der visuellen Wahrnehmung, Speicherung und Vorstellung im Kindergarten besondere Bedeutung.
Nach Frostig (1972) lassen sich verschiedene Bereiche der visuellen Wahrnehmung unterscheiden:

- *Visuomotorische Koordination* bezeichnet die Fähigkeit, Sehen und Körperbewegungen zu koordinieren. Beobachten lässt sich dies in allen Situationen, die ein Zusammenwirken von Auge und Bewegung erfordern, z. B. beim Ballwerfen und -fangen, beim Falten, beim Perlenfädeln, beim Liniennachspuren, beim Ausmalen und Ausschneiden von Bildern, bei Ausnähkarten oder beim Weben. Auch wenn Kinder vorgegebene Spuren abgehen oder mit Fahrzeugen und Nachziehspielzeugen abfahren ist eine Koordination von Auge und Motorik erforderlich. Visuomotorische Koordination kann nicht isoliert, sondern muss immer im Zusammenhang mit Feinmotorik und allgemeiner Motorik betrachtet werden.

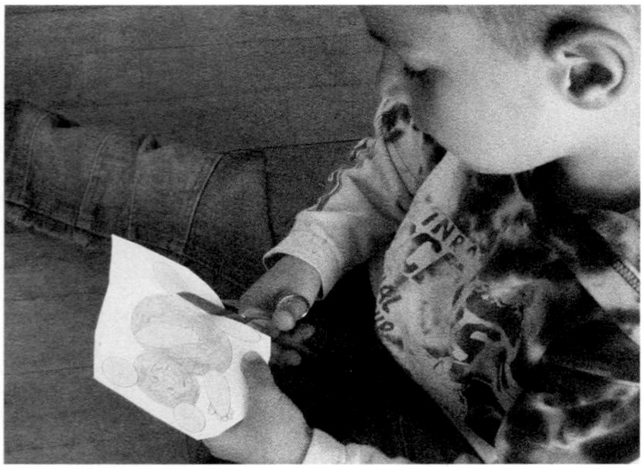

- *Figur-Grund-Unterscheidung* ist die Fähigkeit, aus einem komplexen optischen Hintergrund bzw. einer Gesamtfigur, eingebettete Teilfiguren zu erkennen und zu isolieren.
  Nur das, was sich deutlich abhebt, kann als eigenständiges Objekt wahrgenommen werden. Dies ist beispielsweise auch beim Sortieren oder beim Abzählen von ungeordneten Mengen notwendig. Hierbei ist es erforderlich, aus einer Vielzahl visueller Reize diejenigen auszublenden, die nicht wesentlich sind. Spezielle Suchbilder oder auch Wimmelbilder aber auch Kruschkisten eignen sich neben Papier-Bleistift-Übungen vorzüglich, diese Fähigkeit zu schulen.
- Die *Formkonstanz* ermöglicht es, Figuren in verschiedenen Größen, Anordnungen, räumlichen Lagen oder Farben wieder zu erkennen und von anderen Figuren zu unterscheiden.
  Beim Sortieren von Formen oder Gegenständen zeigt es sich, ob ein Kind in der Lage ist, Formen als gemeinsames Merkmal in den Vordergrund treten zu lassen. Gerade bei jüngeren Kindern sind häufig andere Merkmale, wie beispielsweise die Farbe, dominanter als die Form. So wird bei verschiedenen Formen in unterschiedlichen Farben von jüngeren Kindern eher nach Farbe denn nach Form geordnet.
  Auch Einlegepuzzles verlangen von Kindern, dass sie Positiv- und Negativform als gleichförmig erkennen. Häufig gehen junge Kinder ausprobierend vor, d. h. es wird schiebend und drückend versucht, das „richtige“ Teil zu finden. Werden die Teile zunächst außerhalb der Reichweite des Kindes gelegt und eine „Vorauswahl“ verlangt, wird dabei auch Formkonstanz und Vorstellung gefordert.

Wimmelbild (Kaufmann & Lorenz 2009)

- Die *Wahrnehmung räumlicher Beziehungen und der Raumlage* ist die Fähigkeit, Beziehungen zwischen Objekten, bzw. bzgl. des Standpunktes eines Wahrnehmenden, zu erkennen und zu beschreiben.
  Diese Fähigkeit ist für die Vorstellung und die Raumorientierung von besonderer Bedeutung. Während im Kleinkindalter räumliche Beziehungen nur in der unmittelbaren Umgebung erfasst werden, erlaubt die wachsende Mobilität den Kindern eine stetige Erweiterung des Raumes, so dass ein Wechselspiel zwischen Raumerfahrung und Raumwahrnehmung in Gang kommen kann.
  Bei der Beschreibung spielt die Verwendung räumlicher Begriffe eine wesentliche Rolle. Erforderlich sind Präpositionen wie an, auf, bei, in, unter, über, neben, zwischen, vor, hinter, rechts, links, etc. Werden die Präpositionen falsch verwendet, lässt sich nur schwer feststellen, ob es sich bei auftretenden Problemen um Wahrnehmungs- oder Sprachprobleme handelt.
  Während die Verwendung von Begriffen wie oben und unten, mit denen keine sich ändernde Sichtweise verbunden ist, relativ früh gelingt, erfolgt eine sichere Unterscheidung von rechts und links erst relativ spät, häufig sogar erst nach Schuleintritt. Dies liegt daran, dass die Begriffe oben/unten unabhängig vom Betrachter sind, die richtige Verwendung der Begriffe rechts/links jedoch gegebenenfalls einen Perspektivenwechsel erfordert.
  Beobachtbar sind Probleme leicht im Alltag, bei einfachen Arbeitsaufträgen (Lege den Löffel rechts neben den Teller, lege den Ball in den Korb auf dem Regal, etc.). Einerseits benötigen Kinder eine recht hohe Sprachkompetenz, um räumliche Beziehungen zu beschreiben, andererseits sind Übungen hierzu auch hervorragende Gelegenheiten, um Kinder zum genauen Beschreiben zu ermutigen und damit immer auch sprachliche Lerngelegenheiten. Beim Beschreiben von Bilderbuchseiten (Das Kind steht *neben* der Mutter und füttert das Eichhörnchen, das *auf* dem Baum sitzt.), bei Suchspielen (Ich sehe was, was du nicht siehst, und das liegt ...) oder beim bekannten Spiel „Mein rechter, rechter Platz ist leer“ können sich Begriffe ganz nebenbei festigen.

Mögliche Aktivitäten

Zwar lassen sich zu den genannten Teilbereichen und Fähigkeiten der Raumorientierung Aktivitäten aufzeigen, die schwerpunktmäßig auf den einen oder anderen Teilbereich abzielen, doch ist es nicht sinnvoll die Angebote isoliert zu betrachten, da in der Regel mehrere Fähigkeiten beteiligt sind. Darüber hinaus gibt es selbstverständlich auch immer Querverbindungen zu den anderen Leitideen. Bau- und Legeaktivitäten dienen selbstverständlich auch der Raumorientierung. Auf sie wird in Kapitel 3.2.2 näher eingegangen.

Gerade im Bereich der Wahrnehmung/Vorstellung ergeben sich im Kindergartenalltag spontan vielerlei Anlässe, die die Erzieherin durch Fragen, Anregungen, Impulse fortführen kann, wenn sie sich des Lernpotentials bewusst ist. Aus diesem Grund sollen die unten beschriebenen Anregungen hier in besonderem Maße als exemplarisch verstanden werden.

Veränderungen, Anpassungen auf die Raum- und Materialsituation sind selbstverständlich erwünscht.

Spuren

Gerade, gezackte, runde Linien werden im Sand gespurt, mit Kreide auf Asphalt gezeichnet oder mit Klebeband auf dem Boden im Innenbereich markiert.
Die Kinder laufen, hüpfen, krabbeln diese Spuren ab, fahren diese mit Rollern, Laufrädern, Dreirädern, Schubkarren nach oder gehen mit Nachziehspielzeugen, wobei diese auf der Spur bleiben sollen.

Variante: In Kleinformat ist dies auch auf Papier mit Spielzeugfahrzeugen möglich.

Lichtspuren

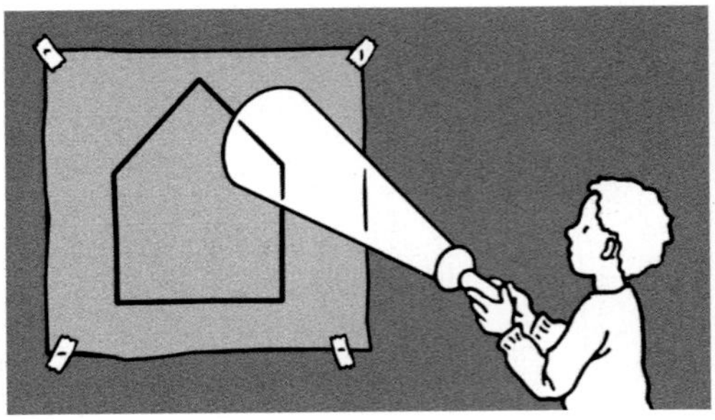

- Die Erzieherin oder ein Kind „malen" mit der Taschenlampe Wege durch das leicht abgedunkelte Zimmer. Die anderen Kinder versuchen, mit ihrer Taschenlampe dem Lichtstrahl zu folgen.
- Ein einfaches Bild an der Tafel wird mit dem Lichtstrahl der Taschenlampe nachgezeichnet.

Zielen und Treffen

- Weiche Bälle, Kastanien, Wattebäusche, Zeitungsknäuel, etc. werden aus unterschiedlicher Entfernung in Körbe, Reifen, Schachteln geworfen.
- Spielzeugkegel oder -keulen werden mit verschiedenen Bällen umgerollt.
- Boule spielen (Boccia) in abgegrenzten Bereichen ist auch schon jungen Kindern möglich. Statt der Boulekugeln können auch Gymnastikbälle, statt der Zielkugel ein Medizinball verwendet werden.

Unser Raum

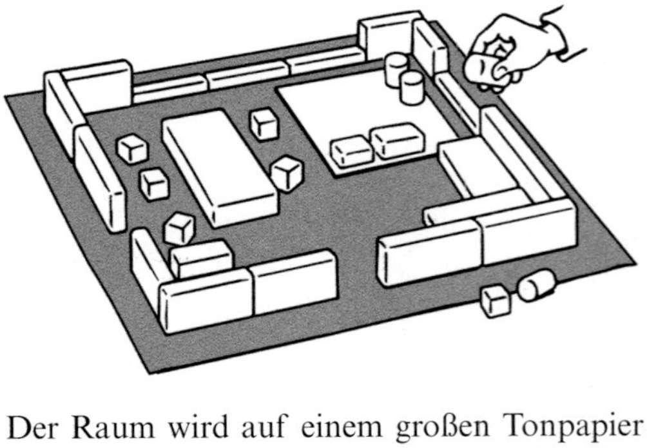

Der Raum wird auf einem großen Tonpapier mit Bauklötzen nachgebaut. Form, Fenster, Türen können als Orientierungshilfe vorgegeben werden. Die verschiedenen Nachbauten werden gemeinsam betrachtet, von den Baumeistern erklärt. Die anderen Kinder machen evtl. Korrekturvorschläge.
Anschließend versuchen die Kinder, ihr Bauwerk aus der Vogelperspektive zu zeichnen. Möglich ist auch, den Kindern aufgezeichnete „Einrichtungsgegenstände" zur Verfügung zu stellen, die sie auf einem Raumplan anordnen sollen.

Schatzsuche

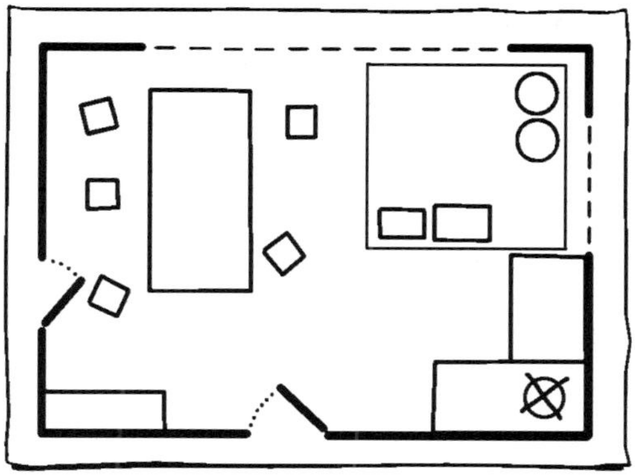

Gegenstände werden im Raum versteckt und auf dem Raumplan (s. o.) eingezeichnet. Mit Hilfe des Plans sucht ein anderes Kind den Gegenstand.
Alternativ kann auch das Versteck oder der Weg zum Versteck beschrieben werden.

Skulpturenpark

Nach Anweisung stellen sich die Kinder in eine bestimmte Pose und werden dabei fotografiert. (Beispiel: Stelle dich auf den linken Fuß, blicke nach rechts, hebe den rechten Arm, und lege die linke Hand auf deinen Bauch). Die ausgedruckten Fotos werden verteilt, jedes Kind stellt sich so auf, wie das Kind auf seinem Foto. Die restlichen Kinder versuchen anschließend, Fotos und Kinder zuzuordnen.

Versteinerte Zwillinge

Die Kinder werden in Zweiergruppen eingeteilt. Eines der Kinder bewegt sich frei im Raum. Wenn die Musik stoppt, erstarrt es. Sein Zwilling stellt sich in die genau gleiche Position daneben. Andere Kinder kontrollieren und geben nötigenfalls Anweisung zur Korrektur der Körperposition.

Bildhauer und Modell

Ein Kind, das „Modell“, stellt sich hinter einem Sichtschutz in einer selbst gewählten Pose auf, so dass es weder vom „Bildhauer“ noch von seinem „Werk“ gesehen werden kann.
Die anderen Kinder beschreiben dem Bildhauer, wie er sein „Werk“ gestalten muss, damit es die gleiche Pose hat, wie das Modell.
Es kann selbstverständlich auch ohne „Bildhauer“ gearbeitet werden; dann muss das Werk sich selbst auf Anweisung der beschreibenden Kinder positionieren.

Topfschlagen

Mit verbundenen Augen, krabbelnd, sucht das Kind nach dem Gegenstand, der unter einem großen Topf versteckt ist.
Mögliche „Wegweiser“ könnten sein:

- die anderen Kinder stehen beim Topf und machen leise Geräusche,
- dem Kind wird vorher gesagt, wo der Topf steht (links neben dem Puppenhaus),
- dem Kind wird vorher gesagt, wie es sich gehend fortbewegen müsste (3 Schritte links, 2 Schritte geradeaus),
- dem Kind wird vorher auf dem Plan gezeigt, wo der Topf stehen wird,
- dem Kind werden Anweisungen gegeben, in welche Richtung es sich bewegen soll (vorwärts-stopp-nach links-stopp-...).

Gruppenbild

Eine Gruppe von Kindern positioniert sich nach Anweisung für ein Gruppenfoto.
(A stellt sich auf B´s rechte Seite. C setzt sich auf einen Stuhl vor B. B legt seine rechte Hand auf C´s linke Schulter. D kniet vor A. Zwischen D und C soll der Bär sitzen).
Später werden die Fotos ausgedruckt, andere Kinder sollen sich genauso aufstellen, wie die Gruppe auf dem Bild.

Dirigent

Ein Kind wird nach draußen geschickt, ein Dirigent wird ausgewählt, der anschließend eine Körperbewegung oder -stellung vormacht. Die anderen Kinder imitieren diese genau (mit dem linken Arm winken, auf dem rechten Fuß hüpfen, ...). Das zu Beginn heraus geschickte Kind muss erraten, wer der „Dirigent“ ist.

Variante: Die Kinder imitieren die Körperbewegung oder -stellung des „Dirigenten“. Ein Kind steht im Kreis und soll den „Falschspieler“ erkennen. Wenn es einen erkannt und den „Fehler“ beschrieben hat, muss der Falschspieler in den Kreis.

Haus vom Nikolaus

Die Kinder versuchen, vorgegebene Figuren „in einem Zug“ zu zeichnen.
Bei den Bildern, die als Vorlage dienen, kann der Schwierigkeitsgrad erhöht werden, indem alle Linien geschlossen werden.

Verstecken und verdecken

Material:
- Schachteln, Dosen, Papierbögen, Töpfe, Tüten, Tücher in verschiedenen Größen und Formen
- Pappen mit verschieden großen unregelmäßigen, kreisförmigen, dreieckigen, rechteckigen Ausschnitten
- verschiedene Gegenstände

Was passt in welche Schachtel, in welche Dose, in welchen Topf, in welche Tüte?
Was kann ich mit welchem Tuch vollständig verdecken?
Welches Papier brauche ich, um den Gegenstand einzupacken?
Welche Gegenstände passen durch welche Löcher?
Welche Gegenstände kann ich hinter meinem Rücken verstecken, welche nicht?

Jüngere Kinder können dies durch Ausprobieren erkunden, ältere Kinder sollten vor dem Handeln Vermutungen anstellen.

Wie groß?

Material: Alte Kataloge, Prospekte, Zeitschriften

Die Kinder schneiden (entweder nach Vorgaben – z. B. Tiere – oder nach Belieben) Gegenstände aus Zeitschriften oder Katalogen aus und kleben die Bilder auf ein leeres Blatt. Anschließend werden die Gegenstände nach ihrer realen Größe sortiert. Die Kinder sollen die wirkliche Größe beschreiben („so groß wie ein Auto") oder zeigen.

Variante: Es werden zwei Gegenstände benannt, die Kinder sollen den größeren nennen.

Bildausschnitte erraten

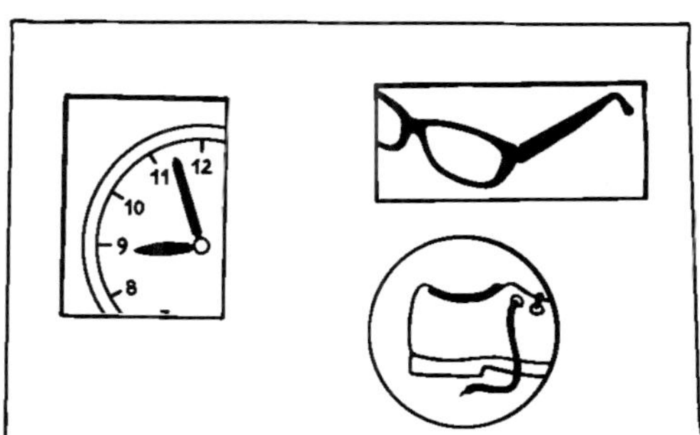

In einen Karton werden Löcher in verschiedenen Größen geschnitten. Der Karton wird auf ein Bild oder eine Bilderbuchseite gelegt. Was ist das, was im „Kuckloch" zu sehen ist?

Fehlersuche

Material:
- Fehlersuchbilder, z. B. aus Kinderzeitschriften
- Fotos von Stillleben aus verschiedenen Perspektiven mit kleinen „Fehlern"

Die Kinder suchen die Unterschiede in den Bildern. Die Unterschiede werden nicht lediglich markiert, sondern zusätzlich beschrieben, so dass auch die Verwendung der räumlichen Begriffe geschult wird.

Aussichten

Material:
- Aufgezeichnete Bahnlinie in Form einer 8 (sofern keine Schienen zum Bauen vorhanden sind)
- Figuren zum Gestalten einer „Landschaft"

Es wird eine Geschichte erzählt, von Fritzi, der das erste Mal alleine auf Reise geht. Die Kinder werden einbezogen, indem sie selbst ergänzen sollen, was Fritzi jeweils sieht, wenn er auf die linke/rechte Seite schaut.
Umgekehrt kann der Standort bei Beschreibung einer bestimmten Aussicht erfragt werden.

Detektiv

Ein „Detektiv" wird bestimmt. Alle anderen Kinder sitzen um einen Tisch und haben beide Hände auf dem Tisch liegen. Ein kleiner Gegenstand (Münze, Ring) wird möglichst unauffällig weiter geschoben. Der Beobachter soll herausfinden, wo sich der Gegenstand befindet und den Platz benennen („unter Sofies rechter Hand"). Derjenige, bei dem der Gegenstand entdeckt wird, ist in der nächsten Runde der „Detektiv".

Variante: Jedes Kind hat nur eine Hand, wahlweise die linke oder rechte, auf dem Tisch.

Knoten legen

Material: Verschlungene Springseile oder Fotos von verschlungenen Springseilen

Die Kinder sollen die verschlungenen Seile nachlegen.

Gedächtnistraining

- Verschiedene Gegenstände liegen auf dem Tisch. Nachdem diese genau betrachtet wurden, schließen die Kinder die Augen, während ein Gegenstand hinzugelegt oder weggenommen wird oder die Lage eines Gegenstands verändert wird. Was hat sich verändert?

  Varianten:
  - Aus Bauklötzen wird ein Gebäude gebaut. Ein Bauklotz wird an eine andere Stelle gelegt (oder ein Bauklotz ergänzt oder weggenommen).
  - Mehrere Kinder stellen sich nach Belieben auf (z. B. A neben B, C hinter A, D vor B). Eines der Kinder wechselt seinen Platz.

- In zwei Körbe werden verschiedene Gegenstände verteilt. Nachdem die Kinder dies genau betrachtet haben, werden alle Gegenstände auf einen Haufen gelegt. Anschließend sollen die Kinder die ursprüngliche Ordnung wieder herstellen.

- Ein Bild wird gezeigt. Nach einer ausreichenden Merkzeit wird das Bild verdeckt, es werden Fragen dazu gestellt („Wo sitzt die Katze? Was liegt auf dem Tisch? ...“).

- Einfache Streckenzüge, Plättchen- oder Streichholzanordnungen werden nach ausreichender Merkzeit aus der Erinnerung nachgezeichnet oder nachgelegt (s. o.).

Bau- und Legediktate

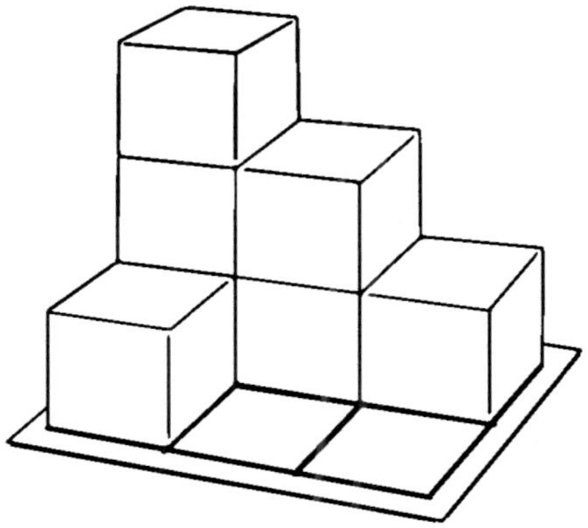

Die Kinder bauen aus Würfeln, Legosteinen oder sonstigem Baumaterial ein Bauwerk nach Wunsch. Hinter einer Sichtabtrennung soll ein anderes Kind nach verbaler Anweisung das gleiche Bauwerk bauen.

Varianten:
- Statt der Baumaterialien werden Gegenstände benutzt, die doppelt vorhanden sind (Beispiel: „Lege das Buch in die Mitte des Tischs. Setze die Puppe auf das Buch. Vor das Buch stelle das Körbchen. In das Körbchen setze den roten Bären. Hinter das Buch stelle das Spielzeugauto. Links neben das Spielzeugauto lege den Legostein ...“).
- Statt eigener Anordnungen können auch Fotos von Bauwerken oder Anordnungen von Gegenständen als Diktatvorlage dienen.
  Mit kleinen Gegenständen (Knöpfe, Würfel, Münzen, ...) kann auch auf einem vorgegebenen 3 · 3-Raster gelegt und gebaut werden.

Faltschnitte

Material: Aufgeklappte Faltschnitte und dazu gehörige aufgezeichnete Schnittvorlagen (gleiche oder ungleiche Größe)

Nachdem die Kinder zunächst selbst Faltschnitte erprobt haben, ordnen sie Faltschnitte und Schnittvorlagen einander zu.

Variante: Die Kinder erhalten einfache Faltschnitte und sollen diese „kopieren"

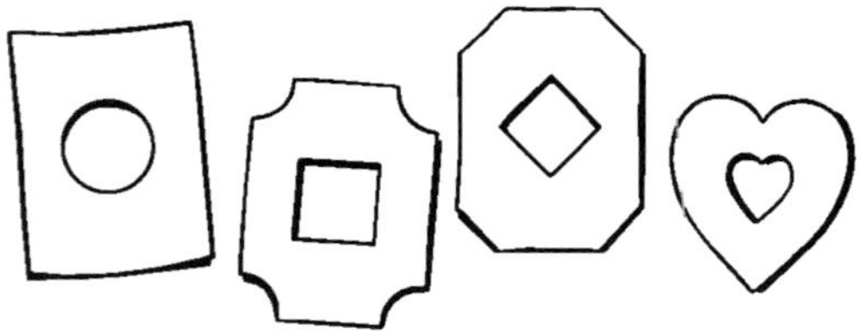

Verwirrte Seile

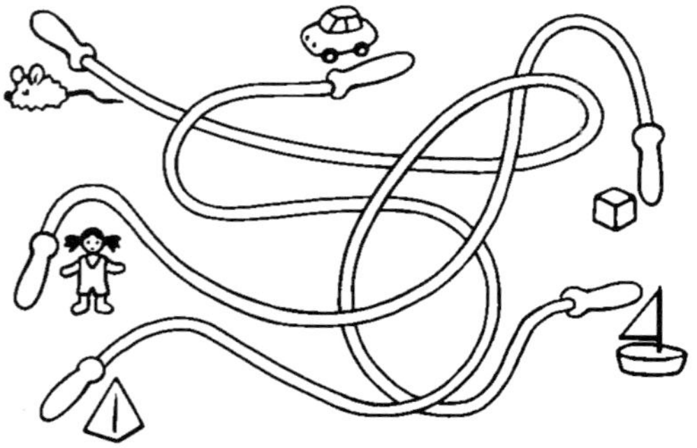

Mehrere Springseile werden in Schlingen und Schlaufen über- und untereinander auf den Boden gelegt. Am Anfang und am Ende werden Gegenstände zur Markierung gelegt. Mit den Augen soll verfolgt werden, wo jedes Seil hinführt.

Schattenbilder

Verschiedene Gegenstände werden (hinter einem Sichtschutz) auf den Folienprojektor gelegt oder von einer starken Taschenlampe angestrahlt. Die Kinder sollen erraten, um welche Gegenstände es sich handelt.

Schachteln falten

Viele Schachteln aus dem Alltag lassen sich leicht auseinander- und zusammenfalten. Nachdem die Kinder dazu Erfahrungen gesammelt haben, können schon vor dem Zusammenfalten Vermutungen angestellt werden, ob der eine oder andere Gegenstand in die Schachtel passen wird, wenn diese zusammengefaltet ist.

Gordischer Knoten

Mehrere Kinder stehen eng zusammen und strecken die Hände in die Höhe. Sie greifen blind nach Händen von anderen Kindern. Anschließend sollen die Kinder versuchen, sich zu entknoten, ohne die Hände loszulassen. Ergibt sich ein Kreis oder mehrere Kreise?

Variante: Springseile werden auf dem Boden übereinander gelegt und teilweise verschlungen. Jedes Kind greift sich ein Ende eines Springseils. Aufgabe ist es, das „Spinnennetz" wieder zu entwirren indem über, unter und zwischen den Seilen hindurch gekrochen wird, ohne die Seile loszulassen.

Papier-Bleistift-Übungen aus dem Bereich Raum und Form *(Kaufmann & Lorenz, 2009)*

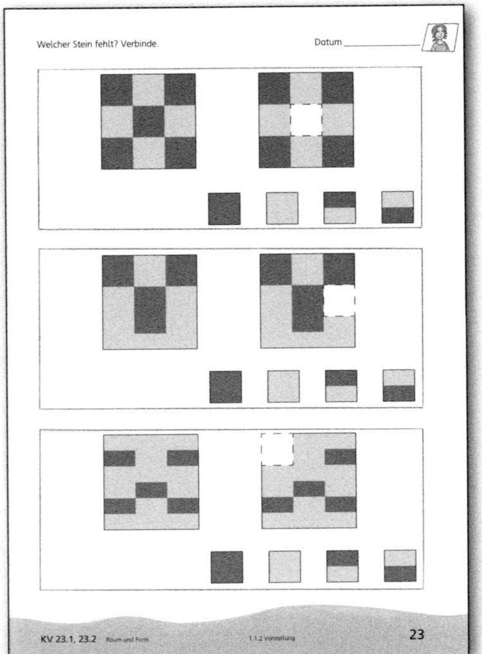

Vorstellung

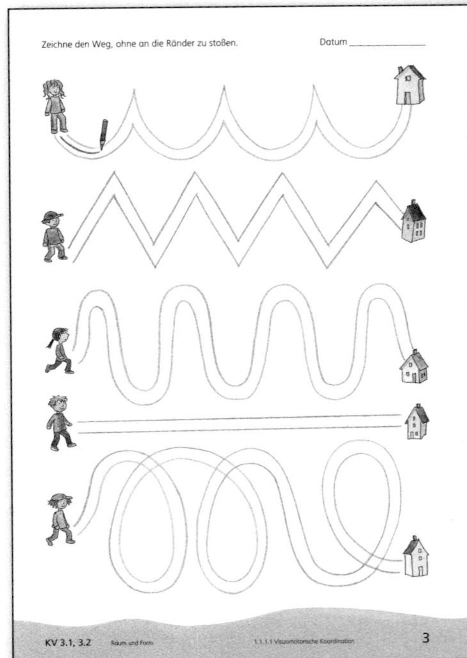

Visuomotorische Koordination

Formkonstanz

Vorstellung

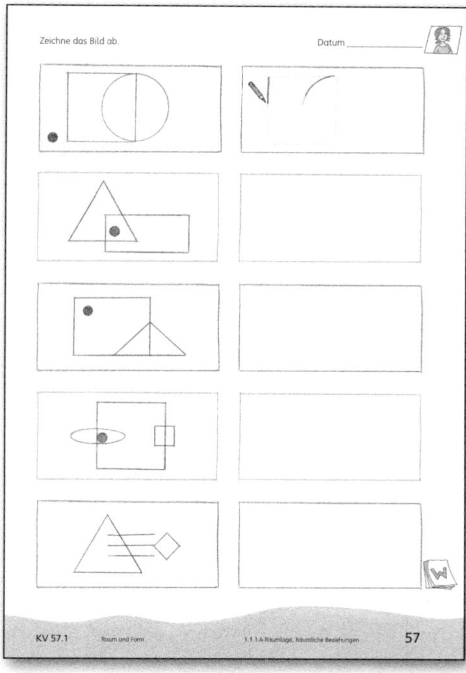

Raumlage, räumliche Beziehungen

Vorstellung

Figur-Grund-Unterscheidung

Raumlage, räumliche Beziehungen

3.2.2 Formen: Flächen und Körper, Bauen und Legen

Mit Formen oder Figuren werden in der Mathematik im Gegensatz zur Umgangssprache sowohl Flächen als auch Körper bezeichnet.
Zum Bereich Formen gibt es vielseitige Materialien und Bausätze, von denen viele zur traditionellen Ausstattung eines Kindergartens gehören: Bauklötze, Lego- und Duplosteine, Tangrams, verschiedene Legeplättchen ...
Außer dem Kennenlernen verschiedener Formen werden beim Bauen und Legen auch die visuomotorischen und feinmotorischen Fähigkeiten und die Orientierungsfähigkeit in Raum und Ebene geschult.

Wenngleich Legeplättchen im mathematischen Sinne Körper sind, ein kreisrundes Plättchen also streng genommen eine Walze (Zylinder) ist, wird es im Kindergarten meist als „Kreis" bezeichnet. Kreise existieren in der räumlichen Wirklichkeit lediglich als Form einer Körperfläche. Da es jedoch nicht Gegenstand des Vorschulalters ist, bereits eine exakte mathematische Terminologie zu erlernen, kann dies durchaus akzeptiert werden.
Kinder können bereits im Kindergartenalter Körper und ebene Figuren erkennen und teilweise auch benennen. Die Begriffe Kreis, Dreieck und Viereck sind den Kindern oft bereits aus dem Alltag bekannt, wobei unter Viereck meist ein Quadrat oder ein Rechteck verstanden wird.
Bei den Körpern sind es die Begriffe Kugel und Würfel, die Kinder meist bereits kennen und verwenden. Hierunter werden jedoch häufig Repräsentanten der geometrischen Körper (Spielwürfel und Kugel, beispielsweise aus der Kugelbahn) und nicht deren geometrischen Eigenschaften verstanden.
Bei der Benennung der Formen und Körper ist selbstverständlich nicht angestrebt, dass diese vor Schuleintritt vollständig erlernt werden. Wichtiger ist, dass die Kinder bei zahlreichen Handlungen vielseitige Erfahrungen machen und auf diese Weise die verschiedenen Eigenschaften entdecken, untersuchen, beschreiben und vergleichen.
Allerdings sollte darauf geachtet werden, dass die Erwachsenen im Umgang mit dem Kind die richtigen Bezeichnungen verwenden. Auf diese Weise werden viele Begriffe ganz nebenbei erlernt.

Geometrisches Denken entwickelt sich in verschiedenen Niveaustufen, wobei jedoch selbst für die Grundschule lediglich die ersten drei Stufen (anschauungsgebundenes Denken, Analysieren der Eigenschaften und Beziehungen, erstes Ableiten und Schließen) erreicht werden können (Schipper 2009). Kindergartenkinder werden in der Regel auf den ersten beiden Niveaus verweilen: Die unmittelbar vorliegenden Figuren werden zunächst erfasst, sortiert und benannt (anschauungsgebundenes Denken), wobei auf der zweiten Stufe auch spezifische Eigenschaften von Figuren differenziert werden können (verschiedene Arten von Vierecken). Entwicklungsbedingt wird es nur wenigen Kindern gelingen, die Beziehungen zwischen den verschiedenen Klassen einer Figur zu verstehen (ein Quadrat ist auch ein Rechteck, eine Raute, ein Drachen, ...).

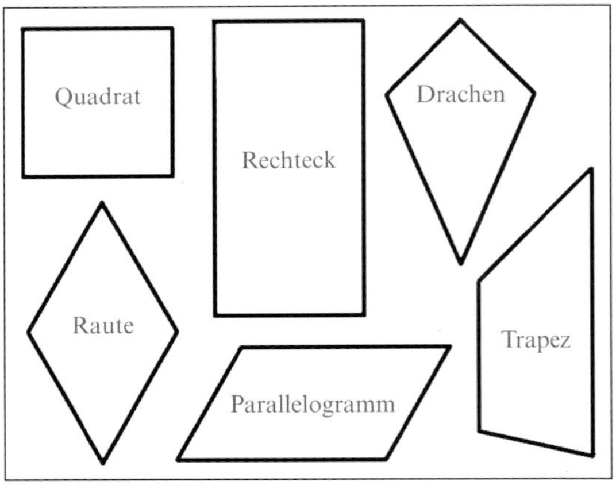

Verschiedene Vierecke

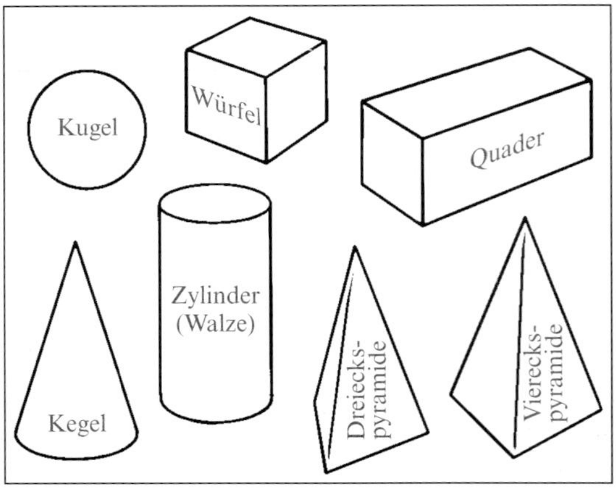

Körper

Körper

Freies Bauen mit homogenem und heterogenem Material

Bauen mit Bauklötzen gehört schon seit jeher zu den traditionellen Aktivitäten im Kindergarten. In der Regel stehen zum Bauen Bauklötze mit verschiedenen Formen zur Verfügung. Zur Förderung der Orientierungsfähigkeit und der visuomotorischen Koordination ist es allerdings auch durchaus möglich, homogenes Baumaterial zu benutzen, sich also beispielsweise auf Würfel zu beschränken. Wenngleich die Aktivitäten mit homogenem Material eher Kapitel 3.2.1 (Raumorientierung) zuzuordnen wären, weil nur beschränkt Erfahrungen zu verschiedenen Körpern und deren Eigenschaften gemacht werden können, werden sie aufgrund der ähnlichen Aktivitäten ebenfalls in diesem Kapitel dargestellt.

Beim freien Bauen mit heterogenem Material machen die Kinder vielfältige Erfahrungen; sie entdecken beispielsweise

- welche Körperformen sich gut, schlecht oder gar nicht stapeln lassen,
- wie Mauern durch „Überlappungen" stabiler werden,
- welche Bausteine in welcher Lage aufeinander oder nebeneinander passen,
- dass Kugeln, Walzen, Kegel verschieden rollen,
- dass man mit Würfeln keine runden Mauern bauen kann,
- dass man mit kleinen Würfeln einen größeren bauen kann,
- dass man bei fertigen Bauwerken nicht mehr alle Bausteine sehen kann,
- dass man manchmal einen Baustein durch zwei oder mehrere andere Bausteine ersetzen kann,
- dass ihr Bauwerk von verschiedenen Seiten anders aussieht,
- …

Wenngleich beim freien Bauen sicherlich keine direkte Steuerung durch die Erzieherin stattfinden soll, ergeben sich beim Beobachten oder Mitbauen häufig bereits Gespräche über Formen und deren Eigenschaften – zwischen den Kindern oder mit der Erzieherin.

Mögliche Entdeckungen beim freien Bauen

A (Anna (6; 1)) möchte eine Burg bauen. Eine „symmetrische Mauer" hat sie bereits gebaut, und ist gerade dabei, im rechten Winkel die zweite Mauer anzusetzen. B (Ben (6; 0)) kommt dazu und fragt, ob er mitbauen darf. A ist einverstanden, hat jedoch wohl schon einen genauen Plan im Kopf, wie ihre Burg aussehen soll. B stellt, ungefähr im 120-Grad-Winkel, scheinbar beliebig verschieden hohe Quader auf.

A: Nein, das ist falsch. Das ist eine Burg. Du musst die Seite gleich bauen wie meine und die Ecke muss gerade sein. Sonst sieht das nicht schön aus. *(Sie nimmt die Bauklötze weg, die B gerade aufgestellt hat.)* Lass, gib mir den hohen Würfel.

B: Was?

E: Meinst du den Quader hier? *(E (Erzieherin) zeigt einen schlanken quaderförmigen Bauklotz.)*

A: Nein, der ist zu dünn. Der gleiche wie hier. *(Sie zeigt auf den Quader mit quadratischer Grundfläche; B gibt ihn ihr und A baut im rechten Winkel weiter.)* So! Und noch so einer. *(B reicht ihn ihr.)* Und jetzt, der von dir oben drauf, den Quat-Quat…

E: Den schmalen Quader? *(A nickt und stellt die Bauklötze auf.)*

A: Dann die Tür und wieder zwei hohe, breite und der schmale drauf. Hast du´s jetzt verstanden? Gleich wie hier! *(A zeigt auf die fertige Mauer.)* Und dann das da *(zeigt auf den Rundbogen)* über die Tür. Und dann wieder die Ecke. *(A sieht B zunächst skeptisch zu, baut jedoch dann auf ihrer Seite ebenfalls weiter. Als letzter Bauklotz fehlt ein Quader mit quadratischer Grundfläche. Beide sind zunächst ratlos.)*

E: Vielleicht könnt ihr stattdessen zwei andere Bauklötze nehmen?

A: *(greift zunächst recht beliebig immer zwei Bauklötze und hält sie nebeneinander).* So?

E: Na ja, das sieht ja ganz anders aus!

A: *(greift zwei schmale Quader)* Die. Die fallen aber immer um! Und da ist ja kein anderer da, der hält, weil da die Tür ist! Vielleicht hält´s ja, wenn der drüber liegt? *(Sie probiert es aus).* Hm, geht.

B: *(zeigt zwei Würfel)* Und die?

A: Hm. *(A tauscht die Bauklötze aus).* Aber jetzt ist es ja nicht gleich. Dann mach ich den *(zeigt auf den Quader mit quadratischer Grundflä-*

che auf der anderen Seite des Tors) auch so! *(tauscht den Bauklotz gegen zwei würfelförmige aus, rückt die Bauklötze noch etwas ordentlicher zusammen, geht um den Tisch herum und betrachtet die Burg.)* Über den Türen ist es aber nicht gleich! *(Als sie keine passenden Bauklötze findet, tauscht sie die Torbögen so aus, dass die gegenüberliegenden jeweils gleich sind.)* Schön so, oder?

E: Eine runde Burg wäre auch schön, nicht?

B: *(lacht)* Das geht doch nicht mit eckigen Steinen, dann sind Löcher in der Wand.

A: Aber in echt hat man runde Häuser.

E: Wo hast du das gesehen?

A: Hm... Doch, am Schloss da gibt es runde Zimmer. Und der Turm, da *(geht ans Fenster und zeigt in Richtung des Wasserturms)*.

E: Stimmt! Aber viele runde Häuser gibt es ja nicht. Warum wohl nicht?

B: Dann ist ja auch das Bett rund und der Schrank *(lacht)*. Dann muss ich so schlafen *(krümmt sich)*.

E: *(E zeichnet einen Kreis auf ein Blatt.)* Warum, kann man da kein gerades Bett hinstellen?

A: Doch da *(zeigt in die Mitte)*, oder so *(zeichnet mit dem Finger ein Bett mit der Kopfseite an der Rundung)*.

E: Also? Vielleicht doch lieber runde Zimmer?

B: Nein... da hat man ja gar keinen Platz, wenn alles mittendrin steht. Und noch Schrank und Tisch und sonst was.

A: Aber lustig. Und wenn es groß ist...

Nachdem A´s Bauwerk zur Erinnerung und als Vorlage zum Nachbauen fotografiert wurde, sind die Bauklötze freigegeben. B, der sich bisher an A´s Anweisungen halten musste, wird jetzt selbst kreativ. Er baut jedoch nicht neu, sondern verändert und ergänzt A´s Burg. Dabei achtet er jedoch streng darauf, dass die Symmetrie beibehalten wird.

Was beim Bauen alles entdeckt wurde:
- Symmetrie und rechte Winkel als harmonische Elemente,
- verschiedene Standfestigkeit verschiedener Bauklötze/Körper,
- Ersetzen eines Bauklotzes durch zwei andere,
- Verwendung des Begriffs schmal, erster Kontakt mit dem Begriff „Quader“,
- warum unsere Häuser und Zimmer meist nicht rund sind.

Bauen nach Vorgaben

Vorgaben zum Bauen können durch konkrete Modelle, über verbale Beschreibungen oder über Bilder erfolgen.

- Konkrete Modelle
  Die Erzieherin oder Kinder stellen aus Würfeln oder anderen Bauklötzen Bauwerke her, die nachgebaut werden.
  Für Kinder mit viel Bauerfahrung kann die Aufgabe vorgeschaltet werden, zunächst die benötigten Bauklötze bereitzulegen. Dies erfordert, dass die Kinder sich vorstellen müssen, welche Bauklötze benötigt werden, ohne dass diese vielleicht sichtbar sind.
- Verbale Beschreibungen („Baudikat“)
  Ein Kind baut hinter einem Sichtschutz ein (einfaches) Bauwerk und beschreibt einem anderen Kind, wie das Bauwerk aussieht. Nach diesen Vorgaben wird das Modell nachgebaut.
  Da die Benennung der verschiedenen Bauklotzformen neben der anspruchsvollen Beschreibung der räumlichen Beziehungen zusätzlich erschwerend ist, bietet es sich hierfür an, homogenes Material, also beispielsweise lediglich Würfel, zu benutzen. Erleichternd kann ein vorgegebenes Raster sein, auf dem das Bauwerk errichtet wird (s. nächste Seite).
- Bildvorlagen (s. nächste Seite)
  Auf Bildern, egal ob Fotografie oder geometrische Zeichnung, ist lediglich eine zweidimensionale Darstellung möglich. Diese müssen jedoch räumlich interpretiert werden können, um sie als Vorlage für ein Bauwerk nutzbar zu machen.
  Auf Fotografien entsteht der Eindruck von Räumlichkeit durch Schatten, Verkürzungen und Tiefe. Linien, die in der Wirklichkeit parallel sind, können sich auf einem Foto durchaus treffen. Wer kennt sie nicht, die Fotos von Geleisen, die sich in der Ferne treffen?
  Geometrische Zeichnungen werden nach bestimmten Vereinbarungen erstellt. So wird in Bauanleitungen für Kinder und auch in Schulbüchern der Grundschule meist die „Kavaliersperspektive“ verwendet, bei der die Vorderansicht maßstabsgerecht gezeichnet wird, die Tiefen auf die Hälfte ihrer Länge (bzw. auf die Kästchendiagonale) verkürzt und unter einem Winkel von 45 Grad dargestellt werden.

Baudiktat auf Raster

Bildvorlage für Würfelbauten

Linien, die in der Wirklichkeit parallel verlaufen, werden hier auch parallel dargestellt. Da diese „Vereinbarungen" den Kindern nicht bekannt sind, fällt es ihnen anfangs häufig schwer, eine geometrische Zeichnung räumlich aufzufassen. Häufiger Umgang mit bildlichen Darstellungen und konkreten Modellen kann die Fähigkeit zur räumlichen Interpretation von Bildern schulen.

Körperformen unterscheiden

Beim Sortieren verschiedener Körper können geometrische Eigenschaften gut entdeckt werden. Da Gebrauchsgegenstände im allgemeinen keine reine Körperform repräsentieren (z. B.: Der walzenförmige Topf hat zwei Henkel, der Spielwürfel hat abgerundete Ecken, ...), ist es für die Kinder zunächst einfacher mit Körpermodellen zu arbeiten. Sind diese jedoch nicht vorhanden, so können auch Alltagsgegenstände mit verschiedenen Formen genutzt werden: Murmel, Ball, Globus, Perle, Christbaumkugel, ... als Repräsentanten für die Kugel; Spielwürfel, würfelförmige Verpackung, Bauklotz, ... als Repräsentanten für den Würfel; Buch, Schachtel, Backstein, Streichholzschachtel, ... als Repräsentanten für den Quader; Haushaltsrolle, Schlampermäppchen, Konservendose, Cremedose, ... als Repräsentanten für die Walze; Kreisel, Schultüte, Eistüte, Faschingshut, ... als

Repräsentanten für den Kegel. Für Pyramiden mit dreieckiger oder viereckiger Grundfläche gibt es wenig Beispiele aus dem Alltag.
Sicherlich werden viele Kinder zunächst nach Farbe, nach Material oder nach Verwendungszweck sortieren, ohne geometrische Merkmale zu beachten. Einzelnen Kindern wird vielleicht die geometrische Form als Klassifizierungsmerkmal ins Auge stechen, häufiger werden jedoch wohl einzelne geometrische Merkmale zur Einteilung in zwei Gruppen führen (z. B. Spitze/keine Spitze; rollt/rollt nicht; quadratische Grundfläche/keine quadratische Grundfläche). Diese Kriterien sind ein guter Ausgangspunkt für die weitere Ausdifferenzierung.
Neben diesem kategoriensuchenden Vorgehen kann auch ein kategoriengeleitetes Vorgehen gewählt werden, bei dem den Kindern vorgegeben wird, wie sie sortieren sollen (Franke 2000). Hier kann ein Modell als Prototyp und evtl. ergänzend die klassenbildenden Merkmale vorgegeben werden.
Beim Beschreiben werden die Eigenschaften und Merkmale der Körper in den Fokus gerückt. Hierbei kann es, muss aber nicht – wie später in der Grundschule – um die Anzahl der Flächen, Kanten und Ecken gehen. Genauso interessant und wichtig sind jedoch die Aussagen der Kinder bezüglich anderer Alltagsbeispiele, zum Roll- und Stapelverhalten, zur Eignung als Verpackung, etc. Auch das gezielte Vergleichen von Körpern, trägt dazu bei, die Eigenschaften zu erkennen: Was ist der Unterschied zwischen Würfel und Quader? Zwischen Pyramide und Kegel? Zwischen Walze und Kegel?
Können die Kinder auf vielfaches konkretes Handeln mit Objekten zurückgreifen, wird es ihnen nach und nach auch gelingen, auf Fotos und Zeichnungen Körperformen zu erkennen.
Auch wenn die Kenntnis der mathematischen Begriffe sicher nicht vorrangiges Ziel im Kindergarten ist, spricht jedoch nichts dagegen, diese trotzdem zu erwähnen. Denn manche Kinder suchen auch von sich aus nach Begriffen und erfinden mangels richtigem Begriff Phantasiebegriffe oder verwenden die Namen von Repräsentanten, um eine geometrische Form zu benennen („Hut" für Kegel, „Rolle" für Walze/Zylinder).

Körpermodelle bauen

Eine weitere Auseinandersetzung mit den Merkmalen und Eigenschaften geometrischer Körper wird beim Bauen von Körpermodellen erreicht.

- Vollmodelle
  - aus Knetmasse (oder Ton, oder (Salz)teig) Draht oder ein Plastikmesser sind zum Schneiden erforderlich. Beim Formen und Verformen der Knetmasse lassen sich vielfältige Erfahrungen machen:
    - Welche Körper lassen sich leicht aus Knete herstellen?
    - Welche gelingen (fast) gar nicht?
    - Wie stelle ich am einfachsten eine Walze her?
    - Wie kann ich aus einer Kugel einen Würfel oder eine Walze herstellen?
  - aus kleinen Holzwürfeln oder Steckwürfeln
    - Welche Körper lassen sich aus Würfeln bauen? Welche nicht? Warum nicht?
    - Kann man verschieden große Würfel bauen?
    - Kann man mit 12 Würfeln einen großen Würfel bauen?
    - Können aus 12 Würfeln verschiedene Quader gebaut werden?
  - aus Sand, mit und ohne Förmchen
    - Welche Körper lassen sich modellieren? Welche nicht?

- Kantenmodelle
  Meist werden hierzu Strohhalme oder Holzstäbchen als Kanten und Knetkugeln als Ecken verwendet. Dies stellt jedoch hohe Anforderungen an die Feinmotorik der Kinder und führt häufig zu nicht zufrieden stellenden Ergebnissen. Inzwischen gibt es jedoch preisgünstiges, vielseitig einsetzbares Material (z. B. Röhrchenbaukasten), das sich hierfür gut eignet und einen hohen Aufforderungscharakter hat.
  - Welche Körper lassen sich hiermit gut bauen? Welche nicht? Warum nicht?
  - Wie viele Eckstücke brauche ich, wie viele Röhrchen (Kanten)?
  - Wie groß kann der Körper gebaut werden, damit er noch stabil ist?

- Kann ich aus mehreren gleichen Körpern einen größeren Körper mit der selben Form bauen?
- Können verschiedene Würfel, Quader, Pyramiden gebaut werden?

• Flächenmodelle
Körpernetze ergeben beim Zusammenfalten ein Flächenmodell.
Durch Auffalten von Flächenmodellen können die Kinder entdecken, wie viele Seitenflächen ein Körper hat und welche Form diese haben. Aus Karton ausgeschnittene Netze mit einfachen Stecklaschen und vorgefalzten Kanten fordern zum Zusammenfalten auf. Werden auch „falsche" Netze untergemischt, sollten die Kinder nach dem Ausprobieren begründen, warum das falsche Netz keinen Körper ergeben kann.

Körpernetze

Mögliche Aktivitäten

Körper erfühlen

• Die verschiedenen Körper sind jeweils in doppelter Ausführung vorhanden. Jeweils ein Exemplar steht offen auf dem Tisch.
  - Im Fühlsäckchen ist ein Körper. Das Kind erfühlt diesen und zeigt an den offen stehenden Exemplaren, welcher es ist.
  - Im Fühlsäckchen sind mehrere Körper. Das Kind erfühlt den Körper, der ihm an den offen stehenden Exemplaren gezeigt wird.

Variante: Statt des zweiten Modells zum Zeigen werden Abbildungen verwendet.

• Fühlmemory
Im Fühlsäckchen sind jeweils zwei gleiche Körper. Die Pärchen sollen durch Fühlen gefunden werden.

Körpersucher

Ein Modell eines Körpers wird gezeigt. Die Kinder suchen nach Gegenständen, die eine solche Form haben. Ist der Gegenstand zu groß, um ihn zum Sammeltisch zu bringen oder vielleicht gar nicht im Kindergarten vorhanden, kann als Erinnerungshilfe ein Bild gemalt werden.

Becherpaarspiel

Material: jeweils zwei gleiche geometrische Körper, Pappbecher

Die geometrischen Körper werden auf den Tisch gelegt und mit Pappbechern verdeckt. Ziel ist, ein passendes Pärchen aufzudecken.

Fehlersucher

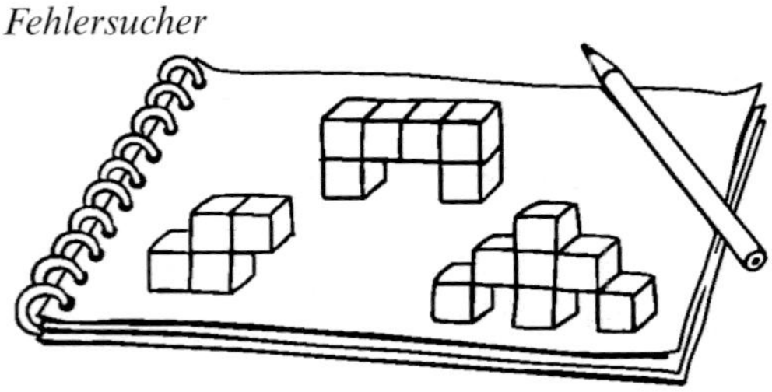

Material: Auf Karo- oder Punktraster skizzierte mögliche und unmögliche Bauwerke

Die Kinder sollen beim Bauen erkennen, welche Bauwerke möglich sind und welche nicht und sollten dies, wenn möglich, begründen.

Verschiedene Ansichten

Material: Skizzen oder Fotos von geometrischen Körpern aus verschiedenen Perspektiven.

Die Bilder sollen dem entsprechenden Körper zugeordnet werden.

Baumeister

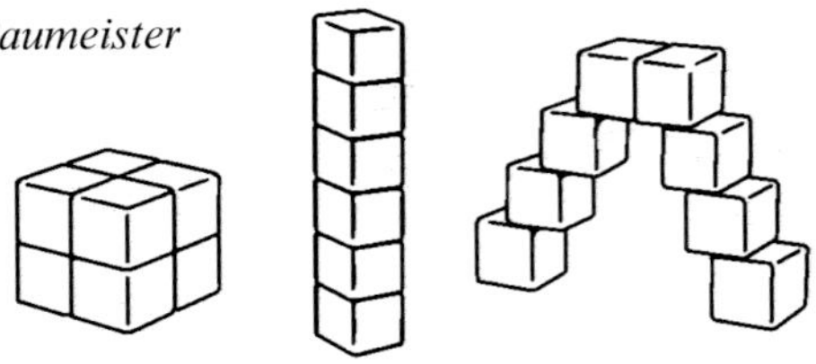

Verschiedene Bauaufträge: Baue
- eine Garage für das Spielzeugauto,
- einen Stuhl für die Puppe,
- ein Bett für den Bären,
- einen großen Würfel,
- einen möglichst hohen Turm,
- eine möglichst hohe Mauer,
- eine Brücke, unter der das Feuerwehrauto durchpasst,
- ein Tor für ...,
- einen Stall für das Pferd,
- ...

Ebene Figuren – Flächen

Wie oben bereits erwähnt, existieren ebene Figuren nicht als Gegenstände in unserer räumlichen Wirklichkeit, sondern lediglich als Ansichten dreidimensionaler Objekte. So ist es sinnvoll, dass ausgehend von räumlichen Objekten, von Körpern, der Fokus auf die Form der Flächen, auf die ebenen Figuren, gelenkt wird.
Hierzu gibt es verschiedene Möglichkeiten:
- Betrachten und/oder Zuordnen der Schattenbilder von Körpern,
- Betrachten und/oder Zuordnen von Körperabdrücken im Sand,
- Drucken und Stempeln: Beliebige Körper werden eingefärbt und abgedruckt,
- Umreißen von verschiedenen Körpern: Die Körper werden als „Schablone“ benutzt,
- „Einsteckübungen“: Welcher Körper passt durch welche Öffnung?

Bei diesen Aktivitäten wird zum einen der Zusammenhang von Raum und Ebene angebahnt, zum anderen werden beim Betrachten und Beschreiben der entstandenen Flächen die Eigenschaften ebener Figuren (rund, dreieckig, viereckig) erfahren und evtl. benannt. Auch wenn dabei die Benennung der Figuren (Kreis, Dreieck, Viereck, Quadrat, ...) nicht zwingend erforderlich ist, werden diese Begriffe sicherlich fallen.

Freies Legen mit homogenem und heterogenem Material

Formenplättchen fordern zum Legen von Bildern heraus.
Diese gibt es in vielfältigen Formen, Farben, Größen und Materialien und gehören in den meisten Kindergärten zur Standardausstattung.
Vielseitig einsetzbar und für vielfältige geometrische Aktivitäten geeignet sind die Pattern Blocks, wenngleich es hier keine Kreise gibt. Doch auch andere Materialien eignen sich für ergiebige Legeaktivitäten.
Häufig werden zunächst figürliche Motive gelegt, doch meist entstehen auch Ornamente und Parkettierungen.

Pattern Blocks

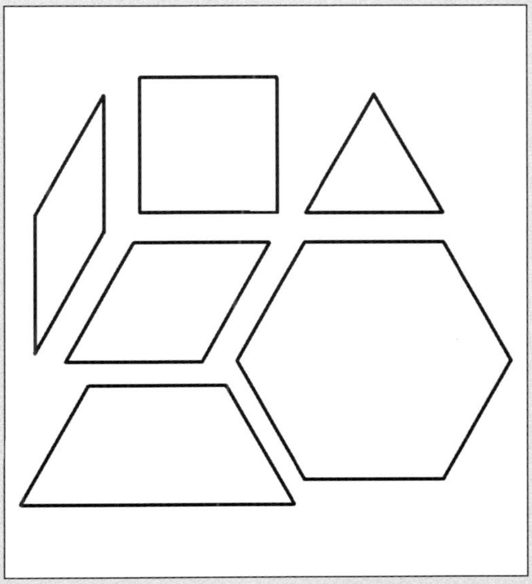

Patternblocks sind sechs verschiedene geometrische Grundformen (Dreieck, Quadrat, Sechseck, Raute, Trapez und Parallelogramm).
Neben Sortieraktivitäten nach verschiedenen Kriterien können mit Patternblocks Bilder, geometrische Muster und Parkettierungen hergestellt, verschiedene Formen verglichen und Formeigenschaften untersucht werden. Im handelnden Umgang mit den verschiedenen Flächenformen können Symmetrien und Flächengleichheit entdeckt werden.

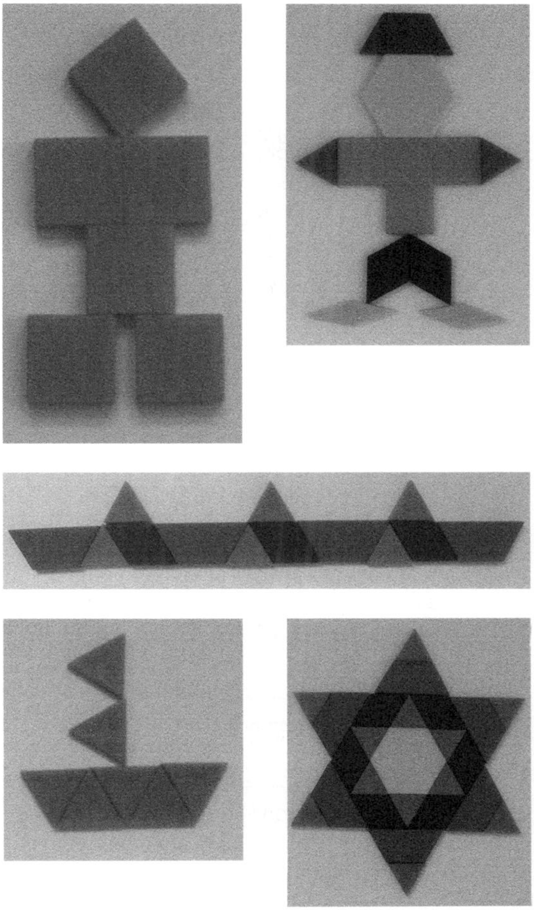

Freies Legen mit Patternblocks

Auch Tangram, ein traditionelles chinesisches Legespiel, selbst bei vielen Erwachsenen beliebt, ist meist vorhanden und eignet sich ebenfalls gut zum Legen. Es besteht aus sieben Teilen, die bei den Vorlagen immer alle verwendet werden müssen. Allerdings sind, insbesondere beim freien Legen, die Verwendungsregeln selbstverständlich frei verhandelbar.

Tangram

Legen nach Vorgaben

Vorgaben zum Legen können, wie beim Bauen, verschiedentlich erfolgen: durch konkrete Vorlagen, über verbale Beschreibungen oder über Bilder:

- Konkrete Vorlage
  Von der Erzieherin oder anderen Kindern gelegte Anordnungen werden nachgelegt.
- Verbale Beschreibungen
  Verbale Beschreibungen können mehr oder weniger konkret sein. So kann zum einen ohne weitere Angaben vorgegeben werden, ein Haus, eine Person, ein Dreieck, etc. zu legen. Zum anderen können Anzahl und Form der Legeplättchen angegeben werden („Lege aus diesen vier Dreiecken ein Haus, ein Quadrat, etc.). Analog zum Bauen kann auch hier ein Kind hinter einem Sichtschutz eine (einfache) Figurenanordnung legen und einem anderen Kind beschreiben, wie diese aussieht, bzw. wie diese gelegt werden soll (z. B. Lege zwei Quadrate nebeneinander und darüber das Viereck, das eine Seite hat, die genauso lang ist wie die beiden Quadrate. Daneben stelle zwei Dreiecke als Tannenbaum.).
- Bildvorlagen
  Der Schwierigkeitsgrad bei Bildvorlagen ergibt sich neben der Komplexität der Gesamtfigur auch aus der Bildvorlage selbst.
  So sind Vorlagen, bei der die Teile in Originalgröße abgebildet und die Linien zwischen den einzelnen Teilen erkennbar sind, am einfachsten nachzulegen.
  Am schwierigsten sind Vorlagen, bei denen lediglich die Umrisslinie, nicht jedoch die einzelnen Teile sichtbar sind und die Gesamtfigur auf dem Bild in der Größe vom Original abweicht.

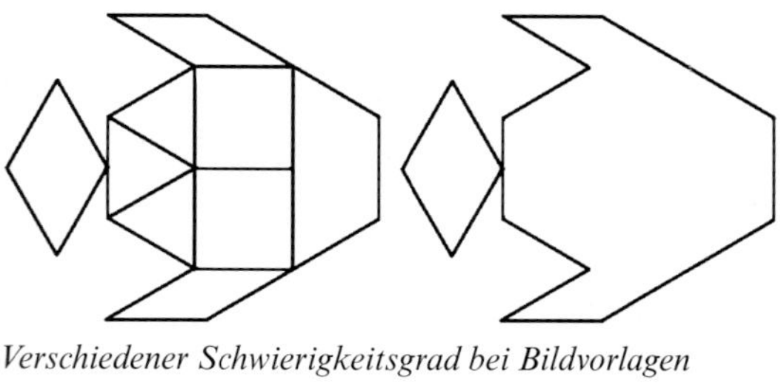

Verschiedener Schwierigkeitsgrad bei Bildvorlagen

Ebene Figuren unterscheiden

Beim Sortieren verschiedener Legeplättchen finden die meisten Kinder schnell die Kategorien Kreis, Dreieck, Viereck. Manche Kinder werden sicherlich auch spontan verschiedene Dreiecke und Vierecke beim Sortieren differenzieren. Gezieltes Vergleichen verschiedener Dreiecke oder Vierecke kann dies unterstützen. So können auch manche Kindergartenkinder durchaus über die Anzahl von gleich langen Seiten argumentieren.

Beim blinden Erfühlen von Formenplättchen (Haben die Plättchen die gleiche Form?) werden häufig „ganz von selbst“ die Unterschiede verbalisiert, ohne dass die Anforderung einer mathematischen Definition gestellt ist.

Einfache Grundformen können auch beim Zeichnen mit dem Finger auf die Hand oder den Rücken erkannt werden.
Des Weiteren finden sich in jedem Vorschulheft Übungen, bei denen es darum geht, gleiche Formen gleichfarbig zu färben oder zu umreißen. Handelt es sich dabei um ähnliche Figuren, die bei unterschiedlicher Lage und Größe jedoch exakt die gleiche Form haben, ist dies zusätzlich eine Übung zur Formkonstanz (vgl. Kap. 3.2.1).

Interessanter und ästhetischer als solche konstruierten Übungen sind sicherlich Beispiele aus der Kunst: Geometrische Formen lassen sich beispielsweise entdecken in Werken von Miro, Malewitsch, Matisse, Kandinsky und Brendel.

Etwas schwieriger, jedoch ergiebig v. a. im Sinne des Zusammenhangs von räumlichen und ebenen Figuren, ist es, die verschiedenen Formen an Alltagsgegenständen zu entdecken, da es hier notwendig ist, den Gegenstand in den Hintergrund treten zu lassen und lediglich eine bestimmte Fläche zu fokussieren.

Das Fortsetzen von begonnenen Vorlagen nach links und/oder rechts führt zu Bandornamenten. Wird allseitig innerhalb der Ebene weitergelegt ohne dass Lücken oder Überlappungen entstehen spricht man von Parketten. Auch dies erfordert, dass die einzelnen Figuren erkannt und unterschieden werden. Ebenso ist das symmetrische

Ergänzen einer begonnenen Figur (vgl. Kap. 3.2.3) eine Aktivität, die dies in hohem Maße unterstützt.

Ebene Figuren herstellen

Ebene Figuren können auf vielfältige Art hergestellt werden: durch Abdrucken, durch Zeichnen, durch Legen mit starren oder biegsamen Materialien oder durch Spannen am Geobrett.

• Abdrucken, Ausstechen
  Wie oben schon beschrieben, können ebene Figuren entstehen, indem Gegenstände oder Körpermodelle abgedruckt werden: als Farbstempel auf Papier, als Abdruck in Sand, Ton, Knetmasse oder Teig. Besonders reizvoll ist es, mit Ausstechern, die es inzwischen mit vielen geometrischen Formen gibt, Plätzchen herzustellen. Hier ergibt sich fast ganz von selbst die Frage, wie die Ausstecher angesetzt werden, um möglichst wenig „Teigabfall" zu haben und wie die Plätzchen mit möglichst wenig Platzverlust auf dem Backblech angeordnet werden. Vielleicht kann eine fehlende Plätzchenform durch Zerschneiden eines ausgestochenen Teils selbst hergestellt werden?

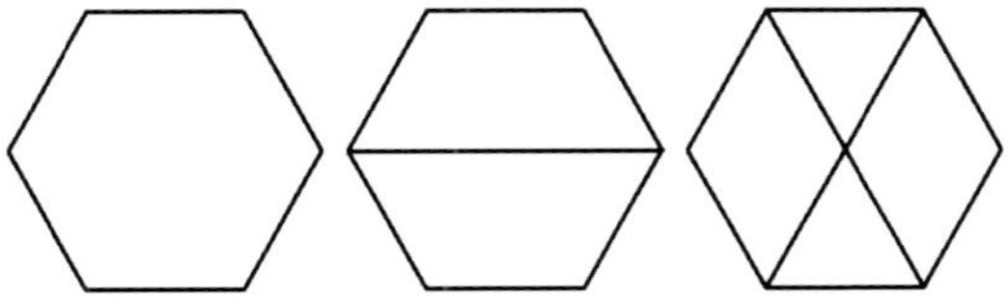

Parallelogramm, Raute und gleichseitiges Dreieck aus Sechseck

• Zeichnen
  Das Freihandzeichnen geometrischer Figuren ist nicht einfach. So haben selbst Erwachsene Schwierigkeiten, einen größeren Kreis, eine Raute oder ein regelmäßiges Sechseck ohne Hilfsmittel sauber zu zeichnen. Eine exakte Darstellung steht dabei auch keinesfalls im Vordergrund. Vielmehr geht es um den Versuch, bestimmte Merkmale der Form zu erfassen und wiederzugeben.
  Beim Vergleich mit der exakten Form ergeben sich vielerlei Sprechanlässe: Welche Figuren lassen sich gut, welche schlecht zeichnen? Was ist mir gut gelungen, was war schwierig, warum?
  Freihandzeichnen muss nicht mit Bleistift auf Papier erfolgen. Gezeichnet werden kann auch mit dem Finger in Sand oder großflächig mit dicken Pinseln oder mit Fingerfarbe.
  Auch das Zeichnen mit verbundenen Augen kann erprobt werden.

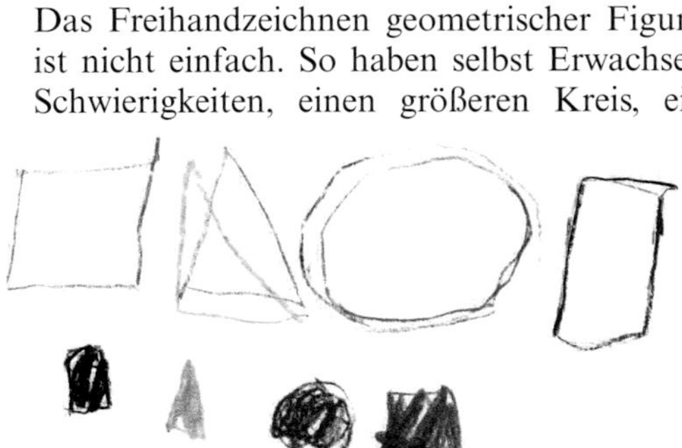

Freihandzeichnung geometrischer Figuren

Durch Umfahren von Körpern lassen sich ebene Figuren leichter darstellen, wenngleich das gleichzeitige Festhalten des Körpers und das Umfahren hohe Anforderungen an die Feinmotorik stellt. Einfacher ist es, dies in Partnerarbeit zu tun.

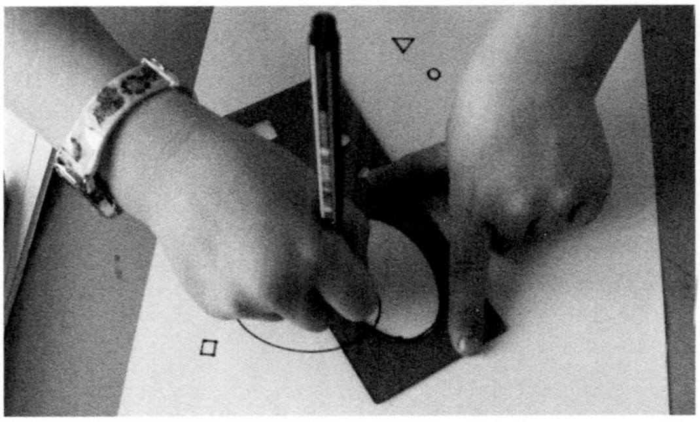

Der Gebrauch von Schablonen ist für die meisten Kinder im Kindergartenalter noch sehr schwierig. Trotzdem ist die Nutzung von Schablonen sehr beliebt, um immer wieder die gleiche Form herzustellen oder um mit verschiedenen Formen Muster und Ornamente zu zeichnen.

- Mit dem Körper darstellen
  Dass sich die Kinder „im Kreis“ aufstellen, ist Kindern und Erzieherinnen aus dem Alltag bekannt. Kann man sich denn auch im Dreieck aufstellen, oder im Quadrat? Wie wird das am geschicktesten angestellt? Geht es mit Stühlen einfacher? Warum?
  Auch mit den Händen können die Figuren gezeigt werden.

- Mit Seilen und Stäben Figuren legen
  Kreise, Dreiecke und Vierecke werden mit einem oder mehreren Seilen auf dem Boden gelegt. Wenn dies gelingen soll, ist Teamwork und Kommunikation zwischen den Kindern gefragt. Beim Legen verschiedener Vierecke mit gleichlangen Seilen wird bereits die Erkenntnis angebahnt, dass, abhängig von der Form, verschiedene Flächeninhalte möglich sind. So werden die Kinder vielleicht selbst erkennen, dass in einem Quadrat viel mehr Kinder Platz haben, als in einem „schmalen“ Rechteck.

Weitere Erfahrungen sind mit „starrem“ Material möglich. Mit dem Meterstab können verschiedene Figuren hergestellt werden, und auch mit einzelnen Stäben können Figuren großflächig auf dem Boden oder mit kürzeren Hölzchen kleinflächig auf dem Tisch gelegt werden. Je nachdem, welche Längen bei den Stäben vorgegeben sind, können verschiedene Vierecksformen entdeckt werden: Werden vier Stäbe vorgegeben, von denen jeweils zwei die gleiche Länge haben, können Rechtecke, Parallelogramme und Drachen gelegt werden. Wie ist es, wenn alle vier Stäbe die gleiche Länge haben?

- Mit einem Gummiband oder einem Seil spannen
  Mit einem langen geschlossenen Gummiband oder langen Seilen können Figuren auch gespannt werden; die Kinder bilden dabei die

Ecken. Zunächst gilt zu überlegen, wie viele Kinder mindestens benötigt werden. Darüber hinaus können beim Ausprobieren auch vorneweg Vermutungen angestellt werden, wie sich die Kinder aufstellen müssen, damit aus einem Viereck tatsächlich ein Rechteck oder ein Quadrat entsteht. „Gleich weit auseinander“ und „genau gegenüber“ sind die Kriterien, die für ein Quadrat erforderlich sind. Wer muss seinen Platz verändern? Wie viele Kinder sind es höchstens?

- Falten

  Falten ist eine Tätigkeit, die bezüglich ihres Entdeckungs- und Lernpotentials häufig unterschätzt wird. Doch neben des feinmotorischen Trainings und der Förderung visueller Wahrnehmungsfähigkeiten ermöglicht das Falten auch Erfahrungen zur Symmetrie, zum Flächeninhalt und zu den geometrischen Figuren.

Wenngleich in der Regel im Kindergarten Faltarbeiten über Vormachen angeleitet werden, sollte begleitend eine verbale Anleitung stattfinden. Dabei fallen Begriffe wie Ecke, Seite, Faltlinie, Mittellinie, innen/außen, rechts/links, oben/unten, benachbarte/gegenüberliegende Seite, etc. Ohne den Spaß an der Faltarbeit zu verderben, kann auch „ganz nebenbei“ über die beim letzten Faltschritt entstandenen Figuren gesprochen werden.

Auch können ganz gezielte Faltübungen stattfinden: Probiere aus, welche Figuren entstehen, wenn wir ein Quadrat falten? Wenn wir es zweimal, dreimal falten? Anschließend kann entlang der Faltlinien geschnitten werden, so dass verschiedene Formen entstehen, die anschließend in einer Formencollage aufgeklebt und abgezeichnet werden können .

Formencollage

- Spannen am Geobrett
  Das Geobrett hat als vielseitiges, preiswertes Arbeitsmittel in Grundschulen längst Einzug gehalten, bietet sich jedoch auch im Kindergarten an. Leicht kann es auch selbst hergestellt werden: auf einer quadratischen Grundfläche werden in gleichmäßigem Abstand Dübel angebracht, um die sich Gummibänder spannen lassen.
  Auf diese Weise lassen sich am Geobrett leicht geometrische Figuren herstellen.

Mögliche Aktivitäten

Formencollagen

Material: Buntes Papier, evtl. Schablonen für verschiedene geometrische Formen

Die Kinder gestalten abstrakte oder konkrete Bilder mit verschiedenen geometrischen Formen, die selbst aus buntem Papier ausgeschnitten werden. Hierfür können Schablonen oder Gegenstände zum Umfahren bereitgestellt werden. Die Kinder können auch freihändig vorzeichnen oder frei schneiden.
Auch „Überlappungen" sind erwünscht.
Anschließend kann versucht werden, die geklebten Bilder abzuzeichnen.

Variante: Die Kinder sollen die Collage eines anderen Kindes oder der Erzieherin kopieren.

Formen erfühlen

- Im Fühlsäckchen ist ein Formenplättchen. Das Kind erfühlt dieses und zeigt an den auf dem Tisch liegenden Plättchen oder einem Bild, welches es ist.
- Im Fühlsäckchen sind mehrere Formenplättchen. Das Kind erfühlt die Form, das ihm als Plättchen oder als Bild gezeigt wird.
- Im Fühlsäckchen sind jeweils zwei gleiche Formenplättchen. Die Pärchen sollen durch Fühlen gefunden werden.

Formensucher

Die Kinder suchen im Raum nach Gegenständen, die beim Umfahren die vorgegebene Form ergeben. Ist der Gegenstand zu groß, um ihn zum Sammeltisch zu bringen oder vielleicht gar nicht im Kindergarten vorhanden, kann als Erinnerungshilfe ein Bild gemalt werden.

Becherpaarspiel

Material: jeweils zwei gleiche Formenplättchen, Pappbecher

Die Formenplättchen werden auf den Tisch gelegt und mit Pappbechern verdeckt.
Ziel ist, ein passendes Pärchen aufzudecken.

Variante: Da die Formen bei den Plättchen beschränkt sind, können verschiedene ebene Figuren auch auf Blankokärtchen gezeichnet werden.

Geobrett

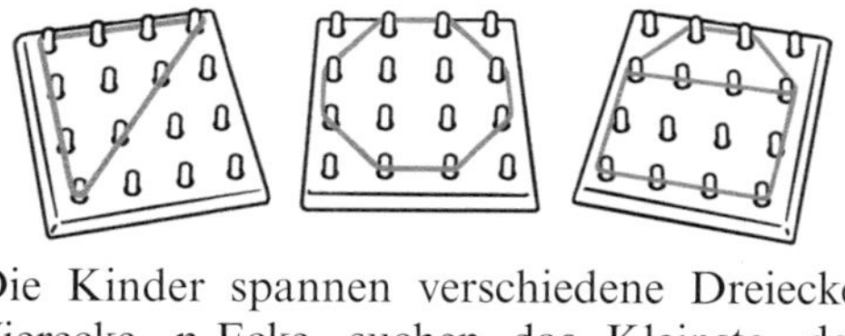

Die Kinder spannen verschiedene Dreiecke, Vierecke, n-Ecke, suchen das Kleinste, das Größte. Geübte Kinder können die Figuren auf Vorlagen mit Punkteraster eintragen.

Weitere Aktivitäten mit dem Geobrett:
- Freies Spannen von Figuren,
- Nachspannen der Figur eines anderen Kindes,
- Nachspannen nach bildlicher Vorlage,
- Eine Figur um 3 (4/5/6/7/8) Kästchen spannen.

3.2.3 Symmetrie

Gegenstände mit symmetrischen Eigenschaften, sprechen unser ästhetisches Empfinden mehr an als asymmetrische. Vielleicht ist diese Vorliebe für Symmetrie angeboren, vielleicht vermittelt sie das Gefühl von Harmonie, vielleicht liegt es daran, dass wir von Anfang an von symmetrischen Figuren und Körpern umgeben sind: in der Natur bei Menschen, Tieren, Blättern, Blüten oder in der Architektur bei Kirchen, Schlössern, Brücken, Windrädern, Brunnen. In Kunst und Musik finden wir symmetrische Elemente, aber auch an Gebrauchsgegenständen in der Form und in den verzierenden Mustern.

Nach Franke (2000) werden symmetrische Figuren schneller analysiert und gespeichert als asymmetrische. Vielleicht sind deshalb viele Verkehrsschilder, Firmenzeichen, Buchstaben und Spielkarten symmetrisch.
Aber nicht nur ästhetische Aspekte, auch Funktionalität und Zweckmäßigkeit sind oft Gründe für symmetrische Gestaltung: Verschieden lange Beine lassen einen Tisch wackeln, ein schiefer Turm fällt um und ein asymmetrischer Papierflieger oder Drache fliegt schlecht.

Sind Menschen mit symmetrischen Gesichtern attraktiver?
Der Frage, ob ein symmetrisches Gesicht attraktiver wirkt, wurde in vielen Studien nachgegangen. Mehrheitlich, jedoch nicht ganz einheitlich, wurde die Frage bejaht.
Es wird angenommen, dass die Bevorzugung symmetrischer Gesichter beim Menschen im Laufe der Evolution entstanden ist. Nach dieser Hypothese ist ein symmetrisches Gesicht ein Hinweis auf vorteilhafte Gene. Ungleiche Gesichtshälften werden mit einer ungleichmäßigen Entwicklung, wie sie beispielsweise durch Krankheiten ausgelöst werden kann, in Verbindung gebracht.

Die Symmetrie hat verschiedene Erscheinungsformen. Im Kindergarten wird vorrangig die Achsensymmetrie als eine Eigenschaft ebener Figuren thematisiert. Wird die „Symmetrie" eines Hauses oder eines sonstigen räumlichen Objektes festge-

stellt, so erfolgt dies in der Regel auf der Abbildebene und bezieht sich lediglich auf eine bestimmte Ansicht.
Die Drehsymmetrie in der Ebene und im Raum wird allenfalls beim Basteln von Windrädern thematisiert oder beim Stapeln gleicher Körper. Schließlich gibt es noch die Verschiebungssymmetrie, die dann vorliegt, wenn sich in einem Bandornament das Grundmuster periodisch oder in einem Parkett flächig wiederholt.

Achsensymmetrie
Zwei ebene Figuren sind achsensymmetrisch, wenn es zwischen ihnen eine Gerade gibt, die Symmetrieachse, von der aus jede Entfernung zu einem beliebigen Punkt der einen Figur mit der entsprechenden Entfernung zur anderen Figur übereinstimmt.
Eine Figur wird symmetrisch genannt, wenn es eine Symmetrieachse gibt, die sie in zwei spiegelsymmetrische Hälften zerlegt.

Symmetrie, wie sie in der Mathematik verstanden wird, ist jedoch etwas Künstliches. Mathematisch exakte Symmetrie kommt in der Natur nicht vor: Weder der Mensch, noch ein Schmetterling, eine Blüte oder ein Blatt sind völlig symmetrisch. Doch geht es im Kindergarten auch nicht um die mathematische Exaktheit, stattdessen steht das Verständnis für das Phänomen im Mittelpunkt.
Nach Franke (2000) ist die Symmetrie für unser räumliches Auffassungs- und Gliederungsvermögen von großer Bedeutung, das Erkennen symmetrischer Eigenschaften ein Grundstein des räumlichen Vorstellungsvermögens.
Daneben unterstützt das Verständnis der Symmetrie auch spätere arithmetische Einsichten, wie z. B. das Verdoppeln und Halbieren.

Wenn Kinder einen Spiegel in die Hand bekommen, werden die meisten anfangen zu experimentieren, mit sich selbst oder Gegenständen aus ihrer Alltags- oder Spielumwelt als Spiegelobjekte. Sie rücken weiter weg und näher heran, sie setzen den Spiegel an verschiedenen Stellen auf, in verschiedenen Winkeln zur Figur und experimentieren vielleicht auch mit mehreren Spiegeln.
Besonders motivierend sind Spiegelkästen und Winkelspiegel, die fertig gekauft, aber auch leicht selbst gebastelt werden können und, wie in einem Kaleidoskop, faszinierende Bilder liefern.

Anknüpfend an diese hoch motivierten, selbst initiierten Aktivitäten, sollte das Nachdenken über die Wirkung von Spiegeln angeregt werden: Was lässt der Spiegel gleich? Was passiert im Spiegelbild, wenn ich meinen rechten Arm bewege? Dabei werden die Kinder erkennen, dass zwar Größe und Form konstant bleiben, sich jedoch die Orientierung verändert.

Bei der Beschäftigung mit der Symmetrie und ihren Eigenschaften müssen selbstverständlich die Fachbegriffe nicht fallen. „Wie im Spiegel“, „spiegelverkehrt“, „spiegelbildlich“ sind Begriffe, die den Kindern hier sicherlich näher liegen.

Die Beschäftigung mit der Symmetrie muss immer im handelnden Umgang, durch Spiegeln, Falten, Klecksen, Legen, Zeichnen und Gestalten stattfinden. Wird das Augenmerk der Kinder dabei auf die Eigenschaften der Symmetrie gelenkt, werden die Bastel-, Gestaltungs- und Spielaktivitäten schnell zu mathematischen Aktivitäten, die wichtige Erfahrungen anregen.

Kannst du mithilfe eines Spiegels 2, 4, 5, 6 Bären sehen?
Mach den Krug wieder ganz!
Kannst du aus dem Krug ein Herz entstehen lassen?
Können die Zeiger verschwinden?
Kann aus 1 Uhr 11 Uhr werden?
Lass den Jungen fröhlich oder traurig aussehen!
Kann das Schwein dicker oder dünner werden?
Lass aus dem Dreieck verschieden große Vierecke entstehen!
Kann auch ein Fünfeck entstehen, ein Sechseck, ein Siebeneck?

Experimentieren mit dem Spiegel

Neben dem freien Experimentieren mit dem Spiegel eignen sich auch vorgegebene Figuren, bei denen durch gezieltes Aufstellen und Verschieben des Spiegels andere bzw. vorgegebene Abbildungen erzeugt werden.
Sehr hohen Aufforderungscharakter haben die Vorlagen im Buch „Spiegeln mit dem Spiegel“ (Spiegel 1996). Eine Ausgangsfigur soll durch verschiedenes Aufstellen in andere, vorgegebene Figuren überführt werden, wobei dies nicht bei allen

Figuren möglich ist. Wenngleich das Buch für die Grundschule konzipiert ist, sind viele Aufgaben durchaus auch im Kindergarten einsetzbar, da die Kinder auch über einfaches Ausprobieren zur Lösung gelangen können und so auf spielerische Art und Weise Symmetrien und Symmetrieachsen erkennen lernen. Eine vertiefte Auseinandersetzung kann angeregt werden, indem die Kinder aufgefordert werden zu begründen, warum sich bestimmte Figuren nicht erzeugen lassen.

Der Spiegel eignet sich selbstverständlich auch immer zum Überprüfen – sei es beim Suchen der Symmetrieachsen oder beim Ergänzen von Figuren. Allerdings ist dies für manche Kinder eine Überforderung, da Bild und Spiegelbild nicht gleichzeitig sichtbar sind und deshalb zum Abgleich das eine oder das andere in der Vorstellung gespeichert werden muss. Abhilfe schafft hier der sogenannte MIRA- oder Zauberspiegel, ein halbdurchlässiger Spiegel, der sowohl das Spiegelbild als auch die dahinter liegende Figur zeigt.

Finden von Symmetrien in der Umwelt

Da es in der Natur, in der Architektur, bei Gebrauchsgegenständen, etc. überall Symmetrien gibt, wird es den Kindern nicht schwer fallen, im Kindergarten, zu Hause und auf Spaziergängen Symmetrien zu entdecken. Zwar handelt es sich dabei dann meist um räumliche Objekte, doch wird bei der kindlichen Feststellung von Symmetrie meist lediglich eine Ansicht fokussiert (ob das Objekt „im Ganzen" symmetrisch ist, wird in der Regel nicht beachtet und ist auch nicht erforderlich). Hierbei können auch schon „kleine Fehler" aufgespürt werden. So stellte Alina (5; 3) fest: Die Teekanne wäre es fast (soll heißen: wäre symmetrisch), wenn da nicht der Henkel und die Spitze (soll heißen: Schnabel) wären.
Das Entdecken von Symmetrien, bei denen die Spiegelachse horizontal oder schräg verläuft, fällt den Kindern deutlich schwerer, als wenn diese vertikal verläuft (Franke 2000). Bereits bei Kindern im ersten Lebensjahr konnten Bornstein u. a. (1981) zeigen, dass die Kinder die Figuren mit vertikaler Achse weniger lange betrachteten als die anderen, was darauf schließen lässt, dass diese Figuren schneller verarbeitet werden.

Spiegelachsen finden

Mit und ohne Spiegel können auf symmetrischen Bildern, die es als Vorlagen in vielen Vorschulheften gibt, Spiegelachsen gefunden werden. Auch in Originalmaterialien wie Zeitschriften und Katalogen findet sich genügend verwendbares Material. Dies kann von der Erzieherin ausgewählt, oder auch von den Kindern selbst gefunden werden.

Symmetrien erzeugen

Nach Franke (2000) hängt die Fähigkeit, Figuren symmetrisch zu ergänzen, vermutlich davon ab, ob die Kinder die Gesamtfigur erkennen und die Ergänzung in der Vorstellung vollziehen können. So konnten rund 70% der Schulanfänger eine Herzhälfte erfolgreich ergänzen, bei einer Leiter waren es hingegen nur noch 25% (Höglinger & Senftleben 1997).

Mögliche Aktivitäten

Legen

Mit Formenplättchen aber auch mit Alltagsmaterialien können symmetrische Anordnungen selbst gelegt, nachgelegt oder ergänzt werden. Wird nicht nur in einer Reihe, sondern mehrreihig gelegt, kann ein vorgegebenes Raster erleichternd wirken.

Es können auch Fehler eingebaut werden, die von anderen Kindern entdeckt werden müssen.

Falten und Schneiden: Faltaufträge und Faltschnitte

Beim freien Falten machen die Kinder intuitive Erfahrungen zur Symmetrie; beim Aufeinanderfalten gegenüberliegender Seiten wird beispielsweise die Deckungsgleichheit von Figurenhälften deutlich. Vertieft und erweitert können diese Erfahrungen durch gezielte Faltaufträge werden: Falte das Blatt (Quadrat, Rechteck) so, dass gleiche Teile entstehen. Gibt es verschiedene Möglichkeiten?
Hierbei werden manche Kinder vermutlich bereits entdecken, dass es mehrere Symmetrieachsen geben kann und werden sich damit sogar dem Phänomen der Drehsymmetrie nähern. Dies wird auch bei Faltschnitten mit Mehrfachfaltung deutlich (z. B. Weihnachtssterne).
Faltschnitte sind über die Symmetrieerfahrung hinaus auch besonders geeignet, um die Vorstellung zu schulen: So bemerken die Kinder beispielsweise schnell den Unterschied, wenn an der geschlossenen Faltkante oder an einer offenen Kante geschnitten wird.

Varianten:
- Faltaufträge:
  Falte so, dass ein Rechteck, ein Dreieck, ... entsteht. Falte so, dass gleiche Teile entstehen.
- Zuordnen von Schablonen und Faltschnitten; eigenständiges Falten und Erproben der Schablonen.

Falten und schneiden: Leporellos herstellen

Auch die Herstellung von Leporellos hat mit Symmetrie zu tun. Ein Leporello ist ein langer Papier- oder Kartonstreifen, der ziehharmonikaartig gefaltet ist. Werden derartig gefaltete Streifen beschnitten, entstehen beim Auseinanderfalten viele gleiche Figuren, die sich als Girlanden oder Tischschmuck verwenden lassen und auch schnell wieder zusammengefaltet und platzsparend weggeräumt sind. Beim genaueren Hinsehen erkennt man, dass, bedingt durch die Faltung, nebeneinander liegende Figuren symmetrisch sind. Das entstandene Leporello ist außerdem auch ein Bandornament, das sich durch Verschiebung um zwei Faltbreiten ergibt.

Klecksbilder

Klecksbilder ergeben nur befriedigende symmetrische Ergebnisse, wenn entweder sehr zügig oder aber auf sehr nassem Papier gearbeitet wird. Die besten Ergebnisse werden erreicht, wenn das Papier vor dem Bemalen der einen Seite mit einem Schwamm angefeuchtet wird. Anschließend wird das Blatt gefaltet, fest aufeinander gedrückt und wieder auseinandergefaltet.
Schöne symmetrische Effekte ergeben sich auch beim Fadenziehen: Eine saugfähige Schnur oder ein Wollfaden wird in Farbe eingetaucht und in beliebiger Form auf die eine Hälfte eines Blattes gelegt. Das Papier wird gefaltet. Ein Fadenende muss außerhalb des Papiers liegen. Anschließend wird ein Buch fest auf das Papier gedrückt und der Faden herausgezogen.

Zeichnen und Gestalten

Freie Kinderzeichnungen weisen häufig einen hohen Grad an Symmetrie auf, wohl deshalb, weil symmetrische Figuren als besonders ästhetisch empfunden werden. Wie Untersuchungen mit Schulanfängern jedoch gezeigt haben, ist das zeichnerische Ergänzen vorgegebener Figuren zu einer symmetrischen Gesamtfigur für Kinder nicht ganz einfach, vor allem dann, wenn es sich um abstrakte Figuren handelt. Am besten gelingt es, wenn die Gesamtfigur erkannt wird und wenn die Spiegelachse horizontal ist. Gitterpapier oder Punkteraster können das symmetrische Ergänzen erleichtern.

Für erste Erfahrungen bietet es sich an, symmetrische Vorlagen lediglich zu färben – entweder mit oder ohne Farbvorgabe.

Symmetrische Muster können auch durch Aufkleben von Formen (von den Kindern selbst ausgeschnitten oder vorgegeben) gestaltet werden. Beim Aufkleben der Formen wird den Kindern besonders deutlich, dass der Abstand zur Symmetrieachse jeweils gleich sein muss.

Auch das „Fehlersuchen“ bei gezeichneten Bildern hat einen hohen Anreiz. Die gefundenen Fehler sollten nicht nur gezeigt, sondern auch beschrieben werden.

Spannen und Fädeln

Am Geobrett können symmetrische Figuren mit Gummibändern gespannt werden. Hierbei kann die entstandene Figur auf einem Geobrett entstehen, die Symmetrieachse also innerhalb der Figur und innerhalb des Bretts liegen. Werden jedoch nur 3 x 3 - Bretter benutzt, sind die Möglichkeiten begrenzt. Hier kann eine auf einem Brett dargestellte Figur auf einem zweiten Brett symmetrisch gespannt werden. Die Symmetrieachse liegt dann außerhalb der Figur, zwischen den beiden Geobrettern.

Mehr gestalterische Möglichkeiten gibt es bei Fädelpappen, da hier in der Regel mehr Löcher zur Verfügung stehen. Auch hier kann mit innerhalb der Pappe liegenden Spiegelachsen oder auf einer zweiten Pappe, also mit außerhalb liegenden Spiegelachsen, gefädelt werden.

Bauen

Auch mit Bauklötzen können symmetrische Anordnungen erzeugt werden.
Diese können in Reihe oder auch flächig aufgestellt sein. Die zu ergänzenden Vorgaben können durch andere Kinder oder durch die Erzieherin erfolgen.

Passende Teile zusammenfügen

Einfache symmetrische Zeichnungen mit klaren Konturen eignen sich am besten, um (in zwei Teile geschnitten) wieder zu einem symmetrischen Bild zusammengefügt zu werden. Je nach Entwicklungsstand der Kinder kann der Schwierigkeitsgrad erhöht werden, indem die Bilder sich nur geringfügig unterscheiden, so dass beispielsweise auf die Richtung der gespiegelten Figuren und auf den Abstand zur Spiegelachse geachtet werden muss.

Symmetrische Bewegungen und Klänge

Vielfach vorgeschlagen eignet sich der „Spiegeltanz“ gut, um Erfahrungen mit dem Spiegel zu vertiefen und zu reflektieren: Nachdem am großen Spiegel erprobt wurde, „was der Spiegel macht“, stellen sich zwei Kinder gegenüber: ein Kind stellt sich in eine frei gewählte Pose und/oder macht eine Bewegung, ein anderes Kind spiegelt dies.

Gespiegelt werden kann auch an der eigenen Körperachse: Beim „Hampelmann“ beispielsweise bewegen sich rechte und linke Körperhälfte spiegelbildlich. Die Spiegelung kann selbstverständlich auf Hände oder Füße (z. B. rechte Hand bewegt sich im Uhrzeigersinn, linke Hand im Gegenuhrzeigersinn) oder auf statische Körperpositionen (z. B. spiegelgleiche Haltung der Arme/Hände) beschränkt werden.

Bewegungsabläufe wie hüpfen, drehen, winken links, hüpfen rechts, können ebenfalls gespiegelt werden und werden dann zu hüpfen, drehen, winken links, hüpfen rechts, hüpfen links, winken rechts, drehen, hüpfen.

Genauso wie auch Bandornamente als Rhythmen- oder Klangfolgen dargestellt werden können (vgl. Kap. 3.1.3) ist es auch möglich, Rhythmen (geklatscht, gestampft, gesprochen) oder Klangfolgen, z. B. auf dem Glockenspiel, zu spiegeln. So wird aus dem Rhythmus kurz-kurz-lang (tak-tak-dun) die Abfolge kurz-kurz-lang-lang-kurz-kurz (tak-tak-dun-dun-tak-tak).
Aus der Tonfolge c-d-e-f wird die Tonfolge c-d-e-f-f-e-d-c.

3.3 Größen und Messen

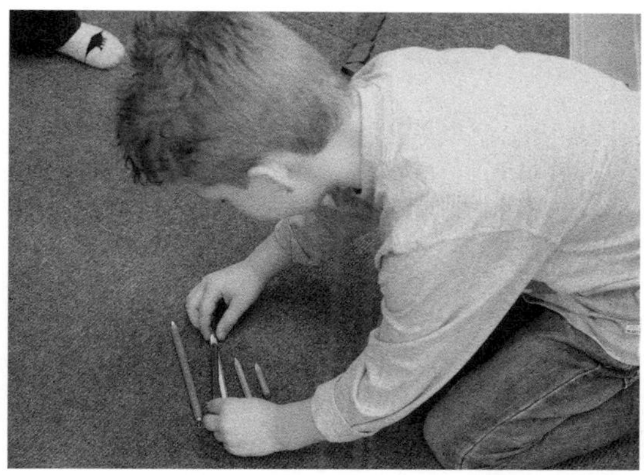

Lange bevor die Kinder in die Schule kommen begegnen sie Größen: Sie werden zu Hause und beim Kinderarzt regelmäßig gemessen und gewogen, beim Einkaufen erleben sie trotz verbreiteter Kartenzahlung auch, dass Scheine und Münzen den Besitzer wechseln, Zeitpunkte und Zeitdauern spielen eine wichtige Rolle im Tagesablauf, und auch zum Flächen- und Rauminhalt machen sie beim Auf- und Umräumen, beim Umgießen und Umfüllen erste Erfahrungen.
Größen werden benannt durch Maßzahl und Maßeinheit (12 kg, 80 cm, 5 Euro, 2 Stunden, 1 Liter, ...). Deshalb ist der Bereich Größen und Messen eng verbunden mit dem Bereich Zahl.

Selbstverständlich soll es im Kindergarten nicht darum gehen, Größendifferenzen numerisch zu bestimmen oder Größenangaben in andere Einheiten umzurechnen. Vielmehr geht es darum, in Sach- und Spielsituationen Erfahrungen zu den verschiedenen Größen zu sammeln, zu ordnen und zu sortieren, direkt oder indirekt zu vergleichen, zu messen und zu schätzen mit dem Ziel, Größenvorstellungen anzubahnen. Die Verwendung von standardisierten Maßeinheiten hat hier keine Priorität. Trotzdem werden in den Größenbereichen Zeit und Geld sicherlich bereits im Kindergarten die standardisierten Einheiten verwendet werden.

Die Sprache spielt auch im Bereich Größen und Messen eine bedeutsame Rolle, um erkannte Größenbeziehungen zu beschreiben.
Jüngere Kinder, die noch paarweise vergleichen (groß/klein, dick/dünn, lang/kurz) benötigen hierfür die Gegensatzpaare. Sind die Kinder dann in der Lage, mehrere Dinge miteinander zu vergleichen und eine Reihenfolge herzustellen, werden zur Beschreibung Komparative und Superlative verwendet (Max ist der kleinste. Ben ist größer als Max. Pit ist der größte der drei Jungen). Es muss erkannt werden, dass der Komparativ (größer) nicht auf ein bestimmtes Objekt bezogen ist, sondern immer die Beziehung zweier Objekte bezeichnet. Ferner müssen die zu den Größen passenden Adjektive verfügbar sein. So werden im Größenbereich Längen, abhängig vom zu beschreibenden Objekt, verschiedene Begriffe verwendet: Pit ist (1 m) groß, die Schnur ist (1 m) lang, der Schrank ist (2 m) hoch und (1 m) breit, das Buch ist (2 cm) dick, die Pfütze ist (10 cm) tief ...

Beim Vergleichen wird unterschieden zwischen dem direkten und dem indirekten Vergleich.

Am Beispiel der Längen bedeutet ein direkter Vergleich, dass zwei zu vergleichende Gegenstände direkt nebeneinander gelegt werden, um den längeren/kürzeren Gegenstand zu identifizieren. Schwieriger ist es, wenn mehrere Gegenstände nach ihrer Größe geordnet oder wenn weitere Gegenstände in eine bereits vorhandene Reihung eingefügt werden sollen. Diesen Aufgaben sollten zahlreiche Erfahrungen mit direkten Vergleichen zweier Gegenstände voraus gehen.
Das gedankliche Kombinieren zweier Paarbeziehungen ist den meisten Kindergartenkindern noch nicht möglich, denn hierfür ist die Transitivität notwendig: Wenn der grüne Stift länger ist als der blaue, der blaue länger als der rote, dann ist der grüne Stift länger als der rote.
Das Herstellen von Reihenfolgen (Seriation) ist eine wichtige Fähigkeit in der Mathematik, die in besonderem Maße gefördert werden sollte.

Ist es nicht möglich, Gegenstände durch Aneinanderlegen direkt zu vergleichen, weil sich der Schrank aus dem Ruheraum nicht einfach in den Gruppenraum verschieben lässt oder weil Pit in Amerika wohnt und sich deshalb nicht neben Ben in Deutschland stellen kann, so muss „indirekt“ verglichen werden.
Eine Möglichkeit wäre, einen Papierstreifen oder Faden mit der Länge des einen Schrankes an den anderen zu halten oder auch mit einer frei gewählten Einheit (z.B. Kulilänge) zu messen. Ist Pit 6 Kulilängen groß (mathematisch ausgedrückt: lang), Ben sogar 7, so wurde nicht nur verglichen, wer der Größere ist, sondern *gemessen*, und man weiß nun nicht nur, dass Ben größer ist, sondern auch, dass er eine Kulilänge größer ist – vorausgesetzt, dass Kulis mit gleicher Länge verwendet wurden. Einfacher wäre es selbstverständlich, die beiden Kinder oder Schränke mit Maßbändern oder Meterstäben zu messen und auf diese Weise die Längen zu vergleichen. Diese Vorgehensweise ist auch den meisten Kindern bereits im Kindergartenalter bekannt. Allerdings wird das Verständnis des Messens als Vergleichen mit einer Bezugsgröße beim Messen mit Papierstreifen oder Kulis sicherlich deutlicher.

Messen, egal ob dies mit standardisierten oder mit frei gewählten Einheiten geschieht, bedeutet immer Vergleichen mit einer Bezugsgröße. Ob diese Bezugsgröße frei gewählt ist (Kulilänge als Bezugsgröße: Pit ist so groß wie 6 Kulilängen.) oder ein standardisiertes Einheitsmaß ist (1 cm als Bezugsgröße: Pit ist 90 cm groß.), in beiden Fällen steht die Zahl für das Vervielfachen der Bezugsgröße: im ersten Fall für das Vervielfachen der Kulilänge, im zweiten Fall für das Vervielfachen des Einheitsmaßes 1 cm.

Das Benutzen von Messwerkzeugen wie Meterstäben, Maßbändern, verschiedenen Waagen, Messbechern, etc. greift zwar eher in den Bereich der Grundschule, weil dabei die standardisierten Einheiten verwendet werden, macht jedoch den Kindern viel Spaß und sollte deshalb für Experimente ermöglicht werden. Inwieweit hier bei Längen und Gewichten standardisierte (Der kleine Bär wiegt 60 g.) oder willkürlich gewählte Einheiten (Der kleine Bär wiegt so viel wie 3 Murmeln.) verwendet werden sollen, ist auch von der Interessenlage der Kinder abhängig. Häufig kennen die Kinder die Bezeichnungen bereits und sind wenig motiviert, beim Wiegen Murmeln, Steckwürfel oder sonstige Materialien als „Einheiten" zu verwenden.

3.3.1 Geld

Obwohl die Kinder ihre Eltern häufig beim Umgang mit Geld erleben (beim Einkaufen, im Bus, beim Bezahlen im Restaurant) und manche Kinder sicherlich auch hin und wieder Münzen für ihr Sparschwein erhalten, ist die Größe Geld für die Kinder nicht einfach. Dies liegt daran, dass zwischen der Anzahl und dem Wert unterschieden werden muss, weil Zahlen nicht mit Mengen identifiziert werden können. So ist ein einziges Eurostück viel mehr wert als zehn Centstücke.

Der Einkaufsladen, der in kaum einem Kindergarten fehlt, eignet sich vorzüglich, um mit der Größe Geld vertraut zu werden. Sicherlich müssen die Preise den Möglichkeiten der Kinder angepasst werden – kaum ein Kindergartenkind wird es schaffen, bei einem Ballpreis von 7,49 Euro auf 20 Euro richtig herauszugeben. Doch selbst wenn durch „Fantasiepreise" keine realistischen Preisvorstellungen aufgebaut werden können, so lassen sich bei Einkaufsspielen wichtige Erfahrungen machen, wie z. B. die für Erwachsene selbstverständliche Tatsache, dass sich das Geld beim Einkaufen verringert, dass das Geld des Verkäufers hingegen um den gleichen Betrag mehr wird, dass die Anzahl der Münzen nichts darüber aussagt, wie viel Geld man besitzt, dass für die doppelte Menge der doppelte Preis bezahlt werden muss ...

Mit jungen Kindern können zunächst die zur Verfügung stehenden Zahlungsmittel auf 1-Centstücke reduziert werden, so dass Mengenanzahl und Geldwert übereinstimmt. Durch die Hinzunahme von 2-Cent-Münzen wird dann klar, dass Menge und Wert nicht identisch sein müssen. Hier kann es bereits erforderlich werden, dass der Verkäufer Geld herausgibt. Durch die Erweiterung auf 5-Cent- und 10-Cent-Stücke werden die Einkaufssituationen anspruchsvoller und stellen auch größere Herausforderungen an das Zählen oder Rechnen, die manche Kinder bereits bewältigen können (s. auch Kap. 3.5). Selbstverständlich kann analog auch mit 1-Euro- und 2-Euro-Münzen und mit 5-Euro- und 10-Euro-Scheinen gekauft und verkauft werden.

Gerade bei Einkaufsspielen ergeben sich oft Situationen, in denen Kinder von- und miteinander lernen können, selbst wenn ihre Fähigkeiten sehr unterschiedlich sind. Spielt die Erzieherin selbst mit, kann sie problemlos die Anforderungssituationen an die Fähigkeiten des jeweiligen Kindes anpassen und zu immer neuen Problemlösungen herausfordern.
Selbstverständlich sollten den Kindern auch – wann immer möglich – echte Einkaufssituationen auf dem Markt, beim Bäcker, beim Metzger und im Supermarkt erlebbar gemacht werden.
Neben dem ersten Umgang mit Geld beim Einkaufen im Einkaufsladen, kann Geld auch für viele andere Aktivitäten genutzt werden.
Große Mengen von Münzen motivieren die Kinder, diese zu sortieren. Untergemischte nicht-europäische Münzen können aussortiert werden, europäische Münzen nach ihrem Wert sortiert, vielleicht strukturiert gelegt und gezählt oder in möglichst hohe Türme gestapelt werden, die dann verglichen werden. Dabei lernen die Kinder ganz nebenbei unsere Währung kennen und erkennen.

Mit der „Frottagetechnik" lassen sich die Muster der Münzen gut auf Papier übertragen, was ebenfalls dem Einprägen unserer Münzen dienen kann.

Einkaufsdialog
Alina (6; 1) steht im Laden und räumt das Regal auf. Julian (5; 1) kommt dazu.

A: Guten Morgen. Was willst du kaufen?
J: Zwei Brezeln.
J: Zwei Brezeln. Bitte.
A: Eine kostet 2, zwei kosten (zeigt jeweils Daumen und Zeigefinger beider Hände) 4 Cent.
J: 4. (Gibt 10).
A: Hm, zurück sind das... 6. Hast du's nicht richtig? Lass sehen.
J: (zeigt noch weitere zwei 10 Centstücke). Reicht das nicht?
A: Doch, schon. Das ist zu viel. Ich wechsel jetzt aus der Kasse.
Kuck, dafür geb ich dir jetzt 10. (Zählt laut bis 10 und gibt J die Centstücke dabei in die Hand. Du musst mitzählen! Jetzt, gib es mir richtig.
J: 1,2,3,4. (gibt A 4 Cent und erhält 2 Brezeln).
A: Noch was?
J: Gummibären. (Zählt seine Münzen.). 8. Hier. (Gibt seine restlichen 26 Cent).
A: So viel hab ich nicht mehr. 8 hast du gesagt. Also- kuck da auf die Tafel: 8 Cent.
J: Sind doch 8? Nicht?
A: Die zwei da, die sehen doch ganz anders aus. Das sind 10. Habe ich dir doch grad gezeigt. Dafür kriegst du 10 von denen da. Also nimm das wieder. (Reicht ihm die 16 Cent) Das hier ist so viel wie 10 von den kleinen. (Zeigt zehn Finger). 8 kostet es. (Klappt 8 Finger weg). Da, noch 2. (Gibt ein 2-Cent-Stück) und 8 Bärchen.
J: 2 hast du gesagt..
A: 2 Cent.
J: Das ist aber nur einer.
A: Kuck, da steht 2 drauf. Ist soviel wie 2 kleine. Willst du lieber 2 Einser?
J: Ja. Oder? Nein! Kriege ich dafür auch eine Brezel?
A: Klar. Willst du noch eine?
J: Nein. Auf Wiedersehn.
A: Dankeschön, auf Wiedersehn.

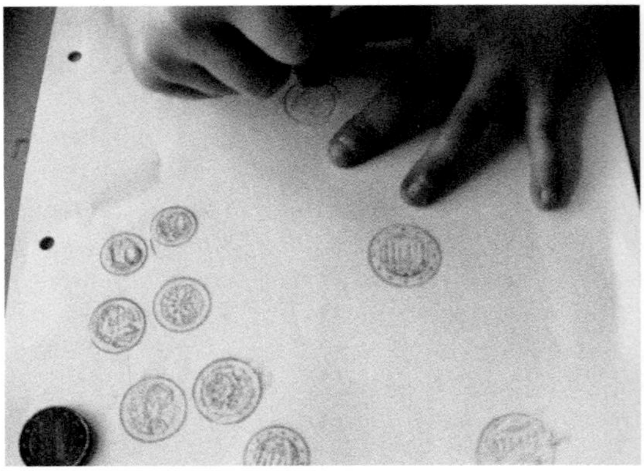

3.3.2 Zeit

Auch die Zeit wird von den Kindern bereits vor Schulanfang unmittelbar erfahren. Sie erleben zeitliche Rhythmen und Abfolgen bei den Jahreszeiten, beim Wechsel von Tag und Nacht, bei Tagesabläufen und Wochenplänen. Im Alltag hören sie Zeit- und Datumsangaben, Wochentage, Monatsnamen. Sie sehen verschiedene Uhren und Kalender. Sie kennen das Warten auf ein Ereignis, die Langeweile und auch die Hetze, wenn „die Zeit drängt". Viele Kinder kennen ihr Geburtsdatum, sie wissen um welche Zeit sie aufstehen oder ins Bett gehen oder dass sie sich 2 Minuten die Zähne putzen, ohne dass sie die Uhr oder den Kalender lesen können.

Die Zeit weist gegenüber den anderen Größen einige Besonderheiten auf (Ruwisch 2007): So ist das Zeitempfinden situations- und stimmungsabhängig und deshalb stark subjektiv geprägt. Außerdem lassen sich Messungen einmaliger Vorgänge und Abläufe nicht wiederholen. Zeitpunkte lassen sich zudem nicht wie gewohnt verrechnen, sondern markieren Beginn und Ende einer Zeitspanne, die auch nicht (außer mit der Stoppuhr) direkt gemessen werden kann, sondern berechnet werden muss, da die Uhr keinen absoluten Nullpunkt aufweist. Zudem ist das Einheitensystem nicht, wie die anderen Größen, nach dem Zehnersystem eingeteilt. Zwar gab es während der Französischen Revolution einen Versuch, den Tag in 10 Stunden mit jeweils 100 Minuten und 100 Sekunden einzuteilen, doch konnte sich dies bis heute nicht durchsetzen. Die 60er-Einteilung für

Minuten und Sekunden, die 12er/24er-Einteilung bei Stunden und Monaten, die 7er-Bündelung für Wochentage, die 30/31 Tage eines Monats, etc. machen die Umrechnungen besonders schwierig.

Das Ablesen der Uhr ist eine große Herausforderung, die die meisten Kindergartenkinder noch nicht bewältigen können. Auch dies gehört erst zu den Aufgaben der Grundschule – im Kindergarten soll es beim Thema Zeit um andere Aspekte gehen. Dennoch ist es für die Erzieherin wichtig, sich bewusst zu machen, wie viele Wissensbestandteile und Fähigkeiten kombiniert werden müssen, um die Zeit abzulesen, nicht zuletzt deshalb, weil viele Kinder durchaus versuchen, Uhrzeiten zu benennen und hierbei häufig Fehler machen, auf die dann eingegangen werden sollte. Um die Zeit abzulesen, müssen die Kinder wissen, dass der kurze Zeiger die Stunden anzeigt und an einem Tag zwei Umdrehungen macht, während der lange Zeiger die Minuten repräsentiert und sich an einem Tag 24 mal dreht. Des Weiteren ist es für das Ablesen der Zeit erforderlich, die 60 Striche für die Minuten und die 12 Striche für die Stunden zu unterscheiden, wobei die Stundenstriche gleichzeitig als Minutenstriche zählen. Die Stunde wird mit der zuletzt überschrittenen Stundenzahl bezeichnet, die nachgestellte Minutenzahl hingegen kann nicht direkt als Zahl abgelesen werden, sondern muss durch Abzählen der Minutenstriche bzw. „Errechnen“ festgestellt werden (12 Minuten: 2 Stundenstriche, 2 Minutenstriche: $2 \cdot 5 + 2$).

Wie oben bereits erwähnt, geht es im Kindergarten nicht um das Ablesen der Uhr, und selbst in der Grundschule sollte das Thema Zeit nicht verengt werden auf das Erlernen der Uhr und das Berechnen und Umrechnen von Zeitspannen, denn die Zeit hat neben der mathematischen noch viele weitere Dimensionen (Sundermann u.a. 2001): eine naturbezogene (Jahreszeiten), eine biologische (innere Uhr), eine religiöse oder philosophische (Unendlichkeit), eine ontogenetische (Lebensphasen), eine geografische (Zeitzonen), eine musikalische (Rhythmus), eine sportliche (Bestzeit), eine historische (geschichtliche Entwicklung), eine persönliche (Zeitmanagement) etc., um nur einige zu nennen. Das Thema Zeit hat also viele Berührungspunkte zu anderen Bildungsbereichen: Der Tagesablauf ist in der Regel zeitlich strukturiert, bei Spaziergängen erleben die Kinder die Veränderungen der Natur im Jahreslauf, beim Erzählen eines Erlebnisses und beim Tanzen und Musizieren werden zeitliche Reihenfolgen eingehalten, bei Wettspielen kommt vielleicht die Stoppuhr zum Einsatz, der Glockenturm könnte bestiegen, eine alte mechanische Uhr zerlegt und betrachtet werden, die Zeitmessung anderer Kulturen oder in früheren Zeiten könnte angesprochen werden, wenn der Weg an einer Sonnenuhr vorbeiführt. Auch zum mathematischen Bereich „Zahl“ gibt es beim Thema Zeit immer Verbindungen: so finden wir Zahlen auf dem Ziffernblatt und im Kalender und auch zur Angabe von Zeitspannen braucht die Maßeinheit immer eine Zahl (3 Tage, 2 Stunden, 4 Monate, 5 Jahre ...). Deshalb sollte die Zeit auch nicht isoliert, sondern stets im Zusammenhang mit anderen Aktivitäten thematisiert werden und die ganze Kindergartenzeit durchziehen.

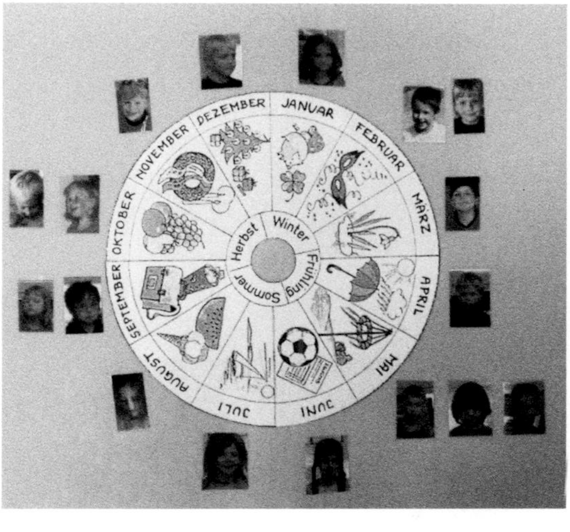

In der Regel wird der Jahreslauf im Kindergarten schon immer in die Planung einbezogen. Die Jahreszeiten mit den Veränderungen der Natur, die Verbindung mit typischen Tätigkeiten, die Monatsnamen, die Feste werden thematisiert. Mit erlernten Liedern und Gedichten werden häufig Abfolgen von Jahreszeiten, Monaten und Wochentagen eingeübt. Geburtstagskalender, oft kombiniert mit dem Jahreskreis, schmücken die meisten Kindergärten und verbinden individuell wichtige Zeitpunkte mit solchen im Jahresverlauf. Viele Ereignisse haben jedoch keine zyklische, sondern eine lineare Struktur. Diese können an einem Zeitstrahl festgehalten und dokumentiert werden (Feste, Ausflüge, Besuche in der Schule, Ferien, ...).

Auch Rituale wie das morgendliche Aktualisieren des Abreißkalenders, das Benennen des Wochentags, das Thematisieren des Monatswechsels, das Visualisieren des geplanten Tagesablaufs mit Symbolen, etc. tragen dazu bei, dass die Kinder Erfahrungen mit der Zeit machen. Auch wenn das Ablesen der Uhr nicht Ziel im Kindergarten ist, kann das Nennen einer Uhrzeit und eingestellte Pappuhren neben der richtigen Uhr bestimmte Aktivitäten ankündigen. Hier muss erwähnt werden, dass dies lediglich mit analogen Uhren Sinn macht, da digitale Uhren keine Vorstellung von Zeitspannen ermöglichen, keinen Eindruck der verstreichenden Zeit vermitteln, weil die Zeitpunkte lediglich mit Zahlen dargestellt sind.

Sprache spielt auch im Bereich Zeit eine wichtige Rolle; so gibt es zahlreiche Begriffe um Zeitpunkte, Zeiträume, zeitliche Regelmäßigkeiten und Abfolgen auszudrücken, die zwar im Alltag häufig genutzt, für die Kinder jedoch nicht ganz einfach sind: letzte Woche, vorgestern, gestern, heute, morgen, übermorgen, nächste Woche, am Abend, abends, jeden Abend, den ganzen Abend, zuerst, dann, danach, zum Schluss, später, vorher, nachher, wieder, noch einmal, manchmal, immer, selten, nie, häufig.
Vor allem auch die in die Zukunft weisenden zeitlichen Begriffe (nachher, morgen, ...), sind wichtig, da die Kinder zwar in der Regel schon früh das Perfekt benutzen, um auszudrücken, dass etwas bereits vergangen ist (Ich habe ... gebaut.), zumindest im süddeutschen Raum die Zukunftsform noch eher selten benutzt wird und die Begriffe wie nachher, morgen, ... mit dem Präsens verbunden werden (Ich baue morgen ...), um künftige Ereignisse oder Handlungen anzukündigen.

Erste Erfahrungen mit dem Vergleichen von Zeitdauern werden in der Regel durch direktes Vergleichen gleicher Aktivitäten gewonnen: Wer ist schneller beim Wettlauf? Wer braucht länger zum Anziehen? Es können auch die Zeitdauern verschiedener Aktivitäten verglichen werden: Die Kinder wählen zwei Aktivitäten aus und stellen Vermutungen an, was länger dauert. Anschließend wird dies von zwei Kindern im direkten Vergleich ausprobiert (Bauklötze aufräumen oder ein bestimmtes Lied singen? Das Herbstgedicht aufsagen oder Jacke und Schuhe anziehen? Tee kochen oder Tisch decken? ...).
Soll jedoch die Zeitdauer von Aktivitäten *eines* Kindes verglichen werden, so geht dies nur durch indirektes Vergleichen (s.o.), da nicht gleichzeitig zwei Dinge erledigt werden können. Hierzu kann eine willkürliche Maßeinheit gewählt werden: Die Länge eines bestimmten Liedes auf CD, das Durchrieseln des Sandes bei einer Sanduhr, das Ausklingen des Gongs, etc: Wenn Artur den Tisch deckt, dauert das länger, als das Durchrieseln des Sandes in der Sanduhr. Das Herbstgedicht hat er aufgesagt, lange bevor das Lied zu Ende war.

Mögliche Aktivitäten

Herstellen von Sanduhren und Tropfuhren

Sanduhren sind vielen Kindern aus dem Alltag bekannt – vom Zähneputzen, Eierkochen oder von Gesellschaftsspielen. Sanduhren lassen sich auch leicht selbst herstellen, indem die Kunststoffschraubverschlüsse zweier Flaschen mit Heißkleber zusammengeklebt und anschließend durchbohrt werden. Je nach Größe des Bohrlochs und der Menge des eingefüllten Sandes ist die Durchlaufzeit verschieden lang, was die Kinder selbst entdecken können.
Selbstverständlich kann die Durchlaufzeit hierbei willkürlich gewählt sein, doch wenn bereits eine Größenvorstellung von Minuten angebahnt werden soll, kann die Füllmenge verschiedener Sanduhren auf eine, fünf oder zehn Minuten „geeicht“ werden, indem bei verschiedenen Sanduhren nach einer, fünf, bzw. zehn Minuten der Sandfluss unterbrochen wird und die obere Flasche geleert wird. Auch lässt sich eine Skala einzeichnen, indem nach einer, zwei, drei, ... Minuten der Stand des durchgelaufenen Sandes auf der unteren Flasche markiert wird.
Auch Tropfuhren lassen sich selbst herstellen, indem ein Plastikbecher durchbohrt wird. Die Zeit, die das gesamte Wasser braucht, um durch das kleine Loch im Becher in das darunter stehende Gefäß zu tropfen, kann eine willkürliche Maßeinheit darstellen, doch kann die Tropfuhr auch auf eine bestimmte Zeitspanne „geeicht“ und skaliert werden.

Benutzen von Sanduhren

Wenn Kinder ihre Sanduhren kennen und ein „Gefühl“ für deren Durchlaufzeit entwickelt haben, können diese benutzt werden, um ungefähre Zeitdauern anzugeben (Wenn der Sand durchgelaufen ist, gehen wir nach draußen.) oder auch, um die Zeit einzuteilen (Wenn die Uhr abgelaufen ist, wollen wir essen. Denk vorher daran, den Tisch zu decken.).
Auch kann die Dauer von Handlungen geschätzt und verglichen werden: Schaffst du es in der Durchlaufzeit, ins zweite Stockwerk und zurück zu laufen, für den Spaziergang angezogen zu sein, den Luftballon aufzublasen, einen Papierflieger zu falten, ...?
Bei Wettspielen unter Zeitvorgaben lässt sich die Sanduhr ebenfalls einsetzen und kann gut mit dem Abzählen verbunden werden: Wie viele Kinder aus Gruppe A/Gruppe B schaffen es, den Hindernisparcour nacheinander zu durchlaufen? Wie viele Dosen triffst du/dein Freund in dieser Zeit? Wie viele Würfel kannst du/dein Freund in dieser Zeit auftürmen?
Beim Benutzen von Sanduhren mit höheren Durchlaufzeiten werden die Kinder auch spüren, dass die gleiche Zeitdauer unterschiedlich empfunden wird. So kann die Zeit „wie im Flug“ vergehen, wenn eine angenehme Tätigkeit durchgeführt wird aber auch subjektiv langsam fortschreiten, wenn auf etwas gewartet wird oder ungeliebte Tätigkeiten erledigt werden.

Planen von Aktivitäten
Berichten von Aktivitäten und Ereignissen

Werden Kinder in die Planung des Tages einbezogen oder aufgefordert von Aktivitäten und Ereignissen innerhalb oder außerhalb des Kindergartens zu erzählen, so ist dabei immer das Beachten von zeitlichen Reihenfolgen und das Verwenden von Begriffen notwendig, die die Chronologie deutlich machen. Dies fällt den Kindern umso leichter, je häufiger ihnen die Gelegenheit eingeräumt wird, über vergangene oder geplante Ereignisse zu berichten. Gezieltes Nachfragen erleichtert anfangs den aktiven Umgang mit zeitlichen Begriffen (Was hast du zuvor gemacht? ... nachdem du die Klötze sortiert hast? ... zum Schluss ...?).

Bilder ordnen

Einzelne Bilder von Bildergeschichten und Daumenkinos können geordnet und beschrieben werden, so dass eine sinnvolle Geschichte entsteht. Dies dient zum einen der Vorstellung und dem Erkennen von zeitlichen Abfolgen, zum anderen werden dabei zeitliche Begriffe eingeübt.

3.3.3 Längen

Längen direkt zu vergleichen macht selbst jungen Kindern keine Probleme: Sie vergleichen ihre Größe, indem sie sich Rücken an Rücken stellen, sie legen Buntstifte aneinander, um zu erkennen, ob der rote oder grüne kürzer ist, sie stellen fest, dass der Karton zu breit ist und deshalb nicht auf das schmale Regal passt. Durch direktes Aneinanderlegen können auch Reihenfolgen hergestellt werden.

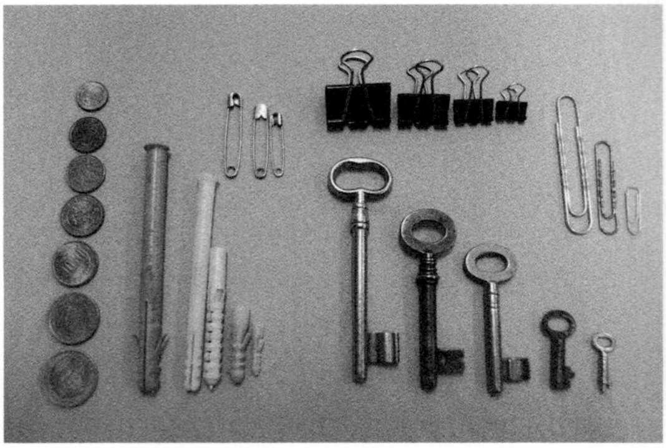

Ist es nicht möglich, Gegenstände direkt aneinanderzulegen, so kann auch indirekt verglichen werden: mit willkürlichen Einheiten wie Schnüren, Papierstreifen, Kettengliedern, Kulis, Holzstäbchen etc. (s. Kap. 3.3). Häufig werden hierfür auch Körpermaße benutzt: Schritte, Füße, Handspannen, Fingerdicken.

Nührenbörger (2004) kritisiert dabei unter anderem, dass durch die fehlende Skalierung bei den Messvorgängen das Messen als Zählen von Objekten verstanden werden könnte. Allerdings wird dadurch zum einen die Grundidee des Messens als Vervielfachen einer Bezugsgröße besonders deutlich, zum anderen ist das Messen mit Körpermaßen von kulturhistorischem Interesse. Die Kinder werden auch entdecken, dass beispielsweise der Schritt als Maßeinheit nicht wirklich tauglich ist, da der Schritt der Erzieherin und der eigene Schritt verschieden lang sind. Auf diese Weise wird das Verständnis angebahnt, dass die standardisierten Einheiten durchaus ihren Sinn haben.

Sicherlich werden einige Kinder beim Ausprobieren interessante Zusammenhänge zur Antiproportionalität entdecken: Wenn Aron zum Durchqueren des Zimmers 12 Schritte braucht und Maren nur 11 – wer hat dann die größeren Schritte gemacht?

Manche Kinder kennen sicherlich ihre Größe in Zentimeter oder wissen, dass der Weg zur Oma 5 Kilometer lang ist, ohne tatsächlich die Vorstellung von Maßeinheiten und Längen zu haben.

Standardisierte Maßeinheiten und das Messen mit normierten Messgeräten ist Thema der Grundschule, nicht zuletzt auch deshalb, weil das Messen von Längen in der Regel einen größeren Zahlenraum voraussetzt. Trotzdem müssen die standardisierten Maßeinheiten nicht ausgeklammert werden, wenn sie durch die Kinder selbst erwähnt werden und wenn die Kinder Interesse zeigen, auch mit Linealen und Maßbändern zu messen. Sicherlich ist es durchaus sinnvoll, wenn die Kinder schon früh ungefähre Vergleichsgrößen für die Länge 1 cm (z. B. Fingerdicke) und 1 m (z. B. großer Schritt) kennen. Im Vordergrund sollte jedoch stehen, dass die Kinder zahlreiche Erfahrungen sammeln, wie auch ohne normierte Messgeräte verglichen und gemessen werden kann.

Mögliche Aktivitäten

Sortieren von Gegenstände nach ihrer Länge

Nach der Länge sortiert werden können gleiche, aber auch verschiedene Gegenstände. Das Sortieren verschiedener Gegenstände nach der Länge macht den Kindern jedoch meist mehr Probleme, weil es notwendig ist, alle anderen Eigenschaften auszuklammern und lediglich die Länge als Sortiermerkmal zu fokussieren.
Auch können verschieden lange Gegenstände in eine schon bestehende Reihe eingefügt werden.

Suchaufträge

Ein Gegenstand wird als Vergleichsmaß vorgegeben. Die Kinder werden aufgefordert, Gegenstände zu suchen, die ungefähr gleich lang sind. Erschwert werden kann die Aufgabe dadurch, dass Gegenstände gesucht werden sollen, die doppelt oder halb so lang sind.

Vergleichen in der Vorstellung

In Verbindung mit dem Bereich Raum und der Förderung der Vorstellung können Gegenstände miteinander verglichen werden, die auf nicht maßstabsgetreuen Zeichnungen abgebildet sind oder auch nur benannt werden. Ist dein Bett wohl länger als dieser Schrank hoch ist? Ist ein Auto länger als unser Sofa?

Vergleichs- und Messmöglichkeiten selbst entdecken

Sinnvoll ist es, die Kinder selbst nach geeigneten Möglichkeiten suchen zu lassen, um Längen zu vergleichen und diese dann gemeinsam zu reflektieren. Welcher Baum im Garten hat wohl den dicksten Stamm? Passt das Regal, das an der roten Wand steht, auch in die Nische neben dem Fenster? Passt der Schrank durch die Tür? Ist der Weg zur Schaukel weiter als der Weg in die Werkstatt?

Eignung von Vergleichs- und Messwerkzeugen erproben und reflektieren

Auch bei standardisierten Messwerkzeugen muss überlegt werden, welches Werkzeug für welchen Zweck geeignet ist. So lässt sich mit einem Lineal nur äußerst ungenau der Kopfumfang ermitteln – ein flexibles Maßwerkzeug ist hierfür notwendig. Genauso verhält sich dies auch bei nicht standardisierten Messwerkzeugen. Warum kann mit Holzlatten der Umfang des Baumes nicht richtig gemessen werden? Ist ein Gummiband geeignet? Wenn ich nur Hölzchen zur Verfügung habe, um den Umfang eines Kreises zu messen, wähle ich dann möglichst kurze oder möglichst lange Hölzchen?

Vergleichen von persönlichen Maßen

Neben der Körpergröße kann auch der Bauchumfang, der Kopfumfang, die Fußlänge,… vermessen werden. Während das Aufstellen nach der Körpergröße leicht gelingt, weil ein direkter, leicht sichtbarer Vergleich möglich ist, ist für das „Sortieren nach Bauchumfang“ ein indirekter Vergleich notwendig. Die einfachste Möglichkeit ist es, wenn alle Kinder ihren Bauchumfang an einer Schnur abtragen oder Ketten aus Kunststoffgliedern herstellen, die genau um ihren Bauch passen. Dann können die Schnur- bzw. Kettenstücke direkt aneinander gehalten und der Länge nach sortiert werden.

„Wege" vergleichen

Je nachdem, ob Wege gerade, kurvig oder zackig verlaufen erscheinen sie „mit dem bloßen Auge" verschieden lang. Im Kleinen (auf dem Papier) und im Großen (im Gelände) kann dies erprobt werden. Nach vorausgehenden Vermutungen können die Längen mit Messschnüren verglichen werden.

Schätzen von Längen

Auch das Schätzen von Längen soll nicht mit standardisierten Maßeinheiten, sondern mit den Kindern bekannten und vertrauten Bezugsgrößen erfolgen und, nachdem die Vermutungen geäußert wurden, selbstverständlich überprüft werden. Wie viele Schritte brauchst du wohl zu Tür? Wie viele Kinder können sich zwischen den beiden Wänden nebeneinander stellen/hintereinander legen? Wie viele Stifte kann ich bis zur Tischkante hintereinander legen? Wie viele Bücher kann ich übereinander/nebeneinander ins Regal legen/stellen? Wie viele Bauklötze muss ich übereinander stapeln, damit der Turm so hoch ist, wie der Stuhl? Solche Schätzaufgaben sind deshalb schwierig, weil neben dem Abschätzen der Länge und der Längenvorstellung auch eine Zahlvorstellung erforderlich ist. Hier werden die Kinder auch die Erfahrung machen, dass Höhen oft anders eingeschätzt werden als Längen oder Breiten. Auch für Erwachsene ist es auf dem 3-Meter-Brett stehend schwer zu glauben, dass die Höhe lediglich das 1,5-fache der Bettlänge beträgt...

3.3.4 Gewichte

Obwohl die Kinder beim Metzger und beim Gemüsehändler noch erleben können, wie Lebensmittel abgewogen werden, ihr eigenes Gewicht regelmäßig festgestellt wird und sie dieses vielleicht auch kennen, haben die meisten Kinder wenig Erfahrungen mit Gewichten. Während beim Längen- und auch beim Flächen- und Volumenvergleich der visuelle Eindruck häufig ausreicht, kommt man damit beim Vergleichen von Gewichten nicht zum Ergebnis, denn kleine Gegenstände können bedeutend schwerer sein als große. Sind die Gewichtsunterschiede nicht allzu eindeutig, so reicht auch das Erspüren des Gewichts oft nicht aus, um zu beurteilen, was schwerer oder leichter ist. Selbst Erwachsene haben beim Schätzen von Gewichten größere Schwierigkeiten als beim Schätzen von Längen. Dies liegt zum einen daran, dass das Auge, das wichtigste Sinnesorgan des Menschen, den größten Anteil von Sinneseindrücken aufnimmt. Vorstellungsbilder und Vergleichsgrößen werden gespeichert und können beim Schätzen von Längen leicht herangezogen werden. Anders ist es mit dem Fühlsinn, der für das Gewichtsempfinden zuständig ist. Dieser wird eher selten bewusst aktiviert. Außerdem lassen wir uns bezüglich der Gewichtseinschätzung oft täuschen, abhängig davon, wie gut oder schlecht ein Gegenstand zu tragen ist. So erscheint ein 20 kg schweres Kind, das sich festhält, leichter als ein sperriger Kartoffelsack mit 20 kg Gewicht. Auch der visuelle Eindruck täuscht: Große Gegenstände werden oft schwerer eingeschätzt als kleine, auch wenn sie das gleiche Gewicht haben. Deshalb sind beim Gewicht meist auch für direkte Vergleiche Messwerkzeuge notwendig. Die heute im Alltag verwendeten digitalen Personen- oder Küchenwaagen verdeutlichen nicht wirklich den Messvorgang als Vergleich mit einer Einheit. Lediglich die Balken- oder Hebelwaagen, wie sie früher benutzt wurden, sind hierfür geeignet, sind jedoch außer auf dem Markt, in der schulischen Umgebung und als Dekogegenstände nur noch selten anzutreffen. Balkenwaagen haben einen hohen Aufforderungscharakter und motivieren die Kinder zum Experimentieren. Hängen beide Schalen bei gleich langen Hebelarmen auf gleicher Höhe, ist die Waage also im Gleichgewicht, so sind die Gegenstände auf den Schalen gleich schwer. Neigt sich eine Schale nach unten, so zeigt dies an, dass diese Seite schwerer belastet ist. Ist keine Balkenwaage vorhanden, so reicht notfalls auch ein Kleiderbügel, an dessen Enden Behältnisse für die zu vergleichenden Gegenstände befestigt werden. Nach dem gleichen Prinzip funktioniert die Wippe, die die Kinder vermutlich eher kennen: das leichtere Kind wird vom schweren emporgehoben, sofern beide den gleichen Abstand von der Achse haben.

Neben dem direkten Vergleich ist mit der Balkenwaage auch das indirekte Vergleichen möglich. Als willkürliche Maßeinheiten können Gegenstände benutzt werden, die in gleicher Ausführung in großer Menge vorhanden sind (Murmeln, Bauklötze, Steckwürfel, ...). Für Vergleiche bieten sich vor allem auch Dinge an, mit denen die Kinder vertraut sind, weil sie öfter damit umgehen: ein Tetrapack Kakao, ein Apfel, die Puppe, das Lieblingsbuch, etc.

Zu den meisten Balkenwaagen werden auch Gewichtssätze mitgeliefert, die beim Experimentieren nicht ausgeschlossen werden müssen, wenngleich das Gewicht selbstverständlich nicht durch Addieren der Gewichtsstücke bestimmt werden soll.

Gewicht + Gewichtskraft
Mit Waagen wird die Masse eines Körpers gemessen, die umgangssprachlich mit „Gewicht“ bezeichnet wird. Das Gewicht (gemessen in Kilogramm) darf nicht mit der Gewichtskraft (gemessen in Newton) verwechselt werden, die auf einen Körper wirkt. Die Masse ist an jedem Ort gleich, die Gewichtskraft hingegen beträgt beispielsweise auf dem Mond nur ein Sechstel der Gewichtskraft auf der Erde.
Balkenwaagen und andere Waagen, die über den direkten Vergleich messen, können deshalb ortsunabhängig eingesetzt werden, da die unterschiedliche örtliche Gewichtskraft auf beide Waagschalen gleichermaßen wirkt. Anders ist dies bei den im Alltag häufig verwendeten Federwaagen. Hier wird das Gewicht über die Verformung einer Feder gemessen. Durch die geringere Gewichtskraft auf dem Mond würde die Feder weniger verformt werden und auf einer Waage, die auf der Erde geeicht ist, ein falsches Gewicht (nämlich lediglich den sechsten Teil) anzeigen.

Wie auch bei den anderen Größenbereichen geht es auch beim Gewicht nicht um die Einführung der standardisierten Einheiten, sondern um vielfältige Handlungserfahrungen. Auch wenn Gewichte von den Kindern gerne mit der Balkenwaage verglichen und gemessen werden, sollten die Kinder immer wieder aufgefordert werden, Gegenstände anzuheben und ohne Waage direkt zu vergleichen. Durch das bewusste Erspüren unterschiedlicher Gewichte und Gewichtsunterschiede verschiedener Gegenstände wird zusammen mit der bewussten Wahrnehmung eine solide Basis für den Aufbau von Größenvorstellungen grundgelegt, die jedoch im Hinblick auf standardisierte Einheiten erst dann entstehen können, wenn eine gute Zahlvorstellung im verwendeten Zahlenraum entwickelt wurde. Wenngleich sich die meisten Kinder eigeninitiiert und hochmotiviert mit der Balkenwaage beschäftigen und durchaus erste Erfahrungen bei freien Experimenten machen können und sollen, sollten die Aktivitäten jedoch anschließend auch begleitet werden – durch Aufgreifen der Ergebnisse, durch Hinterfragen und Erweiterung der Fragestellungen können die ersten Erkenntnisse vertieft werden.

Außer mit der Balkenwaage kann auch mit Zeigerwaagen experimentiert werden. Auch wenn die Skalen von den meisten Kindern noch nicht abgelesen und die Gewichtsangaben aufgrund fehlender Zahlvorstellung im großen Zahlenraum nicht in Beziehung zueinander gesetzt werden können, können die Zeigerzuschläge verglichen werden. Die Thematisierung der verschiedenen Zwecke (Briefwaage, Viehwaage, Küchenwaage, Personenwaage ...) erweitert das Weltwissen der Kinder.

Mögliche Aktivitäten

Gegenstände ordnen: leicht – schwer

Ob ein Gegenstand als leicht oder schwer bewertet wird, hängt von subjektiven Maßstäben ab.
Häufig spielt auch die Erwartung eine entscheidende Rolle: So wird eine große Holzkiste, die lediglich Federn enthält, häufig als leicht benannt, während eine Metallkugel (wenngleich leichter als die Holzkiste) als schwer bezeichnet wird, weil vielleicht erwartet wurde, dass es sich um eine hohle Kunststoffkugel mit geringem Gewicht handelt.
Das Einordnen verschiedener Gegenstände in die Kategorien leicht/schwer bietet also auf jeden Fall Gesprächsanlässe, die vermutlich weit über die Mathematik hinaus gehen.
Die Kategorisierung kann auch mit Bildern erfolgen. Zu Gegenständen, die Kinder noch nicht in der Hand gehabt haben, können sie selbstverständlich keine genaue Gewichtsvorstellung haben. Trotzdem können die meisten Kinder durchaus beurteilen, dass ein Flugzeug schwerer sein muss als ein Buch. Aus diesem Grund sind beim Bilderordnen auch Bilder von „sehr schweren" Gegenständen möglich. Soweit möglich sollten die Vermutungen jedoch durch Heben, Tragen, Wiegen anschließend überprüft werden.
Geordnet werden könnte auch danach, ob etwas hochzuheben ist oder nicht.

Paarvergleich: leichter als – schwerer als

Zwei Gegenstände werden gezeigt. Die Kinder vermuten, welches der schwerere/leichtere ist und begründen dies, soweit möglich (Da ist nur Watte drin, und Watte ist ganz leicht.). Anschließend wird durch Anheben direkt verglichen. Interessant ist es zu beobachten, wie die Kinder hierbei vorgehen: Wer urteilt schnell und oberflächlich und wer nimmt sich Zeit zum Erspüren, wechselt die Hände, etc? Wer schließt die Augen, um andere Sinneseindrücke auszublenden?
Überprüft und bestätigt werden die Ergebnisse mit der Balkenwaage.
Auch kann ein Gegenstand in eine schon bestehende Gewichtsreihung eingefügt werden.

Reihenfolgen herstellen: von leicht nach schwer

Durch Anheben der Gegenstände versuchen die Kinder zunächst, eine Reihenfolge „von leicht nach schwer" herzustellen. Anschließend wird mit der Balkenwaage überprüft, ob die „gefühlte" Reihenfolge auch tatsächlich stimmt. Sind die Gewichtsunterschiede so gering, dass sie lediglich mit der Waage festgestellt werden können, ist es interessant zu beobachten, wie die Kinder vorgehen: Wird unsystematisch verglichen oder wird durch systematisches Vergleichen die Anzahl der notwendigen Wiegungen reduziert? Wird die Transitivität genutzt? Wird anschließend die Reihenfolge nochmals kontrolliert?

Visuelle Beeinflussung ausschließen: Gewichtsvergleich bei gleich aussehenden Gewichten

Form und Volumen eines Gegenstandes beeinflussen häufig das Gewichtsempfinden. Um diese Täuschung einerseits auszuschließen, andererseits bewusst zu machen, kann es sinnvoll sein, gleiche (undurchsichtige) Behältnisse mit verschieden schweren Gegenständen zu füllen, um diese dann paarweise zu vergleichen oder Reihenfolgen herzustellen. Die erspürten Ergebnisse werden mit der Balkenwaage überprüft.

Suchaufträge

Ein Gegenstand wird als Vergleichsgewicht vorgegeben. Die Kinder werden aufgefordert, Gegenstände zu suchen, die ungefähr gleich schwer sind.

Gleiche Gewichte herstellen

Ein für die Kinder bekannter Gegenstand (Apfel, Milchtüte, ...) wird als Vergleichsgewicht gewählt. Mit anderen Gegenständen wird das Gewicht aufgewogen. Wie viel Pflaumen/Nüsse/Büroklammern/Bohnen/Murmeln/Eier/Kieselsteinchen/... wiegen so viel wie ein Apfel?

Gerecht teilen

Kirschen, Erdbeeren, Kuchen werden von den Kindern gerecht geteilt, nicht nach Anzahl, sondern nach Gewicht mit Hilfe der Balkenwaage. Hierbei werden die Kinder „ganz nebenbei" feststellen können, dass z. B. bei gleichem Gewicht die Anzahl der Erdbeeren verschieden sein kann. Woran liegt das? Wird der antiproportionale Zusammenhang entdeckt (Je kleiner die Erdbeeren, desto mehr sind es bei gleichem Gewicht.)?
Bei älteren Kindern kann die Aufgabe erweitert werden: Wie lösen die Kinder das Problem, wenn die Erdbeeren mit der Balkenwaage nicht nur in zwei Teile, sondern in drei oder vier Teile gerecht geteilt werden sollen?

3.3.5 Flächeninhalt und Rauminhalt

Die Beschäftigung mit Flächen- und Rauminhalten weist zahlreiche Querverbindungen zum Bereich Raum und Form auf. So erfahren die Kinder die Zerlegungsgleichheit von Flächen, wenn sie aus den selben Plättchen verschiedene Figuren legen. Passt eine bestimmte Menge Sand genau sowohl in das eine, als auch in das andere Gefäß, so müssen die Gefäße „gleich groß" sein, also den gleichen Rauminhalt haben.

Die Einheiten Quadratmeter bzw. Kubikmeter werden im Alltag eher selten benutzt und sind vermutlich den meisten Kindern unbekannt. Anders ist dies mit dem Hohlmaß Liter, das ihnen wohl vor allem in Zusammenhang mit Getränken häufig begegnet.

Flächeninhalt

Ohne Benennung der Maßeinheiten für den Flächeninhalt kann bereits im Kindergarten direkt oder indirekt der Inhalt verschiedener Flächen verglichen werden. Sind beim Übereinanderlegen zwei Flächen deckungsgleich, gibt es also keine Überlappungen, so sind die Flächen gleich groß. Überlappt hingegen eine Fläche die andere, so hat diese mehr Fläche. Ist ein Übereinanderlegen nicht möglich, so können die Flächen durch Auslegen mit willkürlichen Einheiten verglichen werden.

Flächeninhalt
Der Flächeninhalt ist in der Mathematik ein Maß für die Größe einer Fläche, also einer zweidimensionalen Figur. Der Flächeninhalt wird oft kurz „Fläche" genannt. Um den Flächeninhalt anzugeben, werden quadratische Einheiten verwendet (Quadratmeter, Quadratzentimeter, ...).

Sicherlich wird der Flächeninhalt im Kindergarten nicht explizit und isoliert angesprochen werden, sondern in Verbindung mit Tätigkeiten, die einen Flächenvergleich nahe legen, wie beispielsweise beim Auslegen von Umrissformen mit homogenem Material. Nachdem das Schiff mit 5, das Haus mit 6 gleichen Dreiecken ausgelegt wurde, kann sich die Frage anschließen, welche Figur denn größer ist.

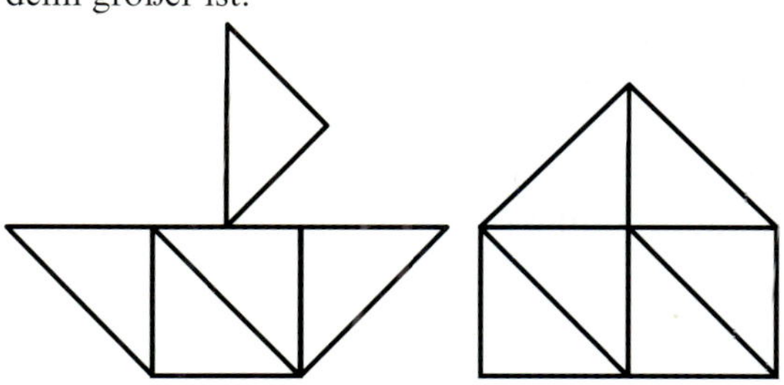

Vergleichen von Flächeninhalten durch Auslegen

Das Konzept der Zerlegungsgleichheit wird auch durch die verschiedenen Tangramfiguren unterstützt: Da in der Regel alle Figuren aus allen Teilen bestehen, muss ihre Fläche, unabhängig von der Form, jeweils gleich sein.

Rauminhalt

Die Volumenmaße (Kubikmeter/Kubikzentimeter) werden im Zusammenhang mit den Rauminhalten im Kindergarten sicher nicht fallen – allenfalls wird das Hohlmaß Liter als Einheit für Flüssigkeiten benutzt. Wie in jedem Größenbereich, beim Rauminhalt jedoch in besonderem Maße, ist die Verwendung der standardisierten Maßeinheiten nicht angestrebt; vielmehr steht das Vergleichen und Messen mit willkürlichen Einheiten auch hier im Vordergrund.

Rauminhalt
Der Rauminhalt (das Volumen) eines Körpers wird in kubischen Einheiten gemessen (Kubikmeter, Kubikdezimeter, Kubikzentimeter ...). Wird das Fassungsvermögen von Behältern gemessen, werden Hohlmaße verwendet. Die Basiseinheit für Hohlmaße ist 1 Liter. Die Hohlmaßeinheit 1 Liter ist inhaltsgleich mit der Volumeneinheit 1 Kubikdezimeter. Ein Kubikdezimeter entspricht dem Rauminhalt eines Würfels mit der Kantenlänge 10 cm.

Schon der direkte Vergleich des Rauminhalts verschiedener Gefäße kann bei entsprechenden Gefäßen eine große Herausforderung darstellen. Sind die Gefäße gleich, entspricht der Volumenvergleich einem einfachen Längenvergleich, der visuell wahrnehmbar ist: bei höherem Wasserstand muss das Gefäß mehr Inhalt enthalten. Anders ist dies jedoch, wenn die Gefäße unterschiedliche Formen haben. Dann ist ein Vergleich nur durch Umschütten möglich.

Piaget (1975) führte bereits in den 70er Jahren diesbezügliche Versuche mit Kindern durch: Nachdem die Kinder den gleichen Inhalt zweier in Form und Größe identischer Gefäße, die auf gleiche Höhe gefüllt waren, bestätigt hatten, wurde der Inhalt eines Gefäßes in ein anderes gegossen, das höher und schmaler oder breiter und flacher war. Danach sollten die Kinder wiederum beurteilen, ob in beiden Gefäßen gleich viel Flüssigkeit ist. Bis etwa 7 Jahren verneinten viele Kinder die Gleichheit. Sie erkannten nicht die Invarianz der Flüssigkeiten, obwohl vor ihren Augen umgeschüttet wurde. Es wird vermutet, dass die Kinder lediglich die Zustände, nicht jedoch den Prozess beachteten und dabei nur die Höhe fokussierten. Piaget folgerte daraus, dass die Kinder dieser Altersstufe kein Verständnis für das Umkehren eines Vorgangs (Reversibilität) haben und sich deshalb nicht vorstellen können, was geschehen würde, wenn die Flüssigkeit zurückgeschüttet werden würde. Inzwischen werden Piagets Untersuchungen, aufgrund seiner Forschungsmethode, der unklaren Anforderungen und Untersuchungssituation häufig kritisiert; so wird auch vermutet, dass semantische Konfusionen zu falschen Antworten führten. Selbst wenn davon ausgegangen werden kann, dass auch jüngere Kinder durchaus in der Lage sind, mit Hilfe von Umschüttversuchen direkte Vergleiche anzustellen, vor allem dann, wenn die Aktivitäten selbst durchgeführt werden, so ist es unbestritten, dass der Volumenvergleich für Kinder weit schwieriger ist, denn der Vergleich von Längen.

Wer die Verwendung von Wasser scheut, kann ebenso mit Sand arbeiten oder, etwas weniger genau, mit kleinen Kieseln. Quaderförmige Gefäße lassen sich auch mit kleinen gestapelten Würfeln füllen, so dass beim Volumenvergleich die Mengen der jeweils benötigten Würfel durch Abzählen oder 1-zu-1-Zuordnung verglichen werden können.
Als willkürliche Einheit zum indirekten Vergleich können kleinere Becher, Tassen, Gläser, Schöpfkellen, beim Umfüllen von Flüssigkeiten auch Pipetten und Spritzen benutzt werden. Trichter und Schläuche sollten bei den Experimenten nicht fehlen. Dies schult nicht nur die Feinmotorik, sondern hat auch einen besonders hohen Aufforderungscharakter.

Selbst wenn die standardisierten Maßeinheiten auf Messbechern nicht als solche genutzt werden, können die Skalierungen durchaus zu eigenen Experimenten und Entdeckungen anregen und bieten vielerlei Gesprächsanlässe. (Wenn aus einem zylindrischen Messbecher jeweils „ein Strich“ in ein konisches Gefäß gefüllt und der Wasserstand markiert wird, sind die Striche nicht mehr in regelmäßigen Abständen... Warum ist das so? Wie müsste ein Gefäß aussehen, bei dem die Abstände zwischen den Strichen immer größer/kleiner werden? ...).

Interessant ist es sicherlich auch, die Vorgehensweise von Kinder zu beobachten, wenn sie vor das Problem gestellt werden, verschiedene Gefäße nach ihrem Volumen zu ordnen: Wird zunächst „per Augenmaß" versucht, eine Reihenfolge herzustellen, die dann paarweise überprüft wird? Sind die Paarvergleiche systematisch oder unsystematisch? Wird die Transitivität angewendet? Wird mit einem kleineren Gefäß gemessen und anschließend verglichen? Wird ein Messbecher benutzt? Wird ein einziges Gefäß benutzt, auf dem die Wasserstände beim Einschütten der einzelnen Behältnisse markiert werden? Wird die Reihenfolge überprüft?

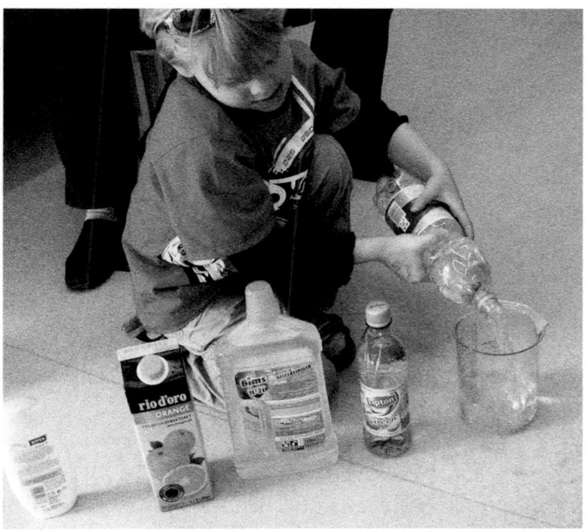

Auch die Frage, in welcher Pfütze wohl mehr Wasser ist, kann die Kinder zu vielfältigen Problemlösungen motivieren: So konnten wir beobachten, dass die Kinder mit einer Spritze mit viel Geduld die Pfützen „absaugten" und in Getränkeflaschen sammelten. Andere Kinder benutzten einen Schwamm und pressten diesen über einem Trichter aus. Ein Junge machte den Vorschlag, den Umriss zu markieren, das Wasser zu entfernen und danach das Wasser aus der anderen Pfütze „einzugießen".

3.4 Daten, Häufigkeit, Wahrscheinlichkeit

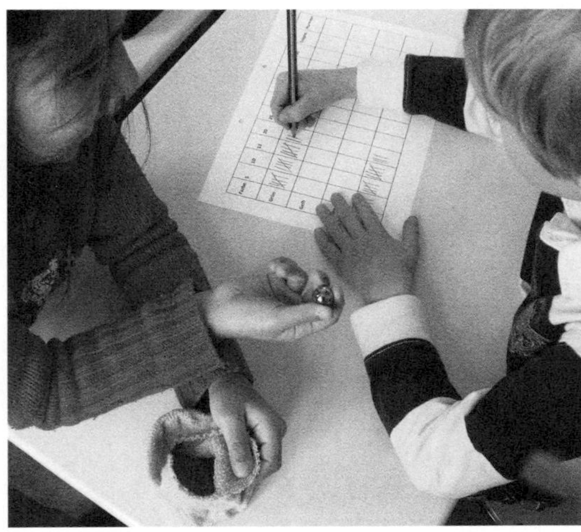

Vermutlich wird es die Leitidee „Daten, Häufigkeit, Wahrscheinlichkeit" sein, die bezüglich des Einzugs in den Kindergarten zunächst auf größte Ablehnung stößt, gilt doch die Wahrscheinlichkeitsrechnung als schwieriges mathematisches Gebiet und daher eher als Domäne der gymnasialen Oberstufe. Doch bei näherem Hinsehen wird klar, dass erste Erfahrungen durchaus auch schon im (etwas späteren) Kindergartenalter möglich sind.

Daten zu erfassen und darzustellen kann sich zunächst auf alltägliche Beobachtungen und Tätigkeiten beziehen: Wie viele Kinder wollen nachher Kakao, wie viele Tee trinken? Wie oft können Lisa, Ben, Ella, ... Seilspringen? In einfachen Tabellen oder Strichlisten können diese Daten gesammelt werden. Durch die Darstellung mit Würfeln, Papierstücken, Plättchen etc. können Vorformen von Diagrammen entstehen.

Auch das Phänomen *Zufall und Wahrscheinlichkeit* kann problemlos aufgegriffen werden: Zum einen können mit Daten, die bei einfachen Zufallsexperimenten (Auf welche Zahl fällt der Würfel?) gesammelt, strukturiert und in irgendeiner Art und Weise dargestellt wurden, *Gewinnchancen* eingeschätzt werden. Hierbei spielen *Häufigkeiten* eine wichtige Rolle, denn im Sinne der klassischen Definition der Wahrscheinlichkeit von Laplace, muss die Anzahl der günstigen Ereignisse mit der Anzahl der möglichen Fälle ins Verhältnis gesetzt werden. Zum anderen können Ereignisse aufgrund eigener Erfahrung oder aufgrund des „Weltwissens" bezüglich ihrer Wahrscheinlichkeit bewertet werden. Die gemeinsame Thematisierung von sicheren, unmöglichen und wahrscheinlichen Ereignissen trägt wiederum zur Erweiterung des Weltwissens bei.

Selbst *kombinatorische Aufgaben* (Wie viele verschiedene Dreiertürme kannst du mit drei Farben bauen?) können durch Probieren bereits gelöst werden. Wenngleich kombinatorische Aufgaben in den Bildungsstandards der Grundschule der Leitidee Zahlen und Operationen zugeordnet sind, werden sie in diesem Handbuch bei der Leitidee Daten, Häufigkeit und Wahrscheinlichkeit eingeordnet. Dies erscheint insofern stimmiger, da später die Bestimmung von Wahrscheinlichkeiten häufig mit kombinatorischen Fragestellungen verknüpft ist. Um die Anzahl aller möglichen Zufallsergebnisse zu ermitteln, bedarf es oftmals der Kombinatorik. So ist beispielsweise die Wahrscheinlichkeit, mit zwei Münzwürfen zweimal „Zahl" zu werfen, nur bestimmbar, wenn zuvor überlegt wird, wie viele mögliche Versuchsausgänge es gibt.

3.4.1 Erfassen und Darstellen von Daten

Das Erfassen und Darstellen von Daten bezieht sich selbstverständlich nicht lediglich auf die Ergebnisse von Zufallsexperimenten, sondern auch auf alltägliche Ereignisse und Zustände innerhalb und außerhalb des Kindergartens:

- Wie viele Mädchen, wie viele Jungen sind heute in unserer Gruppe?
- Wie viele Kinder haben in den jeweiligen Monaten Geburtstag?
- Wie viele Kinder haben ein Haustier?
- Wie viele Kinder haben Geschwister?

Auch für kleine Abstimmungen in der Gruppe kann die Thematik genutzt werden:

- Wie viele Kinder wollen nachher Kakao, wie viele Tee, wie viele Saft trinken?
- Wie viele Kinder wollen aus welchem Buch vorgelesen bekommen?
- Wie viele Kinder wollen basteln, wie viele nach draußen gehen?

Die Darstellung kann beispielsweise mit Strichlisten geschehen oder auch durch Stapeln von Würfeln, durch Anbringen von Magneten oder Aufkleben von Papierstücken, etc., so dass daraus ganz leicht die Vorform eines Balkendiagramms entstehen kann.

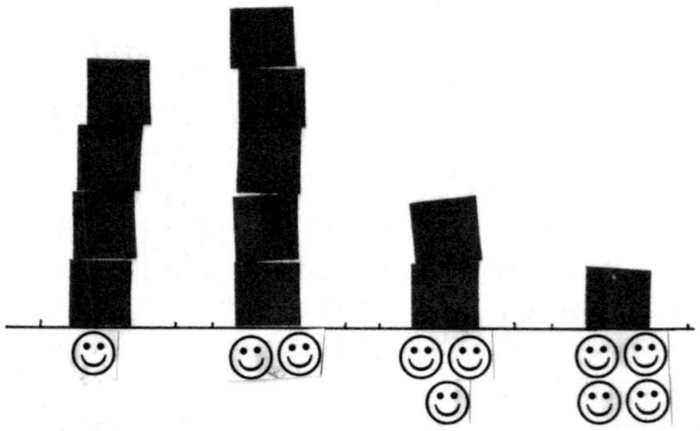

Wie viele Kinder leben in den Familien der Kindergartenkinder?

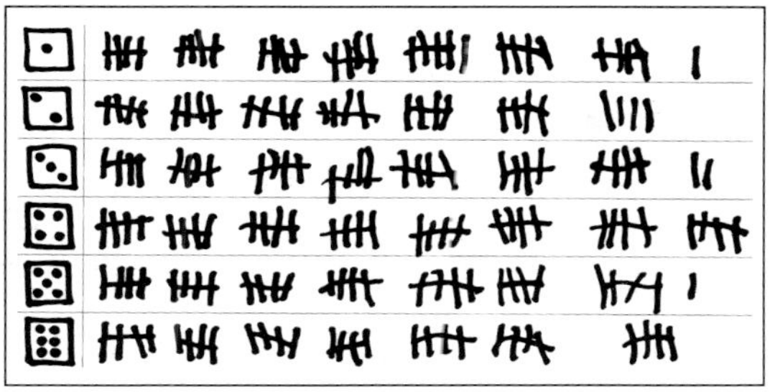

Strichliste zur Häufigkeit von Würfelergebnissen

Umgekehrt können Kinder aus Strichlisten und anderen Darstellungen auch die dahinter stehenden Informationen erkennen, wenn sie sich bereits selbst mit dem Darstellen von Daten in ähnlicher Form beschäftigt haben. Durch Austausch der eigenen Datensammlung mit der Nachbargruppe können auf einfache Art und Weise Vergleichs- und Interpretationsanlässe entstehen.

Sinnvoll ist es des Weiteren, Kinder selbst verschiedene Darstellungen beurteilen zu lassen. Bei welcher Darstellung siehst du auf einen Blick, ob es mehr Jungen oder mehr Mädchen sind?

Günstige und ungünstige Darstellungen: Wie viele Mädchen und Jungen sind heute in unserer Kindergartengruppe?

Wenngleich die Aktivitäten zum Daten sammeln, darstellen und erfassen auch ohne numerische Kenntnisse über die 1-zu-1-Zuordnung erfolgen können und sich Beschreibungen auf mehr/weniger/gleich viele beschränken lassen, so bietet es sich doch an, durch weiterführende Fragen nach der Anzahl und den Unterschieden auch den Bereich der Zahlen damit zu verbinden.

So könnte beim obigen Beispiel auch erfragt werden, ob alle Kinder mitgemacht haben, wie viele Kinder noch fehlen, wie viele Mädchen und Jungen es schon sind, wie viele Mädchen noch kommen müssen, damit es gleich viele Mädchen und Jungen sind. Manche Kinder sind sicherlich auch in der Lage, die Konstanz der Differenz zu entdecken: Wie groß ist der Unterschied zwischen Jungen und Mädchen, wenn Ben und Susa noch kommen?
Der Geburtstagskalender, in den meisten Kindergärten vorhanden, eignet sich neben der üblichen Verwendung, ebenso für die Darstellung und das Erfassen von Daten: Sind überhaupt alle Kinder unserer Gruppe eingetragen? In welchem Monat haben die meisten/wenigsten/gleich viele Kinder Geburtstag? Wie viele Kinder mehr haben im Mai Geburtstag als im September? Gibt es einen Monat, in dem kein Kind Geburtstag hat? Wie viele Kinder haben in kalten/in warmen Monaten Geburtstag? ...

Querverbindungen bestehen beim Daten darstellen selbstverständlich auch zum Sortieren und Klassifizieren (vgl. Kapitel 3.1.2).

3.4.2 Wahrscheinlichkeit einschätzen bei alltäglichen Ereignissen – sicher, unmöglich, wahrscheinlich

Täglich treffen wir Entscheidungen, die mit Wahrscheinlichkeiten zu tun haben: Nehme ich einen Schirm mit? Wähle ich eine Zugverbindung mit nur 3 Minuten Umsteigezeit? Tanke ich jetzt oder reicht es auch noch bei der nächsten Tankstelle?
Wenn es schon seit Wochen nicht mehr geregnet hat und es keine Anzeichen für einen Wetterwechsel gibt, werde ich den Schirm sicherlich zu Hause lassen. Wenn mein Zug schon häufig Verspätung hatte, werde ich mich bestimmt nicht auf den Anschlusszug verlassen, der mir nur 3 Minuten Puffer einräumt. Und wenn ich nicht weiß, wo die nächste Tankstelle ist und ich erst kürzlich mit leerem Tank stehen blieb, werde ich sicherheitshalber lieber vorher tanken.
Es sind also Erfahrung und auch Wissen, was die Entscheidungen beeinflusst, obwohl diese keine sichere Vorhersage über die künftigen Ereignisse bieten können. Auch berechnete Wahrscheinlich-

keiten geben keine Sicherheit. Nur so lässt sich erklären, dass trotz der geringen Wahrscheinlichkeit von ungefähr 1 zu 14 Millionen, Lotto gespielt wird. Trotz der geringen Wahrscheinlichkeit besteht eben immer die Möglichkeit, dass trotzdem „zufällig" genau meine gewählte Zahlenkombination fällt.

In der Mathematik wird die Wahrscheinlichkeit mit einem numerischen Wert zwischen Null und Eins angegeben. Unmögliche Ereignisse haben die Wahrscheinlichkeit Null, sichere Ereignisse die Wahrscheinlichkeit Eins. Mögliche, aber nicht sichere Ereignisse liegen zwischen den Werten Eins und Null.
Im Alltag werden in der Regel nur Ereignisse mit „wahrscheinlich" bezeichnet, die „ziemlich sicher" eintreten werden. Doch soll es im Kindergarten keinesfalls um mathematische Definitionen gehen, sondern vielmehr darum, dass die Kinder sichere und unmögliche Ereignisse im Alltag erkennen und erste Grundvorstellungen zur Wahrscheinlichkeit aufbauen. Deshalb ist die Benutzung von Alltagsbegriffen zur Beschreibung der Wahrscheinlichkeit selbstverständlich erlaubt: So könnte es zwar sein, dass ich auf dem Heimweg einen 50-Euro-Schein finde, die Möglichkeit ist jedoch sehr gering, es ist eher „unwahrscheinlich"... (mathematisch ausgedrückt wäre das Finden eines 50-Euro-Scheins wahrscheinlich). Selbst das Wort „Wahrscheinlichkeit" muss dabei nicht fallen. So kann die Wahrscheinlichkeit von Alltagsereignissen genauso gut mit „Kann das sein?" oder „Stimmt das?" erfragt werden und die Wahrscheinlichkeit bei Zufallsversuchen in Wettsituationen verpackt werden (z. B. bei einem Gewinnrad: „Was wettest du – rot oder schwarz?").

Da die Einschätzung der Auftretenswahrscheinlichkeit von Ereignissen, wie oben bereits erwähnt, von Erfahrung und Wissen abhängig ist, erstaunt es nicht, dass vielen Kindern die Beurteilung schwer fällt. So schätzten es beispielsweise 86% als „sicher" ein, dass das Licht angeht, wenn sie den Lichtschalter anknipsen, 55% hielten es für unmöglich, dass das Fahrrad der Erzieherin nachmittags einen Platten haben könnte (Ade 2009). Aufgrund fehlender eigener Erfahrung mit nicht funktionierenden Lampen und platten Reifen war vielen Kindern eine richtige Einschätzung nicht möglich.

Die Aussage, dass am nächsten Tag der Mond auf die Erde fallen würde, hielten erstaunlicherweise knapp 50% der Kinder für möglich. Hier ist es wohl eher mangelndes Weltwissen als mangelnde Erfahrung, was zu dieser Einschätzung führte. Aus diesem Grund ist es in diesem Zusammenhang besonders wichtig, dass in der Gruppe die verschiedenen Einschätzungen begründet und diskutiert werden. Auf diese Weise lernen die Kinder die Erfahrungen der anderen kennen und können auch ihr Weltwissen erweitern.

Anlässe, um über die Auftretenswahrscheinlichkeit von Ereignissen zu reden, könnten Flunkergeschichten sein oder auch „Behauptungen" der Erzieherin, die die Kinder auf ihre Wahrscheinlichkeit hin überprüfen sollen (s. u.). Auch von den Kindern selbst formulierte sichere, unmögliche oder mehr oder weniger wahrscheinliche Aussagen sind interessante Gelegenheiten.

Mögliche Aktivitäten

Flunkergeschichte

Pit, der neue Nachbarsjunge, hat mir gestern von sich und seiner Familie erzählt. Aber ich glaube, er hat ganz schön geflunkert!
Immer wenn ihr meint, dass er ganz sicher geflunkert hat, stampft kräftig auf den Boden.

Wir haben früher in Ainhofen gewohnt, aber dann wollte dort Pippi Langstrumpf mit ihrem Pferd und ihrem Äffchen einziehen. Deshalb sind wir letzte Woche hier eingezogen.
Wir, das bin ich, meine Schwester Carla, meine Eltern, unser Hund Tim und der Dinosaurier Rex. Carla ist schon in der 4. Klasse. Tim, unser Hund, ist zwei Jahre älter als ich. Er kann super rechnen und hilft meiner Schwester Carla immer bei den Hausaufgaben.
Nachmittags gehe ich immer mit Tim Gassi, dabei finden wir oft tolle Sachen: letzte Woche einen Ball und eine Frisbeescheibe, gestern haben wir sogar einen 20-Euro-Schein gefunden und heute war es ein richtiger Stern, der vom Himmel gefallen ist.
Carla ist toll! Sie liest mir abends immer eine Geschichte vor und spielt mir ein Gute-Nacht-Lied auf dem Klavier. Kürzlich hat sie den Führerschein gemacht, seither fährt sie immer mit dem Motorrad zur Grundschule. Carla ist schon ziemlich groß und ganz stark. Letzte Woche hat sie Mamas Auto in die Garage getragen, weil sie den Schlüssel verlegt hatte. Ja, meine Mama, die ist manchmal ganz schön schusselig! Gestern hatte sie Geburtstag: Sie ist zwei Jahre jünger als ich.
Sie ist Lehrerin, aber nicht für Kinder. Sie lehrt Erwachsenen fremde Sprache. Mein Papa ist oft nicht zu Hause. Vor Ostern hilft er immer dem Osterhasen, die Eier zu bemalen und vor Weihnachten ist er immer mit dem Weihnachtsmann unterwegs, um die Geschenke zu verteilen.
Im Sommer fahren wir ganz weit weg in Urlaub. Opa und Oma nehmen wir auch mit. Wir wollen nach Australien fliegen, aber nicht mit einem Flugzeug, sondern mit einer Rakete!
Jetzt muss ich reingehen, denn um 30 Uhr kommt mein Onkel uns besuchen. Er bringt seine beiden großen Elefanten mit. Die werden dann heute Nacht in meinem Zimmer schlafen.

Kann das stimmen?

Auf meinem Apfelbaum wachsen dieses Jahr keine Äpfel.

Heute morgen habe ich ein rotes Auto gesehen.

Ich habe heute Nacht die ganze Nacht nicht geschlafen.

Ich kann den ganzen Tag die Luft anhalten.

Meine kleine Tochter ist zwei Jahre älter als ich.

Auf meinem Birnbaum wachsen dieses Jahr Karotten.

Heute Abend wird es dunkel.

Wenn ich den Wasserhahn aufdrehe, fließt Wasser.

Beim nächsten Mensch-ärgere-dich-nicht-Spiel gewinne ich.

Ich habe nächstes Jahr Geburtstag.

Heute morgen habe ich eine Kette auf der Straße gefunden.

Morgen wird es regnen.

Beim nächsten Würfeln werde ich eine Acht würfeln.

Tom hat beim Loseziehen den Hauptgewinn gezogen.

Das Auto meines Vaters hatte gestern einen platten Reifen.

Früher war Lara älter als Jim. Jetzt ist Jim älter als Lara.

Auf dem Weg hierher habe ich einen fliegenden Elefanten gesehen.

3.4.3 Wahrscheinlichkeit einschätzen bei Zufallsexperimenten

Kinder in der Grundschule und im Kindergarten haben entwicklungsbedingt teilweise animistische Vorstellungen über die Ursache von Ereignissen. So denken beispielsweise manche Kinder, dass sie Würfelergebnisse durch Bitten, Ansprache, Beschwörungen beeinflussen könnten. Dass etwas „zufällig" geschieht, dass es keinen Zusammenhang gibt, ist für Kinder manchmal schwer zu akzeptieren, nicht zuletzt deshalb, weil „Zufall" unberechenbar und damit auch immer mit Unsicherheit verbunden ist.

Im Rahmen mehrerer Hausarbeiten (Ade 2009, Schmitt 2009, Pflaum 2009) wurden Kindergartenkinder und Grundschulkinder zu Wahrscheinlichkeiten bei Zufallsversuchen befragt. Die Anzahl der richtigen Ergebnisse zum Würfeln mit einem normalen Spielwürfel waren in der nicht repräsentativen Stichprobe (N Kiga =53, N Grundschule = 184) erstaunlich gering. Auf die Frage, auf welche Zahl sie beim folgenden Würfeln wetten würden, wählten 83% Kindergartenkinder im letzten Kindergartenjahr und 77% der Zweitklässler eine der Zahlen 1 bis 6. Die sich anschließende Frage, ob denn die gewählte Zahl tatsächlich eine bessere Chance hätte, verneinte keines der Kindergartenkinder und nur 6 (3,3%) der Zweitklässler, so dass davon ausgegangen werden kann, dass tatsächlich nur knapp 20% der Kindergartenkinder und etwas mehr als 25% der Zweitklässler den Würfelzahlen gleiche Chancen zurechneten.
Diejenigen Kinder, die von einer besseren Chance einer bestimmten Zahl ausgingen, wurden nach einer möglichen Begründung gefragt. Allerdings konnten 32 (72,7%) der Kindergartenkinder und 89 (65,4%) der Schulkinder keine bzw. keine verständliche Antwort geben. Von den Kindergartenkindern begründeten 10 ihre Entscheidung mit ihrer Lieblingszahl/Glückszahl (22,7% der falschen Antworten), 2 gaben den eigenen Willen an (4,5% der falschen Antworten). Bei den Schulkindern waren es 17, die mit Lieblingszahl argumentierten (12,5% der falschen Antworten) und 30, die ihre persönliche Erfahrung als Begründung angaben (22% der falschen Antworten).

Wie bei der Einschätzung der Wahrscheinlichkeit bei manchen Alltagsgegebenheiten, sollen die Kinder auch bei Zufallsexperimenten erfahren, dass es nicht möglich ist, die Ereignisse vorauszusagen, dass es jedoch durchaus möglich ist, die Auftretenswahrscheinlichkeit bestimmter Ereignisse einzuschätzen.
Spielerische Aktivitäten sind hervorragende Gelegenheiten, um Lernanlässe zu schaffen, um die Erfahrungen im Umgang mit zufälligen Ereignissen zu ermöglichen und teilweise auch Unterschiede in der Auftretenswahrscheinlichkeit von Ereignissen festzustellen. Hier ist allerdings zu beachten, dass Zufallsversuche häufig wiederholt werden müssen, um Gesetzmäßigkeiten in den Ergebnissen zu erkennen. Wird lediglich 6mal gewürfelt, so kann es durchaus vorkommen, dass bestimmte Zahlen gar nicht, andere mehrmals vorkommen. Fällt beispielsweise die Fünf dreimal, so beträgt die relative Häufigkeit für das Ereignis Fünf 3 von 6, also $\frac{1}{2}$. Je häufiger jedoch ein Zufallsversuch durchgeführt wird, desto mehr nähert sich die relative Häufigkeit der Wahrscheinlichkeit an, die beim normalen Spielwürfel $\frac{1}{6}$ beträgt.

Zufallsexperimente sind außer mit Würfeln auch ohne großen Aufwand mit Münzwürfen, beim Greifen von verdeckten, verschieden farbigen Plättchen oder Murmeln oder mit Kreiselscheiben möglich.
Bei allen Experimenten ist es sinnvoll, die Kinder vorab nach ihren Vermutungen zu fragen. Nach der Erprobungsphase sollten die Vermutungen überprüft (verworfen oder bestätigt) werden. Wichtig ist, dass die Kinder versuchen, ihre Vermutungen und die Ergebnisse der Experimente zu begründen.
Selbstverständlich lassen sich die Daten der Zufallsexperimente außer in Strichlisten auch mit Würfeln, Plättchen, Papierstücken,... (s. o.) festhalten. Arbeiten die Kinder in Gruppen und halten ihre Gruppenergebnisse mit Steckwürfeln fest, können diese zur Zusammenführung der Gesamtergebnisse problemlos zusammengesteckt werden.

Mögliche Aktivitäten

Würfeln mit dem Spielwürfel

Würfeln mit Farbwürfeln

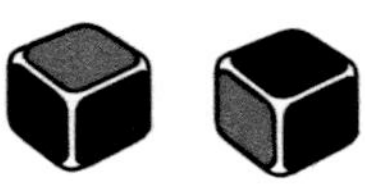

2 rote, 4 blaue Seiten

rot	
blau	

3 rote, 3 blaue Seiten

rot	
blau	

5 rote, 1 blaue Seite

rot	
blau	

Perlen ziehen

In einer Schachtel sind verschieden farbige Perlen. Die Kinder greifen blind eine Perle, notieren die Farbe und legen diese wieder zurück.

5 rote, 5 blaue Perlen

rot	
blau	

2 rote, 8 blaue Perlen

rot	
blau	

8 rote, 2 blaue Perlen

rot	
blau	

8 rote, 20 blaue Perlen

rot	
blau	

Mögliche weiterführende Fragen:
Wie oft müsstest du höchstens ziehen, damit du zweimal die gleiche Farbe gezogen hast?
Wie müssten die Perlen in der Schachtel sein, damit du ganz sicher eine rote ziehst?

Wie könnte der Würfel aussehen?

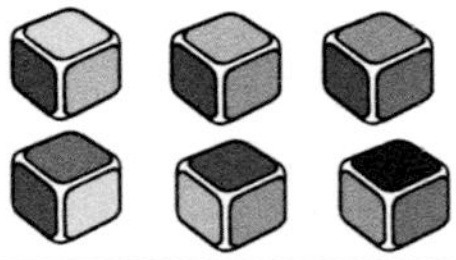

rot	𝍸 𝍸 𝍸 𝍸 𝍸 𝍸
blau	𝍸 𝍸 𝍸 𝍸 𝍸 𝍸 ||
gelb	𝍸 𝍸 𝍸 𝍸 𝍸 ||||
grün	𝍸 𝍸 𝍸 𝍸 𝍸 |||
orange	𝍸 𝍸 𝍸 𝍸 𝍸 𝍸 |
lila	𝍸 𝍸 𝍸 𝍸 𝍸 𝍸

rot	𝍸 𝍸 𝍸 𝍸 𝍸 𝍸 𝍸 𝍸 𝍸 𝍸
blau	
gelb	
grün	𝍸 𝍸 𝍸 𝍸 𝍸 𝍸 𝍸 𝍸 𝍸 𝍸
orange	
lila	

rot	
blau	
gelb	𝍸 𝍸 𝍸 𝍸 𝍸 𝍸 𝍸 ||||
grün	𝍸 𝍸 𝍸 𝍸 𝍸 𝍸 𝍸 𝍸 |
orange	𝍸 𝍸 𝍸 𝍸 𝍸 𝍸 𝍸 𝍸
lila	

rot	𝍸 𝍸 𝍸 𝍸 𝍸
blau	
gelb	𝍸 𝍸 𝍸 𝍸 𝍸 𝍸 𝍸 𝍸 𝍸 ||||
grün	𝍸 𝍸 𝍸 𝍸 𝍸 𝍸 𝍸 𝍸 𝍸 𝍸 |
orange	𝍸 𝍸 𝍸 𝍸 |||
lila	

Farben raten

In der Schachtel sind drei Perlen.
Eine blaue Perle wird aus der Schachtel geholt.

Kann denn eine gelbe Perle in der Schachtel sein?

Die blaue Perle wird zurückgelegt. Eine rote Perle wird herausgeholt.

Kann denn eine gelbe Perle in der Schachtel sein?

Die rote Perle wird zurückgelegt. Eine rote Perle wird herausgeholt.

Kann denn eine gelbe Perle in der Schachtel sein?

Die rote Perle wird zurückgelegt. Eine grüne Perle wird herausgeholt.

Kann denn eine gelbe Perle in der Schachtel sein?

Wie fallen die verschiedenen Gegenstände?

Verschiedene Gegenstände (Münzen, Stofftiere, Bauklötze, Spielzeugreifen, Gießkanne, Becher, …) werden mehrmals ihn die Luft geworfen. Zuvor werden Vermutungen angestellt, wie der Gegenstand wohl liegenbleiben wird. Nachdem dies mehrfach erprobt wurde und die Ergebnisse mithilfe einer Strichliste festgehalten wurden, sollen die Kinder versuchen, eine Regelmäßigkeit zu erkennen und zu formulieren.

Kreiselscheiben gestalten und erproben

Material: Kreisel mit gestaltbaren Kreiselscheiben

Kreiselscheiben werden von den Kindern mit zwei verschiedenen Farben bemalt und erprobt.

Weiterführende Fragen:

- Wie könnte ein Kreisel aussehen, der ganz sicher auf „rot" liegen bleibt?
- Wie könnte ein Kreisel aussehen, der ganz sicher nicht auf „rot" liegen bleibt und trotzdem rote Flächen hat?

Schwarz gewinnt!

Welche Kreiselscheibe würdest du wählen?

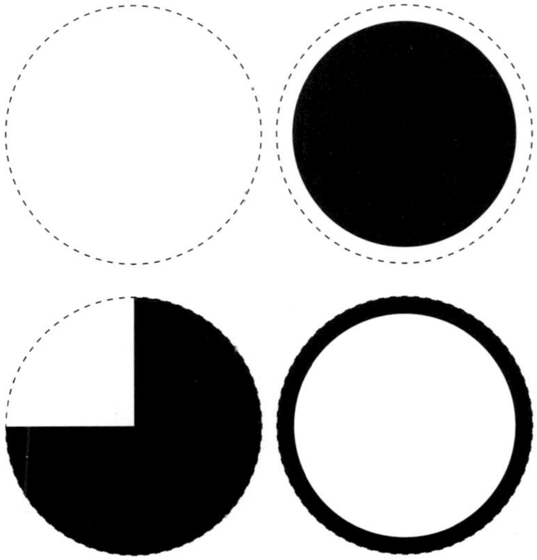

3.4.4 Kombinatorische Aufgabenstellungen

Selbstverständlich soll es bei kombinatorischen Aufgaben im Kindergarten nicht darum gehen, Formeln oder Regeln zum Berechnen verschiedener kombinatorischer Aufgabentypen zu finden oder anzuwenden, sondern um die inhaltliche Auseinandersetzung mit verschiedenen kombinatorischen Problemstellungen.

Durch Probieren sollen möglichst viele Kombinationen gefunden werden. Angestrebt wird, dass das anfangs wohl eher unstrukturierte Vorgehen der Kinder zu einem immer systematischeren und strategischeren wird, das es ermöglicht, auch bei vielen Kombinationsmöglichkeiten diese möglichst vollständig zu finden.

Bei der Aufgabe, verschiedene Zweiertürme aus Bauklötzen zu bauen, die es in drei verschiedenen Farben gibt, können die Kinder alleine oder in kleinen Gruppen zunächst verschiedene Zweiertürme bauen. Anschließend werden die Gruppenergebnisse gesammelt: Die Kinder beschreiben ihre Türme. Wird ein Turm von einer anderen Gruppe beschrieben, der bislang nicht bei den Gruppenergebnissen steht, wird dieser nachgebaut. Hat jede Gruppe alle beschriebenen Türme vor sich stehen, geht es in den Gruppen darum, diese so anzuordnen, dass man möglichst schnell sehen kann, ob tatsächlich alle Möglichkeiten gefunden sind. So können beispielsweise die Türme gruppiert werden, die die gleiche Farbe als unteren Baustein haben. Abschließend werden die verschiedenen Anordnungen von den Gruppen erklärt und zusammen diskutiert. Variationen der Aufgabe vertiefen das Verständnis: Wie ist es, wenn auch gleiche Farben in einem Turm verwendet werden dürfen? Wie viele Möglichkeiten gibt es, wenn wir Würfel in vier Farben benutzen? Wie viele Möglichkeiten gibt es, wenn wir Dreiertürme mit 2, 3, 4 Farben bauen?

Im Kindergarten wird sich das Finden verschiedener Kombinationsmöglichkeiten in der Regel auf konkrete Materialhandlungen beschränken, allenfalls – bei geeigneten Aufgaben – auch auf zeichnerische Darstellungen. Die später angestrebte systematische Auflistung, reduziert auf Zahlen oder Buchstaben, sowie die später häufig verwendete Darstellung in Baumdiagrammen, wird im Kindergarten sicherlich keine Anwendung finden, wenngleich dadurch die Systematik des Lösungsverfahrens gut veranschaulicht werden kann.

Exkurs: Verschiedene Typen kombinatorischer Aufgaben

Wenngleich es für die Kombinatorik eine Reihe von Formeln gibt, sollen diese hier nur am Rande erwähnt werden, da es keinesfalls um die Zuordnung von Situation zu Formeln gehen soll, sondern um das Verständnis der Situation und der Berechnung (viele ausführliche Beispiele und der fachliche Hintergrund sind übersichtlich dargestellt in Spiegel & Selter 2004). Stattdessen sollen die verschiedene Aufgabentypen mit einfachen Beispielen belegt werden.

Die *Produktregel* wird auch als „Fundamentalprinzip der Zählens“ oder als „Allgemeines Zählprinzip der Kombinatorik“ bezeichnet:
Beispiel: Clown Henry hat 2 Hüte, 3 Hemden und 2 Hosen. Wie viele verschiedene Kostüme kann er zusammenstellen?
Clown Henry hat 12 Möglichkeiten (2 · 3 · 2), was sich leicht an den Astspitzen überprüfen lässt.

Es gilt:
Wird ein k-stufiger Entscheidungsprozess durchlaufen, in dem es für die 1. Entscheidungsstufe n_1, für die 2. Entscheidungsstufe n_2, ... für die k. Entscheidungsstufe n_k Entscheidungsmöglichkeiten gibt, gibt es insgesamt $n_1 \cdot n_2 \cdot ... \cdot n_k$ Möglichkeiten.

Neben solchen Aufgaben, bei denen bei jeder Entscheidungsstufe aus einer anderen Grundmenge gewählt wird, gibt es auch Aufgaben, bei denen auf jeder Stufe aus der selben Grundmenge zu wählen ist.
Hierbei muss jeweils zum einen unterschieden werden, ob die Reihenfolge entscheidend oder unerheblich ist. In diesem Zusammenhang wird auch von „geordneten“ bzw. „ungeordneten“ Stichproben gesprochen.
Zum anderen muss unterschieden werden, ob die Wiederholung der Objekte zulässig ist („mit Zurücklegen“) oder nicht („ohne Zurücklegen“).
Situationen, in denen die Reihenfolge beachtet wird (geordnete Stichproben), sind leichter vorstellbar und auch mathematisch einfacher über die Produktregel zu berechnen, während bei Situationen, bei denen die Reihenfolge nicht beachtet wird, die Anwendung des Binomialkoeffizienten erforderlich ist.

Geordnete Stichproben

- Geordnete Stichproben ohne Zurücklegen (auch benannt als Variation ohne Wiederholung)

Beispiel: 5 Kinder wollen Gruppenbilder mit jeweils 3 Personen machen. Wie viele Möglichkeiten gibt es?
Da es jedes Kind nur einmal gibt, ist die Möglichkeit der Wiederholung nicht gegeben. Auf jedem weiteren Platz entfällt also jeweils eine Auswahlmöglichkeit.
1. Entscheidung:
   Für den linken Platz gibt es 5 Möglichkeiten.
2. Entscheidung:
   Für den mittleren Platz gibt es 4 Möglichkeiten.
3. Entscheidung:
   Für den rechten Platz gibt es 3 Möglichkeiten.

Insgesamt gibt es also 60 Möglichkeiten (5 · 4 · 3).

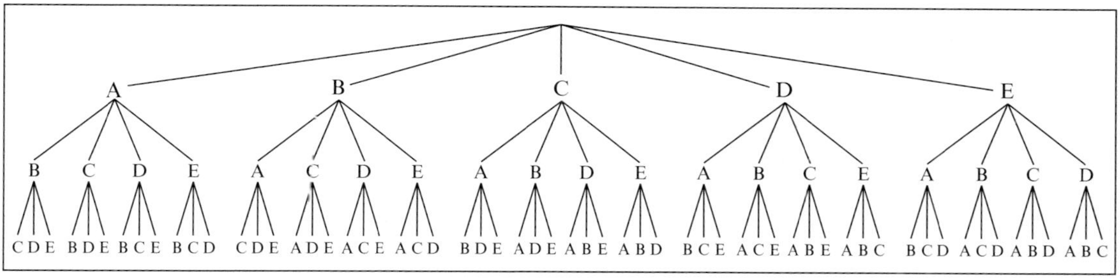

Es gilt: bei n Objekten und k Entscheidungsstufen gibt es
$n \cdot (n-1) \cdot (n-2) \cdot ... \cdot ((n-k)+1) = \frac{n!}{(n-k)!}$ Möglichkeiten

Ein Sonderfall liegt dann vor, wenn es gleich viele Stufen im Entscheidungsprozess gibt, wie Objekte vorhanden sind: 5 Kinder wollen Gruppenbilder machen. Alle 5 sollen auf den Fotos sein. Hier gibt es nach den obigen Überlegungen $5 \cdot 4 \cdot 3 \cdot 2 \cdot 1$ Möglichkeiten. Dies lässt sich einfacher schreiben als n!.

- Geordnete Stichproben mit Zurücklegen (auch benannt als Variation mit Wiederholung)

Beispiel: Es gibt Steckwürfel in drei verschiedenen Farben. Es sollen Dreiertürme gebaut werden. Wie viele verschiedene Türme sind möglich?
Der Turm rot-gelb-blau gilt als verschieden zu dem Turm blau-gelb-rot. Es können auch Steckwürfel mit der gleichen Farbe in einem Turm vorkommen.

1. Entscheidung:
   Für den unteren Steckwürfel gibt es 3 Möglichkeiten.
2. Entscheidung:
   Für den mittleren Steckwürfel gibt es 3 Möglichkeiten.
3. Entscheidung:
   Für den oberen Steckwürfel gibt es 3 Möglichkeiten.

Insgesamt gibt es also 81 Möglichkeiten ($3 \cdot 3 \cdot 3 = 3^3$).
Es gilt: Bei jeweils n Möglichkeiten und k Entscheidungsstufen gibt es n^k Möglichkeiten.
Darstellen lässt sich dies übersichtlich mit einem Baumdiagramm.

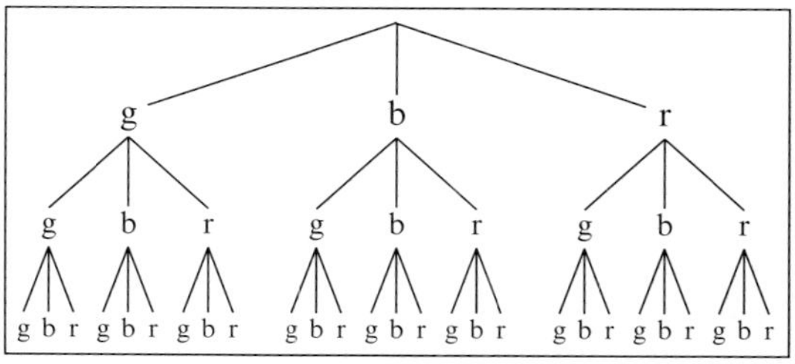

Ungeordnete Stichproben

- Ungeordnete Stichproben ohne Zurücklegen (auch benannt als Kombination ohne Wiederholung)

Beispiel: Beim Minilotto sollten aus den Zahlen 1 bis 6 3 ausgewählt werden. Wie viele Möglichkeiten gibt es?
Es ist keine Wiederholung, kein „Zurücklegen“ möglich, die Reihenfolge der Ziehung ist jedoch ohne Bedeutung.
Durch systematisches Auflisten kommen wir auf 20 Möglichkeiten.

1-2-3	1-3-4	1-4-5	1-5-6	
1-2-4	1-3-5	1-4-6		
1-2-5	1-3-6			
1-2-6				
2-3-4	2-4-5	3-2-5	3-4-5	4-5-6
2-3-5	2-4-6	3-2-6	3-4-6	
2-3-6				

Die Produktregel führt hier nicht zur Lösung, da beispielsweise die Auswahl 2-4-6, 2-6-4, 4-2-6, 4-6-2, 6-2-4, 6-4-2 als verschiedene Möglichkeiten 6-fach gezählt werden würden.
Die nach der Produktregel errechneten $6 \cdot 5 \cdot 4 = 120$ Möglichkeiten müssen also durch 6 geteilt werden.

Berechnen lässt sich die Anzahl der Möglichkeiten, k Elemente aus n Objekten auszuwählen, mit dem Binomialkoeffizienten:

$$\binom{n}{k} = \frac{n!}{(n-k)! \cdot k!}$$

Beim Minilottobeispiel kommt man also rechnerisch folgendermaßen zur Lösung:

$$\frac{6!}{(6-3)! \cdot 3!} = \frac{6!}{3! \cdot 3!} = \frac{6 \cdot 5 \cdot 4 \cdot 3 \cdot 2 \cdot 1}{3 \cdot 2 \cdot 1 \cdot 3 \cdot 2 \cdot 1} = \frac{720}{36} = 20$$

- Ungeordnete Stichproben mit Zurücklegen (auch benannt als Kombination mit Wiederholung)

Beispiel: Aus 4 Bonbonsorten (Frucht, Karamell, Pfefferminz, Anis) sollen 3 ausgewählt werden. Es dürfen mehrere Bonbons von der gleichen Sorte gewählt werden. Wie viele Möglichkeiten gibt es? Wiederholung („Zurücklegen") ist zwar erlaubt, die Reihenfolge der Wahl ist jedoch ohne Bedeutung.

Systematisch kann die Anzahl der Möglichkeiten am einfachsten mit der Überlegung ermittelt werden, wie viele Möglichkeiten es mit drei gleichen, zwei gleichen oder keinen gleichen Bonbons gibt. Durch systematisches Auflisten kommen wir hier auf 20 Möglichkeiten.

F-F-F-	F-F-K	K-K-F	P-P-F	A-A-F	F-K-P
K-K-K	F-F-P	K-K-P	P-P-K	A-A-K	F-K-A
P-P-P	F-F-A	K-K-A	P-P-A	A-A-P	P-F-A
A-A-A					P-K-A

Auch bei dieser Aufgabe führt die Produktregel nicht zum Ziel, denn dabei würde beispielsweise die Auswahl Fruchtbonbon – Karamellbonbon – Pfefferminzbonbon und die Auswahl Pfefferminzbonbon – Fruchtbonbon – Karamellbonbon als verschiedene Möglichkeiten gezählt werden.
Berechnen lässt sich die Anzahl der Möglichkeiten, k Elemente aus n Objekten auszuwählen, mit dem Binomialkoeffizienten in Kombination mit der Produktregel:

$$\binom{n+k-1}{k} = \frac{(n+k-1)!}{(n-1)! \cdot k!}$$

Beim Bonbonbeispiel kommt man also rechnerisch folgendermaßen zur Lösung:

$$\frac{6!}{3! \cdot 3!} = \frac{4 \cdot 5 \cdot 6}{1 \cdot 2 \cdot 3} = 20$$

Mögliche Aktivitäten

Würfeltürme

Material: rote, gelbe, blaue Würfel

Baut viele verschiedene Zweiertürme!
- Sammeln der Ergebnisse; evtl. Ergänzung: Die Kinder beschreiben ihre Türme. Vergessene Türme, die von anderen Kindern genannt werden, werden ergänzt.
- Ordnen der Türme: Die Kinder versuchen ihre Türme so zu stellen, dass man schnell sieht, ob tatsächlich alle Türme gefunden wurden.
- Erklären der Anordnung: Die Kinder erklären, wie sie die Türme geordnet haben.

Varianten:
- Wie ist es, wenn die Türme aus verschiedenen Farben bestehen müssen?
- Wie ist es, wenn wir Würfel in 4 Farben benutzen?
- Wie ist es, wenn wir Dreiertürme mit 2, 3, 4 Farben bauen?

Gruppenbild

Material: 3 verschiedene Kinderköpfe, mehrfach kopiert zum Aufkleben.

Wie viele Möglichkeiten gibt es für ein Gruppenbild?
- Sammeln der Ergebnisse; evtl. Ergänzung
- Ordnen der Bilder
- Erklären der Anordnung

Varianten:
- Wie ist es, wenn Sina unbedingt in der Mitte sitzen möchte?
- Wie ist es, wenn 4 Kinder ein Gruppenbild machen wollen?

Klappbuch

Material: 2 Köpfe, 2 Rümpfe, 2 Füße, die sich als Bild zusammenlegen lassen, mehrfach kopiert zum Aufkleben.

Wie viele verschiedene Bilder kannst du aufkleben?
- Sammeln der Ergebnisse; evtl. Ergänzung
- Ordnen der Bilder
- Erklären der Anordnung

Varianten:
- Wie ist es, wenn man von jedem Körperabschnitt 3 Bilder hat?
- Wie ist es, wenn ein Bild nur aus 2 Abschnitten besteht (bei jeweils 2/3/4 Auswahlmöglichkeiten)?

Die Kostüme von Clown Henry

Material: 3 Hemden, 2 Hosen, mehrfach kopiert zum Aufkleben.

In wie vielen verschiedenen Kostümen kann Clown Henry auftreten?
- Sammeln der Ergebnisse; evtl. Ergänzung
- Ordnen der Bilder
- Erklären der Anordnung

Varianten:
- Wie ist es, wenn der Clown 3 Hosen, 4 Hemden hat?
- Wie ist es, wenn der Clown 3 Hosen, 4 Hemden und 2 verschiedene Schuhpaare hat?

Eistüten

Material: rote, gelbe und braune Kreise zum Aufkleben

Du bekommst 2 Kugeln Eis. Wie viele Möglichkeiten gibt es?
- Sammeln der Ergebnisse; evtl. Ergänzung
- Ordnen der Bilder
- Erklären der Anordnung

Varianten:
- Wie ist es, wenn man (nicht) zweimal die gleiche Sorte wählen soll?
- Wie ist es, wenn die Reihenfolge, wie die Kugeln aufeinander liegen, (nicht) von Bedeutung wäre?
- Wie ist es, wenn du 3 Kugeln Eis bekommst?

Ketten fädeln

Material: 3 verschiedene Sorten Perlen, Fädelschnüre

Fädle verschiedene Ketten mit 3 Perlen.
Wie viele Möglichkeiten gibt es?

- Sammeln der Ergebnisse; evtl. Ergänzung
- Ordnen der Ketten
- Erklären der Anordnung

Varianten:

- Wie ist es, wenn man (nicht) mehrmals die gleiche Perle wählen darf?
- Wie ist es, wenn außen jeweils die gleichen Perlen sein sollen?
- Wie ist es, wenn du eine Kette mit 4 Perlen fädelst?
- Wie ist es, wenn du nur 2 verschiedene Perlensorten zur Verfügung hast?

3.5 Mengen, Zahlen, Operationen

Überall im Alltag begegnen die Kinder Zahlen mit unterschiedlichen Funktionen: Sie sehen Hausnummern und Buslinien, die Ziffern auf der Uhr, die Preisschilder und Gewichts- oder Volumenangaben auf Einkäufen, sie wissen, dass sie 5 Jahre alt sind, beim Wettlauf erster geworden sind und um 8 Uhr morgens zur Kita kommen. „Drei" kann die Zahl zwischen 2 und 4 bezeichnen, jedoch auch die Menge der Zahlen 5, 6, 7. „Drei" kann eine Uhrzeit angeben oder auch eine Startnummer sein. Hierbei wird deutlich, dass Zahlen in verschiedenen Zusammenhängen auftreten. Dabei lassen sich für das Vorschulalter im Wesentlichen folgende Zahlaspekte unterscheiden:

- Der kardinale Aspekt gibt die Anzahl der Elemente einer Menge an und bezieht sich auf die Frage „Wie viele?": „Ron kauft 5 Äpfel.".
- Der ordinale Aspekt gibt einen Rangplatz an und bezieht sich auf die Frage: „Der wie vielte ist es?":„Pit wohnt im zweiten Stockwerk." Des Weiteren bezieht sich der ordinale Aspekt auf die Folge der natürlichen Zahlen, die beim Zählen durchlaufen werden.
- Der Maßzahlaspekt beschreibt Größen und bezieht sich auf die Fragen „Wie lang?", „Wie schwer?", „Wie teuer?", etc: „Der Tisch ist 1 Meter lang.", „Leas Katze wiegt 6 Kilogramm.", „Der Ball kostet 2 Euro.", „Tom hat 2 Liter Tee gekocht.". Die Zahlen treten in Verbindungen mit Maßeinheiten auf.
- Der Operatoraspekt bezeichnet die Vielfachheit einer Handlung oder eines Vorgangs und bezieht sich auf die Frage „Wie oft?": „Ich war schon dreimal im Schwimmbad.".
- Beim Codierungsaspekt werden Zahlen lediglich zur Unterscheidung von Objekten benutzt, so wie dies bei Postleitzahlen, Telefonnummern, PIN-Codes, Straßenbahnlinien der Fall ist.

Ganz früh verwenden die Kinder beim Erzählen auch selbst Zahlen, manchmal jedoch, ohne dass ihnen dabei ihre tatsächlich Bedeutung bewusst ist. Vor allem dann, wenn es sich um Maßzahlen handelt (hier ist neben der Zahlbedeutung auch eine Größenvorstellung der Maßeinheit erforderlich), sind es meist von Erwachsenen übernommene Angaben, die wiederholt werden (Zur Oma mussten wir 3 Stunden fahren. Ich wiege 12 Kilogramm. ...). Auch Anzahlangaben werden anfangs teilweise wie Eigenschaftswörter benutzt (Wir haben drei Katzen.). Allerdings erkennen die Kinder meist schon im Alter von unter 3 Jahren, dass sich Zahlwörter auf Quantitäten beziehen und können die ersten Zahlwörter durchaus von anderen Wörtern unterscheiden. Bis sie jedoch in der Lage sind, Anzahlen von Objekten durch Abzählen zu bestimmen, müssen neben dem Erwerb der Zahlwortreihe verschiedene Prinzipien erkannt werden (s. Kap. 1.4).

Darüber, in welchem Zahlenraum sich die Kinder bei Schuleintritt bewegen können sollten, herrscht keine ganz einheitliche Meinung. In mancher Literatur wird der Zahlenraum bis 10, in anderer der Zahlenraum bis 20 vorgeschlagen. Allerdings herrscht weitgehend Einigkeit darüber, dass keine Beschränkung stattfinden sollte, wenn die Aktivitäten im höheren Zahlenraum auf natürliche Weise integriert werden. Wenn ein Kind auch größere Mengen abzählen kann und will, sollte dies nicht durch künstliche Grenzen („Wir zählen nur bis...") verhindert werden. Bezüglich der Vertiefung des Zahlverständnisses ist der Zahlenraum bis 20 sicherlich nicht zwingend für alle Kinder erforderlich. Sind die Grundlagen des Zahlverständnisses im Zahlenraum bis 10 solide gebaut, stellt die spätere Erweiterung kein Problem dar.

Zahlreiche Studien zu numerischen Vorkenntnissen (u.a. Hasemann 2003, Caluori 2004, Grüssing 2006) konnten belegen, dass die Schulanfänger „durchschnittlich" bereits über ein hohes Maß an Kompetenzen verfügten, wenngleich eine mathematische Förderung im Kindergarten bislang nicht verbindlich vorgeschrieben war. Eine übersichtliche Zusammenstellung findet sich bei Schipper (2009). Allerdings gibt Schipper (2009) zu bedenken: „Nicht die Botschaft von der (allgemein) hohen mathematischen Kompetenz von Schulanfängern ist ... das zentrale Ergebnis dieser Studien, sondern die Feststellung einer großen Leistungsheterogenität unter diesen Kindern.". Nicht nur zwischen verschiedenen Schulen, sondern auch innerhalb einzelner Klassen zeigte sich bei verschiedenen Untersuchungen zu den Vorkenntnissen von Schulanfängern eine beträchtliche Streuung.

3.5.1 Zählen und Abzählen

Unter Zählen wird gemeinhin einerseits das Aufsagen der Zahlwortreihe (auch häufig als verbales Zählen bezeichnet) verstanden, zum anderen jedoch auch das Abzählen von Gegenständen, um die Anzahl der Gegenstände einer Menge zu ermitteln. Zwar sind beide Bereiche eng miteinander verbunden und entwickeln sich weitgehend parallel, doch sollen sie an dieser Stelle differenzierter betrachtet werden.

Abzählen

Das richtige Abzählen von Gegenständen verlangt selbstverständlich die sichere Beherrschung der Zahlwortreihe. So muss den Kindern klar sein, dass die Folge der Zahlwörter immer die gleiche ist und die feste Ordnung eingehalten werden muss (Prinzip der stabilen Ordnung, s. Kap. 1.4). Darüber hinaus sind zum Abzählen noch weitere Fähigkeiten erforderlich.
Die Kinder müssen in der Lage sein, jedem zu zählenden Gegenstand genau ein Zahlwort zuzuordnen (Eins-zu-Eins-Zuordnung: Eineindeutigkeitsprinzip, s. Kap. 1.4). Des Weiteren muss den Kindern klar sein, dass die beim Abzählprozess zuletzt genannte Zahl die Anzahl der gesamten Menge und nicht lediglich den zuletzt gezählten Gegenstand bezeichnet (Kardinalprinzip, s. Kap. 1.4). Ferner ist es sinnvoll, wenn erkannt wird, dass die Reihenfolge, in der die verschiedenen Gegenstände einer Menge abgezählt werden und auch deren Anordnung für das Zählerergebnis unerheblich sind (Prinzip der Irrelevanz der Anordnung, s. Kap. 1.4), dass jede Objekt- oder Ereignismenge abgezählt werden kann und dass unabhängig vom Aussehen der einzelnen Elemente, bspw. ihrer Größe oder Ausdehnung, lediglich eine Fokussierung auf den numerischen Aspekt stattfindet (Abstraktionsprinzip, s. Kap. 1.4).

Wenn Kinder Gegenstände abzählen, sind zahlreiche diagnostische Beobachtungen möglich: Zählt das Kind, indem es die gezählten Gegenstände wegschiebt oder berührt, werden sie geschickt arrangiert und strukturiert, oder zählt das Kind nur „mit den Augen"? Ist die Zahlwortreihe richtig automatisiert? Werden Gegenstände doppelt gezählt oder werden welche ausgelassen? Wird jedem Gegenstand tatsächlich genau ein Zahlwort, und nicht – wie bei Auszählreimen – eine Silbe zugeordnet (eins-zwei-drei-vier-fünf-sechs-sie-ben)?

Zählen

Mittlerweile ist der hohe Stellenwert des Zählens für das Rechnenlernen nahezu unbestritten, doch gab es durchaus Zeiten, in denen das Zählen im Mathematikunterricht geradezu verpönt war. Inzwischen weiß man, dass die Kenntnis der Zahlwortreihe Voraussetzung ist für das erste Rechnen, das *immer* ein zählendes Rechnen ist (siehe graues Kästchen). Je sicherer die Zahlwortreihe beherrscht wird (auch rückwärts und in Schritten) desto leicht fällt das zählende Rechnen und auch die Ablösung von diesem. Häufiges Zählen ist der Strukturierung des Zahlenraums dienlich. Die Anwendung von „echten" Rechenstrategien ist nur dann möglich, wenn im Zahlenraum und in der Zahlwortreihe eine Struktur erkannt wurde (Radatz u. a. 1996).

Festigung der Zahlwortreihe

Die Kenntnis der Zahlwortreihe ist unabdingbare Voraussetzung, um Gegenstände abzuzählen. Selbstverständlich können wir 1000 Gegenstände abzählen, ohne dass wir die Abfolge der Zahlwörter auswendig gelernt haben. Wir nutzen hierfür die Struktur des Zehnersystems. Anders ist dies jedoch im kleinen Zahlenraum – erst ab der Zahl 13 wird eine Struktur bei den Zahlwörtern deutlich. Tatsächlich erkannt und genutzt werden die Strukturen jedoch meist erst im Zahlenraum über 20. Aus diesem Grund müssen die ersten Zahlwörter in ihrer Reihenfolge im Gedächtnis verankert werden. Zählreime und Lieder helfen dabei, dass die ersten Zahlwörter gedächtnismäßig eingeübt werden.

Zwar kann jeder Erwachsene das Alphabet vorwärts aufsagen, doch nur die wenigsten sind in der Lage, die Buchstabenreihe auch rückwärts zu nennen. Beim Aufsagen des Alphabets können wir auf keine Struktur zurückgreifen, und da das Rückwärtsaufsagen nicht wirklich notwendig ist, haben wir dies auch nie auswendig gelernt.
Dieses Beispiel lässt sich gut auf die Zahlwortreihe im kleinen Zahlenraum übertragen: Wer vor-

wärts zählen kann, ist nicht selbstverständlich in der Lage, die Zahlwortreihe auch rückwärts aufzusagen. Genauso verhält es sich, wenn in Schritten (z. B. 2-4-6-8 ...) gezählt werden soll. Wer kann schon flüssig das ABC in Zweierschritten aufsagen? Auch das Zählen, bei einer beliebigen Zahl beginnend (zähle ab 7 vorwärts), ist deutlich schwieriger. Deshalb müssen auch diese Fähigkeiten, genauso wie das Vorwärtszählen, speziell eingeübt werden.
Im größeren Zahlenraum ist dies, sofern die Struktur erkannt wurde, nicht mehr nötig: hier können die analogen Bildungsgesetze innerhalb der einzelnen Dekaden genutzt werden.

Zählen begeistert die meisten Kinder, doch ist das Aufsagen der Zahlwortreihe noch keine ausreichende mathematische Fähigkeit für einen guten Schulstart. Selbst wenn Kinder fehlerfrei vorwärts, rückwärts und in Schritten zählen können, bedeutet dies nicht, dass sie Zahlen und Mengen in Verbindung bringen. Deshalb ist es sinnvoll, dass die bloßen Zählaktivitäten schon früh mit dem Abzählen verknüpft werden, so dass das Zählen in sinnvolle Fragestellungen eingebettet werden kann (Wie viele Kinder sind heute da? Wie viele Stühle fehlen?...) und die Zahlwörter eine kardinale Bedeutung erlangen.

Die für das Abzählen notwendige Eins-zu-Eins-Zuordnung kann damit unterstützt werden, dass mit dem Aufsagen der Zahlwörter eine Aktivität verbunden wird. So kann beim Reihumzählen beispielsweise bei jedem Zahlwort ein Gegenstand weitergegeben werden, oder es kann beim Zählen geklatscht, gestampft, gehüpft werden. Dies unterstützt den Übergang vom 1. zum 2. Zählniveau (s. Kap. 1.4).

Das Erkennen von Zahlwörtern auch außerhalb der Zahlwortreihe kann durch Zahlgeschichten unterstützt werden: Die Erzieherin erzählt eine Geschichte, in der Zahlwörter vorkommen. Jedes Mal, wenn ein Zahlwort genannt wird, stehen die Kinder auf.
Das reine Zählen betont den ordinalen Zahlaspekt, während beim Abzählen der kardinale Zahlaspekt angesprochen ist.
Der ordinale Zahlaspekt beinhaltet auch die Zahlen, die einen Rangplatz angeben: Drei Kinder sind schon da. Leo kam als *zweiter*. Während die Kardinalzahl 3 die Menge von 3 Kindern bezeichnet und neben Kind 3 auch Kind 1 und 2 beinhaltet, ist „der zweite" lediglich ein Kind.
Auch zu den Ordinalzahlen, die die Rangfolge angeben, gibt es vielfältige Reime und Lieder.

Was bedeutet wohl zehnundzwanzig, einszig, siebenfünfzig, nullzehn, zweiundzehn oder zweizig? Warum zählen manche Kinder neunundneunzig, hundert, zweihundert, dreihundert?

Die Unregelmäßigkeiten der deutschen Zahlwortreihe stellt eine deutliche Erschwernis gegenüber den Konstruktionen in anderen Sprachen dar. Während beispielsweise die Zahlwörter im ostasiatischen Raum ganz systematisch gebildet werden (z. B. zweizehn-vier für vierundzwanzig), gibt es in der deutschen Sprache neben der unterschiedlichen Sprechweise (24: geschrieben erst 2(0) dann 4, gesprochen erst 4, dann 2(0)), zahlreiche Unregelmäßigkeiten. Zwar betreffen diese nur begrenzt den im Kindergarten üblichen Zahlenraum, doch manche Kinder machen durchaus Versuche, über diesen hinaus weiter zu zählen. Normalerweise verwenden sie dann hierfür Regeln für die Zahlwortbildung, die sie aus bereits bekannten Zahlen abgeleitet haben. Da es zahlreiche Ausnahmen gibt, kommt es dann häufig zu „ungewöhnlichen" Zahlwörtern, die gewürdigt werden sollten, da ihnen meist durchaus sinnvolle Überlegungen vorangegangen sind.

- neunundzwanzig, zehnundzwanzig, elfundzwanzig, zwölfundzwanzig (29, 30, 31, 32): nach der 10 kommt die 11, die 12
- siebenfünfzig (57): bei 507 (fünfhundertsieben) fehlt der Bestandteil „und"
- zwei(und)zehn (12): bei 15 wird erst der Einer, dann die zehn gesprochen; bei 22 werden Einer und Zehner mit „und" verbunden
- einszig (10), zweizig (20), dreizig (30), sechszig (60), siebenzig (70): bei vierzig, fünfzig, achtzig, neunzig wird lediglich -zig an die Einerzahl angehängt.

Fingerspiele + Abzählreime

1, 2, 3, 4, 5, 6, 7,
wo bist du so lang geblieben?
Bei dem Schuster tick, tick, tick,
der hat mir die Schuh geflickt.

1, 2, 3, 4, 5, 6, 7,
wer hat diesen Brief geschrieben?
8, 9, 10,
ich hab´s gesehn.

1, 2, 3, 4, 5, 6, 7,
komm, wir wollen Fußball spielen.
Du bist Torwart, ich bin Bäck,
1,2,3 und du musst weg!

1, 2, 3, 4, 5, 6, 7, 8,
Kasper hat so laut gelacht,
dass im Haus der Balken kracht.
Das Haus fällt ein,
und du musst sein.

0, 1, 2,
seid ihr dabei,
3 und 4,
jetzt zählen wir,
5, 6, 7,
steh´n geblieben,
8, 9, 10,
auf Wiedersehen.

Da droben auf dem Berge,
da ist der Teufel los,
da zanken sich fünf Zwerge
um einen dicken Kloß.
Der erste will ihn haben,
der zweite lässt ihn los,
der dritte fällt in ´n Graben,
dem vierten platzt die Hos,
der fünfte schnappt den Kloß
und isst ihn auf mit Soß.
(Pousset, 1993)

Morgens früh um 6
kommt die kleine Hex,
morgens früh um 7
schabt sie gelbe Rüben,
morgens früh um 8
wird der Kaffee gemacht,
morgens früh um 9
geht sie in die Scheun,
morgens früh um 10,
holt sie Holz und Spän,
feuert an um 11,
kocht kann bis um zwölf
Fröschebein und Krebs und Fisch
hurtig, Kinder, kommt zu Tisch

1, 2, 3, 4, 5 und 6,
auf die Nase einen Kleks,
7, 8 und 9 und 10,
gleich kannst du mich nicht verstehen.
Ich zähl bis 11 und zwölfe,
hier unter dem Gewölbe,
sitzt eine kleine Mickymaus,
und die muss schleunigst raus!

1, 2 , 3, 4, 5, 6, 7,
meine Mutter kochte Rüben,
meine Mutter kochte Speck,
und du bist weg.

Ene, mene, meck,
und Du bist weg.
Weg bist du noch lange nicht,
sag mir erst wie alt du bist:
1, 2, 3 ...
filewip, filewap
und du bist ab.

1, 2, 3, 4, 5,
der Storch hat keine Strümpf,
der Frosch, der hat kein Haus,
und du musst raus!

1, 2, 3,
das Huhn legt grad ein Ei,
4, 5, 6,
verzaubert von der Hex,
7, 8, 9,
der Bauer wird sich freun.

Ich ging einmal nach Butzlabee,
da kam ich an´nen großen See,
am Ufer stand ein Mühlenhaus,
da schauten fünf Hexen zum Fenster raus.
Die erste sprach: Komm iss mit mir.
Die zweite rief: Komm, sprich mit mir!
Die dritte bat: Komm, spiel mit mir!
Die vierte haucht: Komm, tanz mit mir!
Die fünfte nahm den Mühlenstein
und warf ihn mir ans linke Bein.
Da schrie ich laut: Ohjehmineh,
ich komm nie mehr nach Butzlabee.
(Pousset, 1993)

Meine Hand hat viele Finger,
lauter lust´ge kleine Dinger.
Daumen heißt der dicke Mann,
Zeigefinger folgt ihm dann.
Mittelfinger ist recht groß.
Dieser trägt ein Ringlein bloß.
Und der kleinste kommt zuletzt.
Zählen wir die Finger jetzt:
1,
2,
3,
4,
5 ist der Kleine hier.
Darum hat die Hand fünf Finger,
lauter lustge kleine Dinger.

5 Finger sitzen dicht an dicht,
Sie wärmen sich und frieren nicht.
Der erste sagt: Auf Wiedersehn,
der zweite sagt: Ich will jetzt gehen,
der dritte hält´s auch nicht mehr aus,
der vierte geht zur Tür hinaus.,
der fünfte ruft: He ihr, ich frier!
Da wärmen ihn die andern vier.

Abzählaktivitäten

Im Alltag ergeben sich ganz nebenbei zahlreiche Abzählanlässe: Beim Sortieren, beim Aufräumen, beim Tischdecken, beim Betrachten von Bilderbüchern und Wimmelbildern, beim Seilhüpfen und Ballspielen...

- Wie viele Schlüssel sind in der Kiste?
- Wie viele Becher stehen schon auf dem Tisch?
- Wie viele Äpfel haben wir noch?
- Wie viele Kaninchen siehst du denn auf diesem Bild?
- Wie viele Treppenstufen sind es bis in den Keller?
- Wie viele Schritte brauchst du bis zur Tür?
- Wie oft kannst du den Ball prellen, ohne dass er runter fällt?
- Wie oft kannst du Seilspringen?
- ...

Durch häufiges Abzählen gewinnen die Kinder Sicherheit bei der Zahlwortreihe und erlangen das Verständnis dafür, dass sich Zahlen auf Anzahlen von konkreten Dingen beziehen. Auch entwickeln sie immer bessere Zählstrategien, indem sie beispielsweise die zu zählenden Gegenstände wegschieben, um das Doppeltzählen oder Vergessen zu vermeiden, oder die Gegenstände geschickt anordnen. Dabei können sie selbst entdecken, dass sich die Anzahl nicht ändert, wenn die Gegenstände anders angeordnet sind, oder wenn sie bei verschiedenen Gegenständen mit dem Abzählen beginnen (Invarianz, Anordnungsbeliebigkeit).
Können die Kinder bereits in Zweierschritten zählen, sollte dies auch beim Abzählen genutzt und gesichert werden, z. B. beim Abzählen von Schuh-, Handschuh- oder Sockenpaaren oder auch dadurch, dass abzuzählende Gegenstände in Zweierbündeln gelegt sind.

Gelingt das Weiterzählen bereits, sollte dies beim Abzählen von Fingern oder Punkten auf zwei Würfeln genutzt werden. Wird das Fingerbild 7 gezeigt, ist es nicht notwendig, alle Finger abzuzählen. Schon junge Kinder wissen, dass an einer Hand fünf Finger sind, so dass sie lediglich weiterzählen müssen. Wurden die Zahlen 6 und 3 gewürfelt und ist das Würfelbild der 6 bekannt, so müssen auch hier zur Feststellung der Gesamtpunkte nicht alle abgezählt werden, sondern es kann ab sechs um drei weitergezählt werden.

Weiterzählen: (5), 6, 7

Weiterzählen: (6), 7, 8, 9

Doch nicht nur visuell Wahrnehmbares, auch Hör- und Fühlbares kann und soll abgezählt werden:

- Schläge der Kirchturmuhr,
- Töne, die auf dem Glockenspiel angeschlagen werden,
- Münzen, die nacheinander in ein Glas geworfen werden,
- Schritte, die jemand durchs Zimmer geht,
- Klatscher und Fingerschnalzer,
- Fingerstupser in der Hand oder auf dem Rücken,
- Fingerhüte, die auf die Finger gesteckt wurden,
- Fühlkarten (mehrere Gegenstände wie z. B. Knöpfe, Korkscheiben, Kürbiskerne, Büroklammern, etc. sind auf Karten aufgeklebt; die Anzahl wird blind erfühlt),
- Fühlschnüre (Anzahl von Knoten in einer Schnur werden blind erfühlt),
- Gegenstände in Fühlkisten oder Zauberbeuteln,
- …

Zusätzlich wird die Vorstellung geschult, wenn die abzuzählenden Gegenstände nicht konkret vorliegen, sondern zunächst vor das „innere Auge" geholt und vorgestellt werden müssen:

- Wie viele Bäume stehen auf dem Spielplatz, auf dem wir vorher waren?
- Wie viele Puppen hast du zu Hause?
- Wie viele Beine haben deine beiden Katzen zusammen?
- Wie viele Autos waren auf dem Bild, das wir gerade angesehen haben?
- Wie viele Perlen sind es, wenn ich noch zwei dazu lege?
- Fünf Kugeln sind in der Schüttelbox. Drei sind sichtbar. Wie viele sind auf der verdeckten Seite?

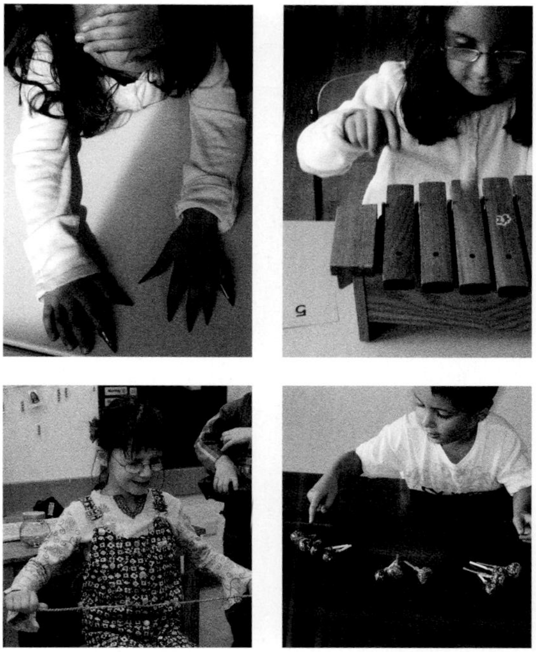

3.5.2 Anzahlen erfassen und darstellen, Zahlen lesen und schreiben

Lesen und Schreiben von Zahlen

Ein beliebtes Thema im Kindergarten ist das Lesen und Schreiben von Zahlen, nicht zuletzt deshalb, weil es hierfür zahlreiches ansprechendes Material und vielerlei Übungsvorschläge gibt. Allerdings sollte das Lesen und Schreiben von Zahlen nicht überschätzt werden, denn letztendlich betreffen diese Übungen lediglich den Schriftspracherwerb. Aufschreiben und Lesen der Zahlsymbole alleine, führt nicht zum Verständnis der Zahl. Hierfür müssen die Symbole mit Bedeutung gefüllt werden, es muss eine innere Vorstellung aufgebaut werden, was das Zahlsymbol bedeuten kann. Inwieweit falsche Schreibweisen im Kindergarten korrigiert werden sollten, darüber sind sich die Didaktiker nicht einig, wohl jedoch darüber, dass das Verschriftlichen der mathematischen Erfahrungen, auch mithilfe von Zahlsymbolen, das Verständnis unterstützt. Rasch (2010) plädiert für ein „beherztes Umgehen mit der Verschriftlichung", auch wenn die Symbole anfangs häufig nicht den späteren Anforderungen entsprechen. Da sich die Form vor der Richtung einprägt, kommt es häufig zu spiegelbildlich geschriebenen Zahlsymbolen.

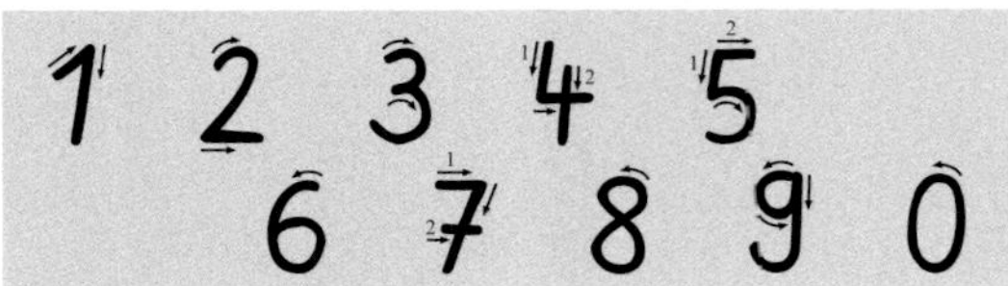

Schreibweise der Ziffern

Allerdings spricht nichts dagegen, den Kindern auch zu zeigen, wie die Zahlen „in der Schule" geschrieben werden. Dies erspart das spätere „Umlernen" und wird von den meisten Kindern gern aufgenommen.
Aktivitäten zum Lesen und Schreiben von Zahlen sollten nicht losgelöst von Aktivitäten zum Zählen und Abzählen oder Mengen erfassen und darstellen stattfinden. Aus diesem Grund beinhalten die vorgeschlagenen Aktivitäten über das Lesen und Schreiben hinaus auch meist weitere numerische Kompetenzen.

Aktivitäten zum Lesen und Schreiben von Zahlen:

- Zahlen suchen in der Umwelt:
  Kinder schreiben diese ab und beschreiben, wo sie die Zahl gesehen haben.
- Zahlen werden aus Zeitungen, Prospekten, Zeitschriften ausgeschnitten und aufgeklebt.
- Zahlen werden aus Teig ausgestochen, aus Teig oder Knete geformt, mit Pfeifenputzern gebogen oder mit Hölzchen gelegt.
- Zahlendiktat:
  Ein Kind gibt eine Zahl in den Taschenrechner ein und diktiert diese ziffernweise, ein anderes Kind stempelt oder schreibt die Zahlen; anschließend wird verglichen.
- Schwungübungen in der Luft:
  Mit verschränkten Händen wird mit ausgestreckten Armen eine Zahl in die Luft gemalt. Die anderen Kinder sollen die Zahl erkennen.
- Schreiben mit der Taschenlampe:
  In einem abgedunkelten Raum werden Zahlen mit einer Taschenlampe an die Wand geschrieben. Die anderen Kinder sollen die Zahl erkennen.
- Zahlen in die Hand, auf den Rücken schreiben:
  Eine Kind schreibt eine Zahl mit dem Finger auf den Rücken oder in die Hand eines anderen Kindes, das die Zahl erraten muss.
- Zahlen im Sand:
  Zahlen werden im Sand gespurt.
- Zahlen abgehen:
  Zahlen werden in Großformat mit Klebeband auf den Boden geklebt. Die Kinder gehen, hüpfen, krabbeln die Zahlen ab oder lassen ein Spielzeugauto fahren.
- Zahlen erkennen:
  Eine groß gedruckte Zahl wird mit Klebezetteln abgedeckt. Nach und nach werden die Zettel entfernt. Wer erkennt zuerst die „versteckte" Zahl?
- Hüpfspiele werden auf Asphalt gemalt oder mit Kreppband auf den Fußboden geklebt.
- Aktivitäten mit Fühlzahlen:
  - Zahlen in Vorlagen einpuzzeln (versprachlichen: Welche Zahl kommt vor __/nach ___? Welche Zahl liegt zwischen ___ und ___?),
  - Zahlen fühlen:
    Mit verbundenen Augen wird eine vorgegebene Zahl erfühlt.
  - Zahlen nach ihrer Reihenfolge ordnen,
  - Fehler finden in gelegter Reihe,
  - fehlende Zahlen in einer Reihe erkennen,
  - rückwärts „lesen" und legen,
  - in Zweierschritten „lesen" und legen,
  - Zahlen in eine Reihenfolge einsortieren:
    Jedes Kind erhält eine/zwei/drei Zahlen; nacheinander wird eine beliebige Zahl an ihren (vorläufig) richtigen Platz gelegt, bis die Zahlenreihe vollständig ist.
- Wege auf dem Hüpffeld:
  Auf einem aufgezeichneten Hüpffeld (3 x 3) werden Zahlkärtchen beliebig angeordnet, so dass die Wege sich immer wieder ändern können. Die Kinder gehen oder hüpfen die Felder der Zahlen 1 bis 9 vorwärts oder rückwärts ab.

- Treppenstufen zählen:
  Treppenstufen werden nummeriert. Beim Begehen der Treppe werden die Schritte laut gezählt: Beim Hochgehen vorwärts, beim Runtergehen rückwärts. Dabei kann auch schrittweises Zählen und das Zählen ab einer beliebigen Zahl mit Unterstützung der Zahlsymbole geübt werden. Auch einfaches „Rechnen“ ist hiermit schon möglich: Wo komme ich hin, wenn ich bei der 5. Stufe starte und zwei Stufen nach oben/nach unten gehe? Auch Ordnungszahlen können an der Treppe gut verwendet werden: Auf welcher Stufe stehst du? Stell dich auf die fünfte Stufe!
- Aktivitäten mit dem Zahlenteppich können analog zu den Aktivitäten mit den Treppenstufen durchgeführt werden.
- Bingo:
  Die Kinder schreiben in ein 3 x 3-Feld die Zahlen 1–6 in beliebiger Anzahl und Reihenfolge. Anschließend wird reihum gewürfelt. Die gewürfelte Zahl wird durchgestrichen. Wer zuerst die Zahlen in einer Zeile, Spalte oder Diagonalen abgestrichen hat, ist Sieger.
  Variante 1: Es wird mit zwei Würfeln gespielt. Im Feld werden Zahlen von 2 bis 12 notiert.
  Variante 2: Es wird mit einem Zahlsymbolwürfel gespielt. Im Bingofeld müssen dann die auf dem Würfel vorkommenden Zahlen eingetragen werden (0–10 oder 1–12).
- Punkte sammeln:
  Es wird reihum mit einem Zahlsymbolwürfel gewürfelt. Die Kinder dürfen sich so viele Plättchen nehmen, wie sie erwürfelt haben. Sind keine Plättchen mehr zu vergeben, ist das Spiel zu Ende. Wer am meisten Plättchen hat, ist Sieger. Selbst bei einer hohen Plättchenanzahl können die Kinder über die Eins-zu-Eins-Zuordnung selbst feststellen, wer die meisten Plättchen erwürfelt hat.
- Zahlenbilder:
  Nummerierte Punkte werden in der richtigen Reihenfolge verbunden, so dass ein Bild entsteht.
- Zahlenleine:
  Zahlkärtchen werden an einer Zahlenleine angeordnet. Es können „Fehler“ eingebaut werden (Zahlen fehlen, Zahlen werden vertauscht), die von den anderen Kindern erkannt werden sollen.
- Zahlenreihe herstellen:
  Die Kinder erhalten groß geschriebene Umhängezahlen und sollen sich möglichst schnell so aufstellen, dass die Zahlenreihe stimmt. Anschließend werden die Zahlen vermischt und neu verteilt.
- Zahlensalat:
  Die Kinder sitzen in einem Stuhlkreis. Ein Kind steht in der Mitte. An die sitzenden Kinder werden Umhängezahlen verteilt. Das Kind in der Mitte nennt nun zwei Zahlen. Die Kinder mit diesen Zahlen müssen den Platz wechseln. Währenddessen versucht das Kind in der Mitte einen freien Stuhl zu besetzen. Dasjenige, das keinen Stuhl mehr hat, gibt seine Zahl ab und macht mit den Ansagen weiter. Bei „Zahlensalat“ wechseln alle Kinder den Platz.
- Gesellschaftsspiele:
  Elferraus, Rommé, Uno und verschiedene andere Gesellschaftsspiele fordern und fördern das Lesen von Zahlen und das Einprägen der Zahlwortreihe.

Simultanes und quasi-simultanes Erfassen von Anzahlen

Wie oben bereits erwähnt, kann von der Kenntnis der Zahlwortreihe und der Ziffernschreibweise nicht darauf geschlossen werden, dass die Kinder ein Verständnis des Zahlbegriffs erlangt haben. Erst wenn sie ein inneres Bild zu den Zahlwörtern aufgebaut haben, sind sie nicht mehr auf auswendig gelerntes Wissen angewiesen. Durch Vorstellungsbilder werden Beziehungen zwischen den Zahlen, wie beispielsweise Vorgänger und Nachfolger aber auch Halb- und Doppeltbeziehungen, deutlich. Strukturierte Mengenbilder können dabei helfen, die Entwicklung der Vorstellung zu unterstützen.
Nach Lorenz (2003) können Störungen beim Rechnenlernen dadurch bedingt sein, dass die Kinder keine Vorstellungsbilder für Zahlen und Zahlbeziehungen entwickelt haben oder nicht in der Lage sind, mit diesen Vorstellungsbildern mental zu operieren

Unter Anzahlenerfassung versteht man das simultane und quasi-simultane Erfassen von Mengen. Simultanes Erfassen bedeutet, eine kleine Anzahl „auf einen Blick“ zu erkennen, ohne dass dabei gezählt oder gerechnet wird. Auch Erwachsenen gelingt dies lediglich bei Anzahlen bis fünf Objekten. Sind mehr Objekte vorhanden, dann bedienen sie sich der Strukturierung und Zerlegung. Dies wird als „quasi-simultane“ Erfassung bezeichnet. Betrachten Erwachsene die Punktabbildung auf der folgenden Seite, so sind die meisten überzeugt davon, die 6 Punkte „auf einen Blick“ zu erkennen. Doch vermutlich wird die Menge in 3 und 3 zerlegt und durch blitzschnelles, meist unbewusstes Rechnen kann tatsächlich sofort die 6 genannt werden.

Selbst die dargestellten 67 Punkte werden meist ohne Zählen erkannt, sofern die Zehnerstruktur unseres Zahlensystems und die Art der Darstellung bekannt ist. Kindergartenkinder können auf solche Strukturierungen nicht zurückgreifen: Da sie in der Regel 3 + 3 = 6 noch nicht automatisiert haben und auch das dekadische System ihnen nicht vertraut ist, wären sie in beiden Fällen darauf angewiesen, die Anzahl der Mengen durch Abzählen zu bestimmen.

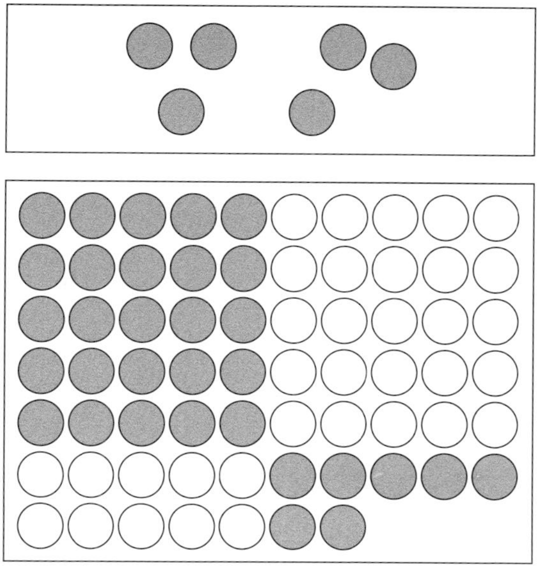

Wie viele Punkte?

Im kleinen Zahlbereich – in der Regel bis 3 oder 4 – können selbst junge Kinder Mengen überschauen und auf einen Blick erkennen, um wie viele Objekte es sich handelt.

Ältere Kinder sind auch durchaus in der Lage, die mit den Fingern gezeigte Zahl 7 auf einen Blick zu erkennen, auch wenn sie noch nicht in der Lage sind 5 + 2 zu rechnen: Durch zahlreiche Übungen speichern sie das Muster der „Finger-Sieben“. Unterstützt werden kann dies durch die Anregung, nicht alle Finger zu zählen, sondern erst bei der zweiten Hand ab 6 weiterzuzählen, darauf vertrauend, dass eine „volle Hand“ immer 5 Finger hat.

Dabei wird die Nutzung der „Kraft der Fünf“ als Unterstruktur der Zehnerstrukturierung (Krauthausen & Scherer 2001) angebahnt, die auch den meisten Arbeitsmitteln im Mathematikunterricht der Grundschule zugrunde liegt und bei verschiedenen Rechenstrategien genutzt wird. Werden von Anfang an beim Zählen und der Anzahlbestimmung Strukturen genutzt, so erweist sich dies beim späteren Rechnen lernen als sehr hilfreich. Werden Mengenbilder eingesetzt, um die Anzahlerfassung zu üben, so sollten diese ebenfalls eine Fünferstrukturierung aufweisen. Auch sollten die Darstellungen auseinander hervorgehen: Die folgende Anzahl sollte durch Hinzukommen eines Objektes dargestellt werden. Während die obere Darstellung die Kraft der Fünf betont, stehen in der unteren Darstellung die Doppelt- und Halbbeziehungen im Vordergrund.

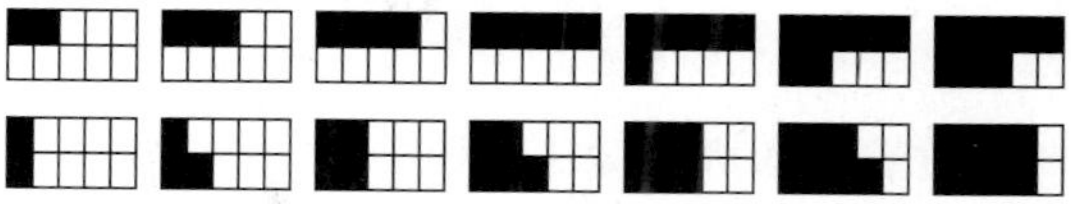

Bei den Würfelbildern gehen die Darstellungen nicht auseinander hervor: Hier kommt beispielsweise von 3 auf 4 nicht einfach ein Punkt dazu, sondern ein Punkt verschwindet und zwei andere kommen hinzu. Dennoch können Würfelbilder von den meisten Kindergartenkindern auf einen Blick erfasst werden.

Wird mit sehr vielen Würfeln gleichzeitig gewürfelt, können die Würfel zunächst nach ihrer Augenzahl sortiert werden. Dabei prägen sich die Würfelbilder ganz nebenbei ein. Darüber hinaus kann dabei festgestellt werden, welche Zahl wie oft fiel, ob die Verteilung eher normal oder eher ungewöhnlich ist. Anfangs werden die Würfelbilder häufig gar nicht mit der Punktanzahl in Verbindung gebracht, sondern als Muster, als Ganzheit aufgefasst. Später, wenn die Kinder Punktanzahl und Zahlwort in Verbindung bringen und in der Lage sind von beliebigen Zahlen an weiter zu zählen, sollten sie beim Würfeln mit zwei Würfeln stets hierzu aufgefordert werden, anstatt alle Punkte zu zählen. Auch beim Dominospiel wird das Erfassen von Mengenbildern trainiert. Das klassische Dominospiel benutzt die Würfelbilder, es sind jedoch auch andere Variationen erhältlich.

Mengen herstellen

Mengen können auf verschiedene Art und Weise dargestellt werden: Mit Gegenständen, mit Bewegungen, mit Tönen. Zahlreiche Abzählerfahrungen sind notwendig, damit Kinder sicher Mengen konstruieren können.

Mögliche Aktivitäten

Wer ist zuerst am Ziel?

Ein Zahlenteppich wird ausgelegt oder ein Zahlenstrahl (1–12) wird aufgemalt. Zwei Kinder würfeln abwechselnd. Die gewürfelte Zahl zeigt an, wie viele Schritte gegangen werden dürfen. Wenn das Ziel nicht genau erreicht werden kann, muss die gewürfelte Zahl zurück gegangen werden.

Rollenspiele

Im Kaufladen: Zu Beginn der Einkaufsspiele können die Preise so gestaltet werden, dass jedes „Stück" 1 Cent kostet und als Zahlungsmittel lediglich 1-Centstücke zur Verfügung stehen. Auf diese Weise kann eine direkte 1-zu-1-Zuordnung stattfinden. Als nächste Schwierigkeitsstufe können Preislisten gestaltet werden, bei denen mehrere Cent für „ein Stück" bezahlt werden müssen. Für fortgeschrittene Einkäufer und solche, die bereits gut mit Zahlen und Anzahlen umgehen können, sind auch anspruchsvollere Aufgaben möglich, bei denen mehrere „Stücke" für einen bestimmten Centbetrag zu haben sind.
Neben dem freien Einkaufen, können die Kinder auch mit vorbereitetem „Einkaufszettel" einkaufen oder eine bestimmte Geldmenge als Vorgabe bekommen. Die Dokumentation der Einkäufe – auch die verschiedenen Möglichkeiten, die mit einem bestimmten Betrag zu erhalten sind – unterstützt die Reflektion der konkret ausgeführten Aktivitäten.
Neben den typischen Kaufladenspielen bieten sich auch andere Situationen für Rollenspiele an. So kann ein Restaurantbesuch simuliert werden; dabei kann nebenbei das Tischdecken eingeübt werden... Bei Postamtsituationen bietet es sich an, Päckchen zu verpacken und vielleicht zu wiegen, Papier zu falten, etc.

Zählgeschichten

Eine Geschichte wird erzählt, bei der Aktivitäten in mehrfacher Weise vorkommen; die Kinder stellen die genannten Handlungen und Situationen nach, stellen die Anzahl mit Klatschen oder Stampfen dar oder zeigen die Anzahl mit den Fingern.

Der Wecker klingelt vier mal (piep-piep-piep-piep). Hannah springt auf und rennt die 6 Stufen ins Badezimmer hinab (6 Schritte). Schnell putzt sie die Zähne und fährt sich mit dem Kamm dreimal durch die Haare (3 malige Kämmbewegung). In der Küche schaufelt sie 7 Löffel Müsli in ihre Schüssel (...) und gießt eine Tasse Milch darüber (1-malige Schüttbewegung). Nachdem sie gefrühstückt hat, packt sie ihre 3 Bücher in ihren Ranzen (...) und geht los...

Begrüßungszahl

Jeden Morgen wird am Eingang eine andere Zahl aufgehängt. Zur Begrüßung müssen die Kinder der Erzieherin die Zahl in die Hand klopfen.

Kaiser, wie viel Schritte darf ich gehen?

Der Kaiser steht in 20 bis 30 m Entfernung mit dem Rücken zu den anderen Kindern, die nebeneinander an einer Startlinie stehen.
Die Kinder rufen: „Kaiser, Kaiser, welche Farbe wählst du?“. Nach dessen Antwort rufen sie: „Kaiser, Kaiser, wie viele Schritte darf ich gehen?“
Der Kaiser antwortet mit einer Zahl und der Art der Schritte: Hühnerschritte, Gehschritte, Hüpfer auf zwei oder auf einem Bein. Antwortet der Kaiser „Blau“ und „3 Schritte nach vorne“, so dürfen alle Kinder, die etwas Blaues in ihrer Kleidung haben, 3 Schritte nach vorne gehen.
Wer zuerst beim Kaiser ankommt, hat gewonnen.

Zahlen darstellen

Ein Zahlwort wird genannt oder ein Zahlsymbol gezeigt, die Anzahl wird
- gelegt,
- gestempelt,
- gezeichnet,
- gehüpft,
- geklatscht,
- auf dem Glockenspiel gespielt,
- ...

In den Brunnen gefallen

Ein Kind steht im Kreis und ruft: „Ich bin in den Brunnen gefallen!“ Die Kinder im Kreis antworten: „Was können wir tun?“ Das Kind denkt sich eine Tätigkeit aus, die mehrfach ausgeführt werden soll, z. B. „Achtmal hüpfen!“ Das Kind wählt einen Retter, der danach in der Kreismitte stehen soll.

Aktivitäten im Bewegungsraum

An jeder Station stehen Zahlen, die vorgeben, wie oft die Aufgabe (Seilspringen, Balancieren über die Bank, Ball prellen, Sprossenwand erklettern, ...) erfüllt werden muss.

Gruppen bilden

Die Kinder laufen durch den Raum. Wenn die Musik stoppt zeigt die Erzieherin ein Zahlsymbol oder nennt eine Zahl. Wird die Zahl 3 gezeigt, bilden die Kinder Dreiergruppen.

3.5.3 Zahlen vergleichen und zueinander in Beziehung setzen

Erste Vorstellungen über die Gleichheit von Anzahlen erhalten die Kinder durch Eins-zu-Eins-Zuordnungen. Dies ist auch dann möglich, wenn die Kinder noch nicht in der Lage sind zu zählen oder der erforderliche Zahlenraum noch nicht bekannt ist. Bei der Eins-zu-Eins-Zuordnung wird jedem Gegenstand einer Menge genau ein Gegenstand der anderen Menge zugeordnet.
Solche Eins-zu-Eins-Zuordnungen ergeben sich im Alltag häufig: Beim Tischdecken für die fünfköpfige Familie müssen die Teller nicht gezählt werden. Es wird ein Teller für Mama, einer für Papa, einer für Fred, einer für Kira und einer für sich selbst aufgedeckt.
Eins-zu-Eins-Zuordnungen sind erforderlich, wenn für jedes Kind ein Stuhl in den Stuhlkreis gestellt werden soll, ein Ball geholt, ein Gummibärchen aus der Packung genommen werden soll oder für jede Puppe ein Bettchen ins Puppenhaus gestellt wird.
Die Eins-zu-Eins-Zuordnung muss auch beim Abzählen von Mengen beachtet werden, da jedem Objekt genau ein Zahlwort zugeordnet werden muss. Häufige, konkret durchgeführte Zuordnungen können das Verständnis hierfür stärken.

Auch Mächtigkeitsvergleiche sind ohne Zählkompetenz durch paarweise Zuordnung möglich. Wer hat beim Spiel mehr Spielchips erhalten? Werden die Plättchen zweier Spieler in Doppelreihen gelegt, so ist leicht ersichtlich, wer Sieger ist. Aus der Frage nach mehr oder weniger ergibt sich, sobald die Zählkompetenz vorhanden ist, auch die Frage nach der Differenz („Wie viel mehr?").
Vergleichen ist ein wichtiger mathematischer Prozess, der auch das Verständnis und die Verwendung spezieller Begriffe erfordert, die zwar im Alltag benutzt werden, aber für die Kinder meist schwieriger sind, als solche, die konkrete Gegenstände bezeichnen: Wie viele Jungen sind es heute *mehr* als Mädchen? Wie viele Mädchen sind es *weniger* als Jungen? Haben wir *gleich viele* Bälle wie Springseile? Haben wir *genug* Stühle für jedes Kind? Brauchen wir noch einen Stuhl *mehr*?
Nach Lorenz (2009) durchlaufen die sprachlichen Begriffe im Kindesalter eine Entwicklung und verändern ihre Bedeutung. So wird beispielsweise von Dreijährigen die Frage nach „mehr" als Frage nach der Anzahl aufgefasst, während Fünfjährige gelernt haben, dass „mehr" auch eine größere räumliche Ausdehnung bedeuten kann. Siebenjährige beziehen sich wieder auf den Anzahlvergleich. So erklären sich auch die Ergebnisse der Piagetschen Nachfolgeuntersuchungen, bei der Dreijährige richtig, Fünfjährige falsch, Siebenjährige richtig geantwortet haben.

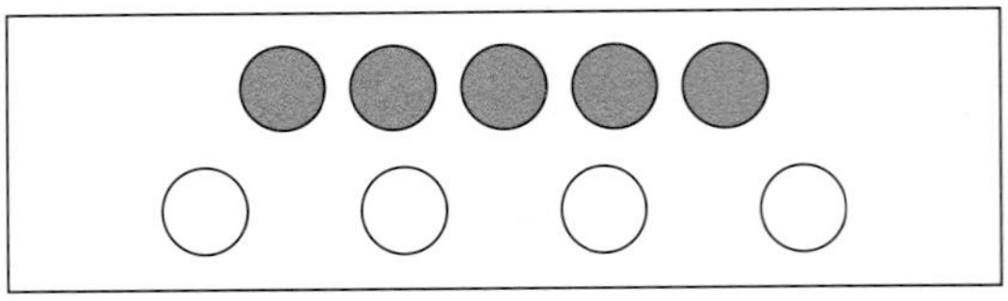

In welcher Reihe liegen mehr Perlen?

Während sich die Mächtigkeitsvergleiche (mehr/weniger) auf den kardinalen Aspekt der Zahlen beziehen, bezieht sich die größer/kleiner-Frage bei Zahlen auf deren ordinalen Aspekt bzw. den Längenaspekt. Wenn sich Erwachsene beispielsweise die Zahlen an einem Zahlenstrahl vorstellen oder Bauklötze gestapelt werden, so erscheint mehr/weniger bzw. größer/kleiner synonym. Liegen jedoch 9 kleine Bärchen und 7 große Puppen auf dem Tisch, und wird die Frage gestellt, ob 9 größer ist als 7, so kann dies durchaus zu Verwirrung führen.
Die richtige Entscheidung darüber, ob die Zahl 9 *größer* ist als die Zahl 7 können die Kinder nur dann fällen, wenn sie entweder die Frage damit in Verbindung bringen, welche Zahl in der Zahl-

wortreihe später kommt oder wenn sie mit den Zahlsymbolen Mengen verbinden, deren Mächtigkeit sie vergleichen und „mehr“ mit „größer“ gleichsetzen.

Verdoppeln und Halbieren ist ebenfalls eine wichtige Zahlbeziehung, auf die später verschiedene Rechenstrategien aufbauen. Den meisten Kindern fällt das Halbieren leichter, da damit die Handlung des „gerechten“ Teilens zwischen zwei Kindern verbunden werden kann, zu dem die Kinder nicht selten aufgefordert werden. Dabei stellen sie auch fest, dass es Anzahlen gibt, die sich nicht „gerecht“ teilen lassen.

3.5.4 Zahlzerlegungen und Zahlverknüpfungen

Teil-Ganzes-Verständnis und Zahlzerlegung

Werden jüngere Kinder nach der Anzahl von (drei) Kindern gefragt, so wird häufig mit „eins, zwei, drei“ geantwortet, obwohl die Kinder durchaus in der Lage sind, die drei Kinder mit einem Blick zu erfassen. Das lässt darauf schließen, dass diese Kinder das Prinzip der Inklusion noch nicht verstanden haben; drei ist für sie lediglich das dritte Kind. Die Zahl wird ordinal interpretiert, als Zahl in der Folge. Unklar ist noch, dass in der Aussage „drei Kinder“ auch das erste und das zweite enthalten sind.

Zur 1 gehört die 9, die kann sich aber freu'n!
Zur 2 gehört die 8, wer hätte das gedacht!
Zur 3 gehört die 7, wo ist sie bloß geblieben?
Zur 4 gehört die 6, sie ist grad' bei der Hex'.
Zur 5 gehört die 5, sie kommt nicht in die Strümpf'.
Zur 6 gehört die 4, glaub's nur, ich sag es dir.
Zur 7 gehört eine 3, das ist ja Hexerei!
Zur 8 gehört die 2, gleich ist das Lied vorbei.
Zur 9 gehört die 1.
(Der Rest der Melodie wird gepfiffen).

Reim oder Lied zur Zehnerzerlegung (Wunderlich 1997)

Es ist also notwendig, das Verständnis dafür zu wecken, dass die Menge bzw. die Anzahl 3, die Menge 1 oder die Menge 2 enthält und nicht lediglich den Gegenstand bezeichnet, der als letztes gezählt wird.

Deutlich wird dies, wenn Mengen zerlegt werden. Dabei wird auch erkennbar, dass es verschiedene Zerlegungen gibt. Ziel ist hierbei nicht, dass die Zerlegungen automatisiert werden, sondern dass die Idee der Zerlegung erkannt wird. Trotzdem werden sich manche Zerlegungen bestimmt einprägen, was sicherlich nicht von Nachteil ist. Auch zur Zerlegung gibt es Reime und Lieder.

Mögliche Aktivitäten

Konkretes Zerlegen von Mengen

- Wie können sich 5 Kinder auf zwei Reifen verteilen? Gibt es mehrere Möglichkeiten?
- 6 Bonbons sind da. Zwei (oder drei, oder vier) Kinder sollen welche bekommen. Wie können die Bonbons verteilt werden?
- Die 7 Zwerge haben zusammen zwei Schlafzimmer. Wie könnten die Betten stehen?
- 8 Bilderbücher sollen auf zwei Regalbretter gestellt werden. Wie viel Bücher könnten auf den Brettern stehen.
- 9 Blumen sollen in zwei Vasen verteilt werden.
- ...

Dabei wird auch das Verständnis der Konstanz der Summe angebahnt: Wenn ich bei einer Menge eine bestimmte Anzahl wegnehme und diese der anderen Menge zufüge, bleibt die Gesamtzahl trotzdem gleich.
Die zeichnerische Dokumentation der verschiedenen Möglichkeiten vertieft das Verständnis der Zahlzerlegung.

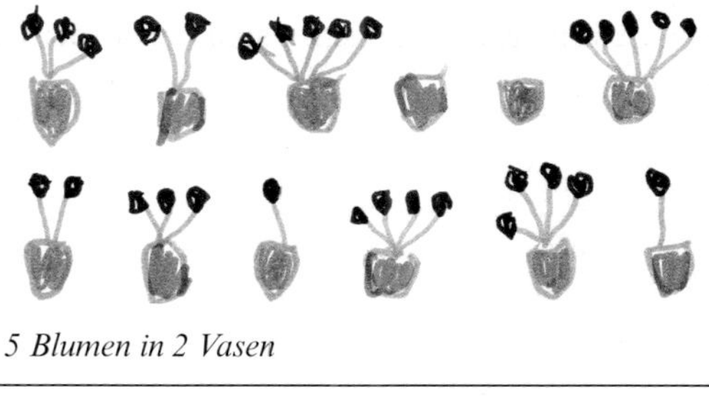

5 Blumen in 2 Vasen

Zielzahlen würfeln

Eine Zielzahl zwischen 2 und 12 wird gewählt. Reihum wird gewürfelt. Wer mit zwei Würfeln die Zielzahl erreicht, erhält einen Spielchip.

Fingerbilder

Wenn Zahlen mit den Fingern gezeigt werden, ist dies auf verschiedene Art und Weise möglich.

Durch die verschiedenen Darstellungen werden verschiedene Zerlegungen deutlich, die auch verbalisiert werden sollten (6 Finger sind 5 Finger und einer, 4 Finger und 2 Finger oder 3 Finger und 3 Finger).

Verschiedene Sprünge auf dem Zahlenteppich oder auf dem Spielfeld

Beim Hüpfen auf dem Zahlenfeld wird erprobt und darüber gesprochen, welche Möglichkeiten es gibt, vier Felder nach vorne zu kommen: Durch einen riesigen Viererschritt, zwei Zweierschritte, vier Einerschritte, einen Einer- und einen Dreierschritt, 2 Einer- und einen Zweierschritt, ...
Auch bei Würfelspielen lässt sich die Zerlegung thematisieren: Sechs Felder bis ins Ziel! Was könntest du denn würfeln?
5/1, 4/2, 3/1/1/1, 2/1/3, ...

Schüttelbox & Co

Zunächst kann mit der Schüttelbox selbstverständlich „offen“ hantiert werden. Spannender ist es jedoch, wenn die „versteckte“ Anzahl erraten werden muss: Die Gesamtzahl der Kugeln wird gezeigt. Nach dem Schütteln sind einige Kugeln auf der offenen Seite sichtbar. Wie viele Kugeln sind auf der anderen Seite?
Auch mit einem Zauberbeutel sind solche Aktivitäten durchführbar: In den Beutel werden 6 Murmeln gesteckt, 2 werden rausgeholt. Wie viele sind wohl noch drin?
Kleine Gegenstände können auch in den Händen versteckt werden. Die Gesamtmenge wird gezeigt, anschließend wird diese in beiden Händen aufgeteilt. Eine Hand wird geöffnet. Wie viele Gegenstände sind in der anderen Hand?

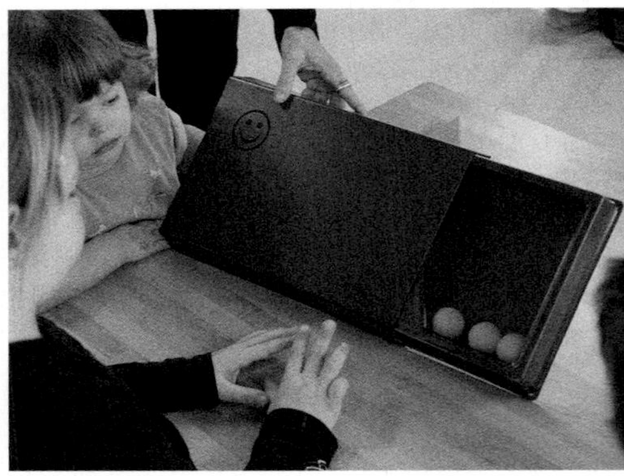

Kegeln

Eine bestimmte Anzahl von Kegeln wird aufgestellt. Reihum wird gekegelt. Mit Strichen oder Zahlen wird jeweils notiert, wie viele Kegel umgefallen sind und wie viele stehen blieben.

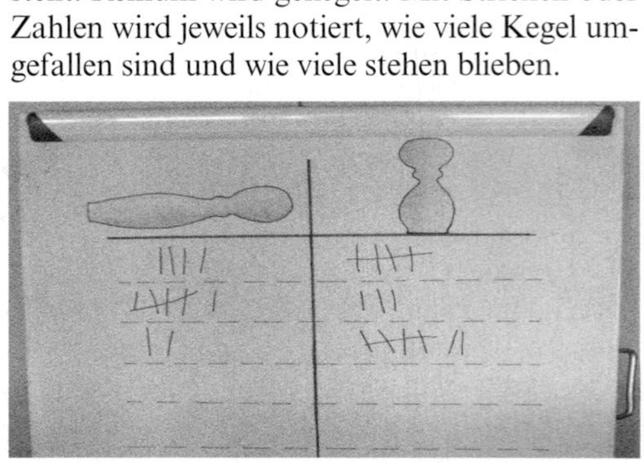

Halli-Galli

Reihum deckt jeder Spieler ein Karte auf. Sobald auf allen offenen Karten zusammen genau fünf Früchte einer Sorte liegen, gewinnt der Spieler, der zuerst klingelt, alle offen liegenden Karten. Selbstverständlich kann die Spielregel auch verändert werden, so dass nicht immer die Fünf, sondern jede beliebige Zahl gewählt wird.

Zahlverknüpfungen

Das Rechnen mit Zahlsymbolen und Rechenzeichen gehört sicherlich nicht zu den Themen, die im Kindergarten angesprochen werden sollen. Die Grundideen der Rechenarten lassen sich jedoch im Kontext und im Umgang mit konkreten Mengen problemlos erkennen.
Sich im Alltag ergebende Situationen sollten deshalb auf jeden Fall aufgegriffen werden.
Die Addition als das Zusammenfügen von Teilmengen und die Subtraktion als Wegnehmen eines Teils von einer Gesamtmenge ist möglich, sobald die Kinder zählen können. Je nachdem, wie weit ihr Zahlverständnis und ihre Zählkompetenz fortgeschritten sind, werden sie verschiedene Zählstrategien nutzen. In der Regel werden Kindergartenkinder die Strategie des „Alles-Zählens" verwenden.

Beispiel Addition:
Ben hat 2 Murmeln, Kira schenkt ihm noch 5 Murmeln.

- Alles Zählen: Zunächst werden zwei Murmeln (oder Finger) abgezählt (1,2), dann werden 5 Murmeln abgezählt (1,2,3,4,5). Anschließend werden alle Murmeln noch einmal abgezählt (1,2,3,4,5,6,**7**).
- Weiterzählen: Beginnend beim Nachfolger des ersten Summanden wird um 5 weitergezählt (3,4,5,6,**7**). Haben die Kinder die Kommutativität der Addition erkannt, können sie den Zählprozess verkürzen, indem sie vom größeren Summanden an weiterzählen (6,**7**).
  Wird versucht „im Kopf" zu zählen, so erfordert das Weiterzählen einen doppelten Zählprozess, der nicht ganz einfach ist: Die Zahlwortreihe muss, beginnend beim Nachfolger des ersten Summanden, aufgesagt werden. Dabei muss gezählt oder gemerkt werden, um wie viel weitergezählt wurde (3 (1), 4 (2), 5 (3), 6 (4), **7** (5).

Häufiger Fehler beim Weiterzählen ist der sogenannte „Minus-1-Fehler", soll heißen, das Ergebnis ist um 1 zu klein. Dieser Fehler entsteht dadurch, dass der Weiterzählprozess mit dem Zahlwort des ersten Summanden begonnen wird (2,3,4,5,**6**). Wird diese fehlerhafte Zählstrategie beobachtet, sollte diese von Anfang an korrigiert werden, um eine Verfestigung zu verhindern.

Rechnen Sie e+f! (nach Radatz u.a. 1996)
a steht für 1, b für 2, c für 3 usw.

Haben Sie gezählt? Haben Sie vielleicht auch die Finger benutzt?

a) 1. Vermutlich haben Sie zunächst durch Abzählen festgestellt, dass e für 5, f für 6 steht und anschließend 5 + 6 = 11 gerechnet. Anschließend haben Sie vielleicht (mit oder ohne der Hilfe Ihrer Finger) den 11. Buchstaben im Alphabet ausgezählt.
Für Kinder ist das beim ersten Rechnen nicht möglich, denn ihnen steht, wenn sie gerade die ersten Zahlen lernen, keine Übersetzungsstrategie in einen vertrauteren Bereich zur Verfügung!
2. Vielleicht haben Sie auch mithilfe der Finger zunächst bis e gezählt („eine Hand"), erkannt, dass f „eins mehr" ist und deshalb die andere Hand dazugelegt und einen Finger dazugedacht. Vielleicht haben Sie aber auch ab dem 6. Finger auch nochmals bis f gezählt.
Um das Ergebnis zu ermitteln, mussten sie wieder von vorne auszählen. Vielleicht haben Sie das getan, indem Sie die Finger aufklappten, wie dies bei jüngeren Kindern beim Rechnen häufig zu beobachten ist? Diese Vorgehensweise nennt man „Alles-Zählen" und ist als erste Zählstrategie bei allen Kindern zu beobachten.

Warum haben Sie gezählt? Warum haben Sie nicht zumindest die anspruchsvollere Strategie des Weiterzählens benutzt, nicht ab e um f weitergezählt? Probieren Sie es aus ...
Das ist nicht so einfach, da Sie im Alphabet keine hilfreiche Struktur erkennen können. So ähnlich geht es auch den Kindern, die die Struktur des Zahlenraums (noch) nicht erfasst haben.

Beispiel Subtraktion:
Luci hat 8 Murmeln. Beim Spielen verliert sie 3.

- Alles Zählen: 8 Murmeln (oder Finger) werden abgezählt (1,2,3,4,5,6,7,8). Dann werden 3 Murmeln abgezählt (1,2,3). Anschließend werden die übrigen Murmeln gezählt (1,2,3,4,**5**).
- Weiterzählen: 8 Murmeln werden abgezählt (1,2,3,4,5,6,7,8). Anschließend wird vom Minuenden an um 3 rückwärtsgezählt (7,6,5). Diese Strategie wird mit Material selten genutzt. Wird „im Kopf" weitergezählt, so ist auch hier ein doppelter und sogar gegenläufiger Zählprozess notwendig: Die Zahlwortreihe muss, beginnend beim Vorgänger des Minuenden, rückwärts aufgesagt werden. Dabei muss vorwärts gezählt oder gemerkt werden, um wie viel weitergezählt wurde (7 (1), 6 (2), **5** (3).
  Typischer Fehler ist hier der sogenannte „Plus-1-Fehler"; das Ergebnis ist um 1 zu groß. Dieser Fehler entsteht dadurch, dass der Weiterzählprozess mit dem Zahlwort des Minuenden begonnen wird (8,7,**6**). Sofern dies beobachtet wird, sollte auch hier von Anfang an korrigiert werden.

Für die Addition und die Subtraktion gibt es insgesamt 20 verschiedene Situationenstypen (s. Kap. 1.4), die einen verschiedenen Schwierigkeitsgrad aufweisen. Einige davon können sicherlich auch bereits im Kindergarten thematisiert und auf Handlungsebene gelöst werden. Die folgenden Aufgaben sind dem Handbuch für den Mathematikunterricht – 1. Schuljahr (Radatz u. a. 1996) entnommen. Kontext und Namen sind dabei unverändert, um die strukturellen Unterschiede deutlicher zu machen.

„Dazugeben"
- Ernie hat 4 Kekse. Bert gibt ihm noch 3 Kekse dazu. Wie viele Kekse hat Ernie jetzt?
- Ernie hat 4 Kekse. Dann gibt Bert ihm weitere Kekse. Jetzt hat Ernie 7 Kekse. Wie viele hat Bert ihm gegeben?
- Am Anfang hatte Ernie einige Kekse. Dann gab Bert ihm 3 Kekse dazu. Jetzt hat Ernie 7 Kekse. Wie viele hatte er zu Anfang?

„Weggeben"
- Ernie hat 7 Kekse. 3 Kekse gibt er an Bert ab. Wie viele Kekse hat Ernie jetzt noch?
- Ernie hat 7 Kekse. Davon gibt er einige an Bert ab. Dann hat er noch 4 Kekse. Wie viele hat er Ernie gegeben?
- Ernie hat einige Kekse. Dann gibt er 3 Kekse an Bert ab. Jetzt hat er noch 4 Kekse. Wie viele hatte er zu Anfang?

„Vereinigen"
- Ernie hat 3 Kekse. Bert hat 4 Kekse. Wie viele Kekse haben sie zusammen?
- Ernie und Bert haben zusammen 7 Kekse. Ernie hat 3 Kekse. Wie viele Kekse hat Bert?

„Ausgleichen nach oben"
- Ernie hat 3 Kekse. Er bekommt 4 Kekse dazu. Jetzt hat er genau so viele Kekse wie Bert. Wie viele Kekse hat Bert?
- Ernie hat 3 Kekse. Bert hat 7 Kekse. Wie viele Kekse muss Ernie noch bekommen, damit er genau so viele Kekse hat wie Bert?
- Ernie hat einige Kekse. Bert hat 7 Kekse. Nun bekommt Ernie 4 Kekse dazu. Dann hat er genau so viele Kekse wie Bert. Wie viele Kekse hatte Ernie zu Anfang?

„Ausgleichen nach unten"
- Ernie hat 7 Kekse. Er gibt 3 Kekse ab. Jetzt hat er genau so viele Kekse wie Bert. Wie viele Kekse hat Bert?
- Ernie hat 7 Kekse. Bert hat 3 Kekse. Wie viele Kekse muss Ernie abgeben, damit er genau so viele hat wie Bert?
- Ernie hat einige Kekse. Bert hat 3 Kekse. Nun gibt Ernie 4 Kekse ab und hat genau so viele wie Bert. Wie viele Kekse hatte Ernie zu Anfang?

„Vergleichen – mehr"
- Ernie hat 3 Kekse. Bert hat 4 Kekse mehr als Ernie. Wie viele Kekse hat Bert?
- Ernie hat 3 Kekse. Bert hat 7 Kekse. Wie viele Kekse hat Bert mehr als Ernie?
- Ernie hat 7 Kekse. Er hat 3 Kekse mehr als Bert. Wie viele Kekse hat Bert?

„Vergleichen – weniger"
- Ernie hat 7 Kekse. Bert hat 4 Kekse weniger als Ernie. Wie viele Kekse hat Bert?
- Ernie hat 7 Kekse. Bert hat 4 Kekse. Wie viele Kekse hat Bert weniger als Ernie?
- Ernie hat 4 Kekse. Er hat 3 Kekse weniger als Bert. Wie viele Kekse hat Bert?

Auch die Idee der Division mit konkretem Material ist den Kindern nicht unbekannt. Die meisten Kinder haben Erfahrungen mit dem Verteilen von Karten bei Kartenspielen oder mit dem „gerechten" Teilen von Süßigkeiten.
Bei der Division lassen sich zwei Arten unterscheiden – Verteilen und Aufteilen.

Beispiel Verteilen:
12 Bonbons sollen (gerecht) an 4 Kinder verteilt werden. Wie viele Bonbons erhält jedes Kind?
Die nahe liegende Strategie ist es, jedem Kind reihum ein Bonbon zu geben, bis alle Bonbons verteilt sind. Anschließend werden die Bonbons in einer Teilmenge bestimmt.

Beispiel Aufteilen:
20 Bonbons sind da. Jedes Kind soll 5 Bonbons erhalten. Wie viele Kinder werden beschenkt?
Hierfür werden in der Regel 5er-Mengen gebildet. Anschließend wird die Anzahl der Teilmengen bestimmt.

Durch vielfaches, konkretes Ver- und Aufteilen werden die Kinder auch erkennen, dass jedes Kind umso mehr Bonbons bekommt, je weniger Kinder beteiligt sind, und dass es (An)Zahlen gibt, die sich „ohne Rest" nicht (gerecht) teilen lassen.

Die Multiplikation kommt im Kindergartenalltag meist als zeitlich-sukzessive Handlung vor, indem der gleiche Vorgang mehrmals wiederholt wird: Ruth holt Bälle aus dem Bewegungsraum. Sie geht dreimal. Jedes Mal bringt sie 2 Bälle mit.

Rechengeschichten
Mathematikhaltige Geschichten, die nachgespielt werden können, sind geeignet, um die ersten Schritte zur Lösung von Rechenaufgaben zu gehen. Durch das Nachstellen der Geschichte ergeben sich die Ergebnisse auf konkreter Ebene.
Beispiel:
3 Bärenpapas, 3 Bärenmamas und 2 Bärenkinder machen einen Ausflug (Wie viele sind es insgesamt?). Sie steigen in den Bus. Immer zwei Bären setzen sich zusammen auf eine Bank (Wie viele Bänke sind besetzt?). Jetzt steigt der Busfahrer Bär ein und los geht die Fahrt (Wie viele Bären sind jetzt im Bus?). Am Waldparkplatz steigen alle aus zum Picknicken. Die Bären verteilen sich gleichmäßig an die drei Tische (Wie viele Bären sitzen an einem Tisch?).
Nach dem Essen legen sich die 2 Bärenkinder im Bus schlafen (Wie viele sind noch draußen?). Die anderen Bären teilen sich in zwei Gruppen, um spazieren zu gehen (Wie könnten sie sich aufteilen?). Als sie alle wieder zurück sind, wachen die Bärenkinder auf und kommen aus dem Bus (Wie viele Bären sind jetzt auf dem Waldparkplatz?). 3 Bären gehen zur Schaukel, 4 Bären gehen zur Rutsche, die anderen gehen zur Wippe (Wie viele gehen zur Wippe?). Bevor sie zurückfahren, bekommt jedes Bärenkind noch drei Bonbons (Wie viele Bonbons werden verteilt?). Nun geht es mit dem Bus zurück: An der ersten Haltestelle steigen 4 Bären aus (Wie viele sind noch im Bus?). An der zweiten Haltestelle steigen 2 Bären aus (Wie viele sind noch im Bus?). An der Endhaltestelle steigen die restlichen Fahrgäste aus (Wie viele steigen aus? Wie viele sind noch im Bus?)...

Muster und Strukturen

Sortieren und Klassifizieren

Wäsche sortieren – geht das auch anders?

Erst mal sortieren!

Gleiche Sachen aber verschiedene Größe …

Nach Größe, Farbe oder Gleichheit sortieren?

Alles Blumen – alles Tiere – …

Alles klein und silbrig

Muster finden – Muster herstellen

Muster herstellen – spannen

Muster herstellen – legen

Muster herstellen – drucken

Muster betrachten – Wie verändert sich das Muster?

Muster herstellen – fädeln

Muster fortsetzen – Fehler erkennen

Wo ist der Fehler?

Wie geht es weiter?

Wie geht es weiter?

Wie geht es weiter?

Da stimmt was nicht!

Strukturgleiche Muster erkennen und herstellen

Passen die Töne zum gelegten Muster?

Bewegt euch: Katze – Schlange – Elefant – Katze – Schlange – Elefant …

Wie hört sich das Muster an?

Raum und Form

Körpergefühl und Raumorientierung durch vielfältige Bewegungserfahrungen stärken

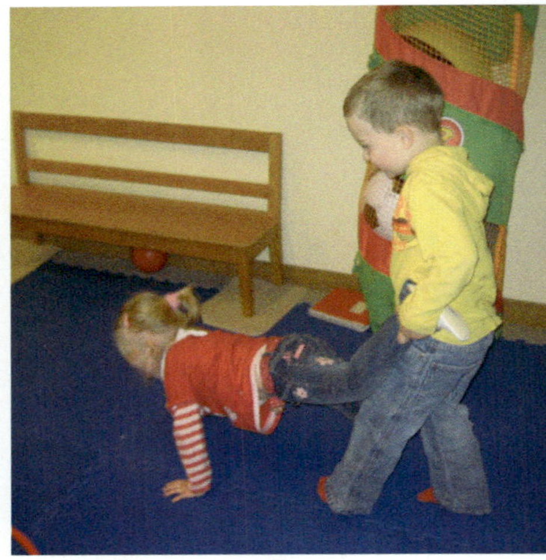

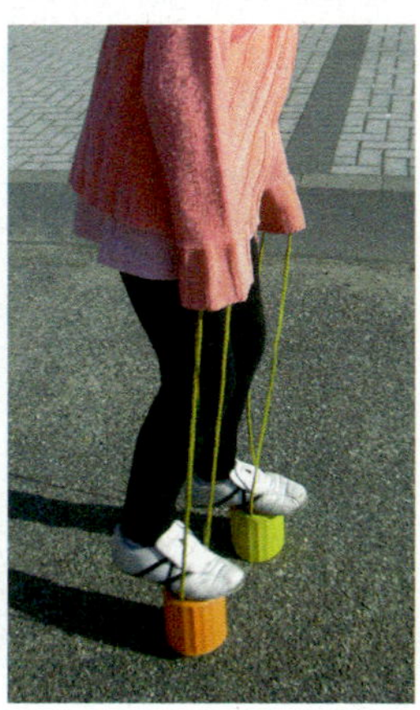

Körpergefühl und Raumorientierung durch vielfältige Bewegungserfahrungen stärken

Raum, Körper und Formen erfühlen

In welchem Raum bist du?

Wo kommt der Gesang her?

Formen fühlen

Körper fühlen

Räumliche Orientierung

Wimmelbilder – Räumliche Begriffe verwenden

Wer wohnt wo?

Wie komme ich zum Krankenhaus?

Puzzeln ohne Bild – da hilft nur die Form!

Bauen

Was lässt sich gut aufeinander stellen?

Brücken bauen

Kugelbahnen bauen – Wohin rollt die Kugel?

Geht das noch höher?

Becherturm

Bauen

Ein Haus für das Stofftier

Ein Haus für uns

Ein Stall für die Tiere

Ein Würfel aus Würfeln – geht das?

Vom Körper zur Fläche

Schattenspiele

Seltsame Schatten?!

Was ist das?

Körper als Schablone nutzen

Passt die Kugel durch das Dreieck?

Was passt hier wohl rein?

Freies Legen

Muster legen

Patternblocks – Welche Seiten passen zusammen?

Freies Legen – auch mit Tangramteilen!

Bis wohin reichen unsere Plättchen?

Legen nach Vorgaben

… mit Stäben. Und was mach ich beim Kreis?

… mit Hölzchen: Verschiedene Dreiecke und Vierecke: Welche sind ähnlich?

… oder Spannen auf dem Geobrett

… mit Patternblocks: Kann ich das Haus auch mit anderen Plättchen legen?

Symmetrie – Experimente mit dem Spiegel

So viele Julias!

Linke Hand ist rechte Hand!

Spiegel spielen

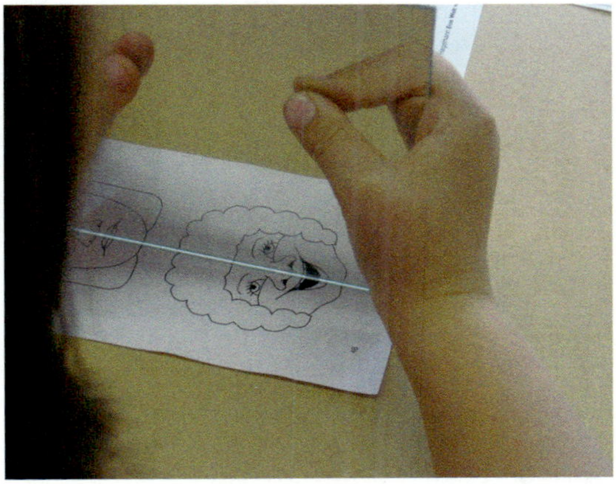

So wird der Clown lustig!

Erfahrungen mit dem Spiegel nennen

Bauen und Legen – Betrachten der Spiegelbilder

Wie geht es im Spiegel weiter?

Nah dran bleibt nah dran!

Die Reihenfolge ist anders!

So viele Schlümpfe!

Symmetrien herstellen

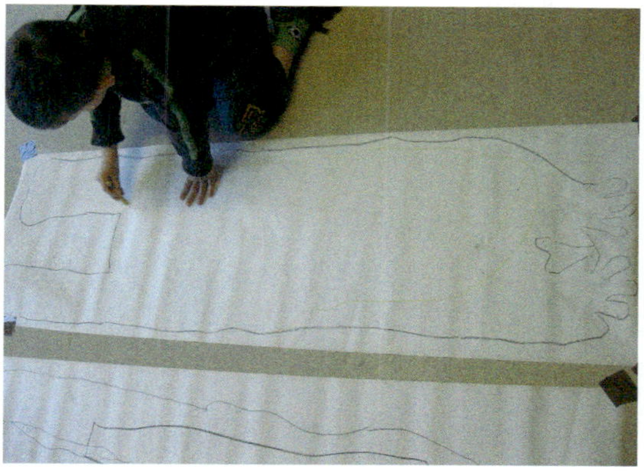

Körperumriss – fast spiegelgleich!

Schiffe, Hüte, Flieger falten

Girlanden herstellen

So viele Schneemänner!

Eine Seite malen – falten – auffalten – zwei Seiten fertig!

Größen und Messen

Längen vergleichen

Von groß nach klein

Wo muss sich Jonas einordnen?

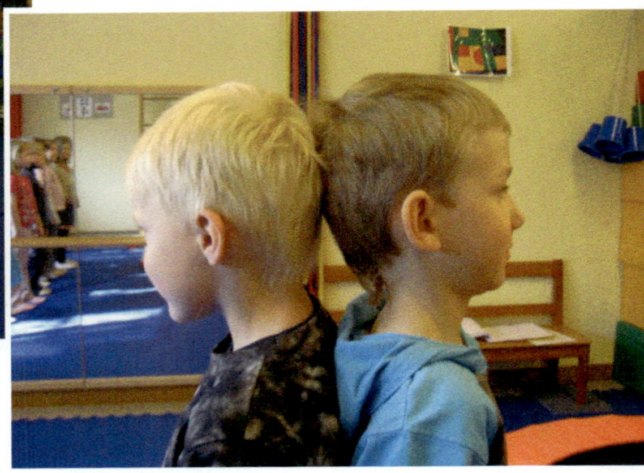

Ist Lars größer als Pit?

Mit welcher Farbe wurde am meisten gemalt?

Längen messen

… mit verschiedenen Gegenständen

… mit Schritten: Ist das Zimmer breiter als der Bewegungsraum?

Gewachsen?

Ist der Baum dicker als Papa groß ist?

Gewichte vergleichen und messen

Wie kommt Julia wieder nach unten?

Wie viele Bauklötze wiegt der Kürbis?

Reicht das wohl für alle?

Butter teilen, Mehl abwiegen, …

Uhr einstellen nach der Zimmeruhr

Geld sortieren, zählen, ...

Gerecht geteilt?

Geldscheine sortieren

Wie hoch wird der Turm in einer Minute?

Umfang, Flächeninhalt, Rauminhalt

In welchen Eimer passt mehr rein?

Welcher Deckel passt?

Ein Kreis mehr im Quadrat!

Wie viele Blumentöpfchen kann ich füllen?

Gleicher Umfang – Wo passen mehr Kinder rein?

Rauminhalt

Gerecht verteilt?

Gefäße ordnen nach der Füllmenge: Umschütten

Pipetten und Schläuche benutzen …

Nicht verschütten!

Stimmt die Reihenfolge?

Daten, Häufigkeit, Wahrscheinlichkeit

Zufallsexperimente

Würfeln mit vielen Würfeln: Welche Zahl fiel am häufigsten?

Schnick-Schnack-Schnuck: Zufall oder Strategie?

Auf welche Farbe soll ich wetten?

Daten erfassen und darstellen bei Umfragen

Welches Lieblingstier?

Wie viel Geschwister?

Welche Lieblingsfarbe?

Wahrscheinlichkeit
Wahrscheinlichkeit einschätzen
Daten erfassen – Daten darstellen und interpretieren

Welche Zahl fällt?

Bei unmöglich, bitte hinsetzen: Am Apfelbaum wachsen Karotten.

Gewürfelte Zahlen in Steckwürfeln darstellen

Häufiger schwarz oder weiß?

Steckwürfelstangen vergleichen

Kombinatorische Aufgaben

Wie viele verschiedene Figuren gibt es?

Wie viele verschiedene Armbänder?

Wie viele Verkleidungen?

Wie viele verschiedene Türme?

Wie viele Gruppenbilder?

Mengen, Zahlen, Operationen

Zählanlässe

Wie oft kann ich springen?

Wie viele Treffer?

Wie viele Ecken?

Wie viele Knoten fühlst du?

Zählen, sortieren, vergleichen, verteilen …

Wie viele Personen im Zug?

Zahlsymbole

Wer findet die meisten Zahlsymbole?

Stimmt die Reihe?

Nachrechnen!

Hüpfspiele

Zahlsymbole

In Zweierschritten hüpfen

Zahlsymbole verschieden darstellen

Die Sechs!

Welche Zahl fühlst du?

Anzahlen darstellen

Sechs Töne

Sieben Bären

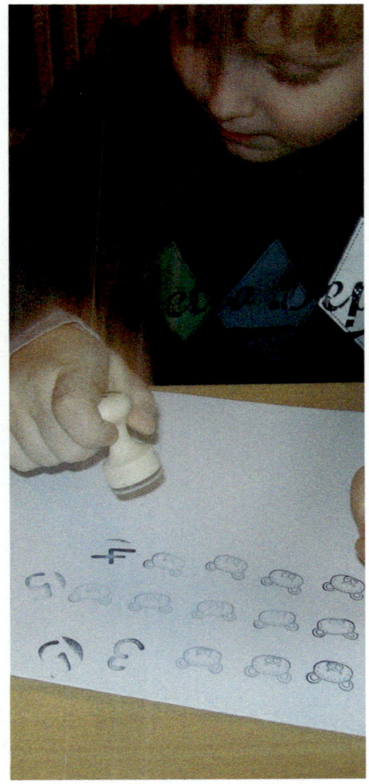

Anzahlen stempeln

Zweiergruppen!

Vier Finger!

Rechengeschichten nachspielen und lösen

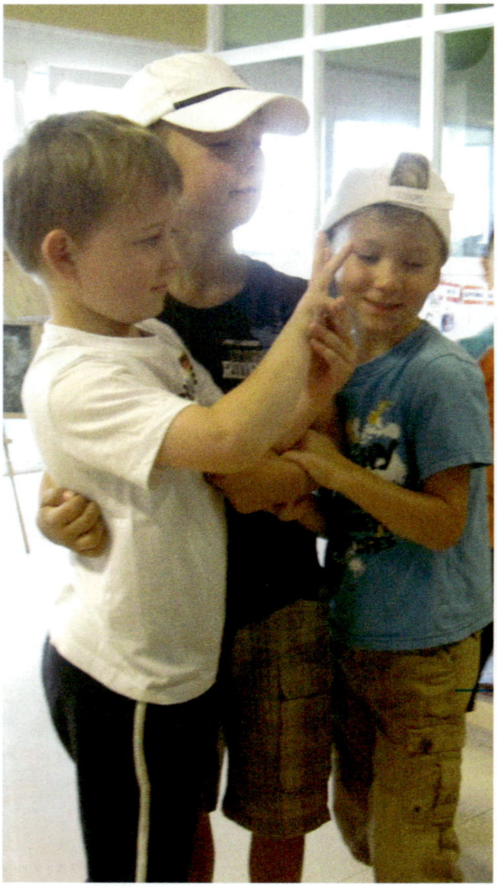

Drei Kinder sind noch da!

Und wie viele sind ausgestiegen?

Omas Bonbons müssen gerecht verteilt werden …

Nachspielen mit Murmeln …

Literaturverzeichnis

Acredolo, C. (1982) : Conservation-Nonconservation: Alternative explanations. In C. J. Brainerd (Ed.), Children's logical and mathematical cognition S. 1–31. New York: Springer.

Ade, J. (2009): Wahrscheinlichkeitsverständnis im Kindergarten – eine empirische Studie. Unveröffentlichte Examensarbeit. Pädagogische Hochschule Heidelberg.

Baillargeon, R. (1987): Object permanence in 3 $\frac{1}{2}$ and 4 $\frac{1}{2}$ month-old infants. In: Developmental-Psychology, 23. S. 655–664.

Bayerisches Staatsministerium für Arbeit und Sozialordnung, Familie und Frauen (2003): Der Bayerische Bildungs- und Erziehungsplan für Kinder in Tageseinrichtungen bis zur Einschulung. Entwurf für die Erprobung. Weinheim: Beltz.

Bernauer, M. (2010): Vorstellungen von Kindergartenkindern, Eltern und Erzieherinnen zum Mathematiklernen in Kindergarten und Schule. Unveröffentlichte Examensarbeit. Pädagogische Hochschule Heidelberg.

Bornstein, M. H., Ferdinandsen, K., Gross, Ch. (1981): Perception of symmetry in infancy. In: Developmental Psychology, Vol. 17/1. S. 82–86.

Brainerd, C. J. (1973): The origins of number concepts. In: Scientific American, Vol. 228/3, S. 101–109.

Brainerd, C. J. (1978): Learning research an Piagetian theory. In: Siegel L. S. & Brainerd C. J. (Eds.), Alternatives to Piaget. Critical essays on the theory (pp. 69–109). New York.

Brainerd, C. J. (1979): The origins of number concept. New York: Praeger.

Caluori, F. (2004): Die numerische Kompetenz von Vorschulkindern – Theoretische Modelle und empirische Befunde. Hamburg: Dr. Kovac.

Carpenter, T., & Moser, J. (1984): The Acquisition of Addition and Subtraction Concepts in Grades one through three. JRME, 3/1984, S. 179–202.

Case, R. & Okamoto, Y. (1996): The role of central conceptual structures in the development of children's thougt. Monographs of the Society for the Research in Child Development, 61. S. 1–26.

Chi, M. T. H. (1978): Knowledge structures and memory development. In Siegler, R. S. (Hrsg.). Children's thinking: What develops? S. 73–96. Hillsdale, NJ: Erlbaum.

Clements, D. H. (1984): Training Effects on the Development and Generalization of Piagetian Logical Operations and Knowledge of Number. In: Journal of Educational Psychology 76, S. 766–778.

Cslovjecsek, M. (2005): Klingende Ornamente. In: Grundschule Mathematik. Heft 6. Kallmeyer: Velber. S. 28–31.

Dehaene, S. (1992): Varieties of numerical abilities. Cognition 44. S. 1–42.

Dehaene, S. (1999): Der Zahlensinn oder Warum wir rechnen können. Basel: Birkhäuser.

Deutscher Bildungsrat (1970): Empfehlungen der Bildungskommission. Strukturplan für das Bildungswesen. Stuttgart: Klett.

Devlin, K. (2006): Das Mathe-Gen. 5. Auflage. München: Deutscher Taschenbuchverlag.

Donaldson, M. (1982): Wie Kinder denken. München: Piper.

Dornheim, D. (2008): Prädiktion von Rechenleistung und Rechenschwäche: Der Beitrag von Zahlen-Vorwissen und allgemein-kognitiven Fähigkeiten. Berlin: Logos Verlag.

Dornheim, D. (2010): Zahlen-Kompetenzen im Vorschulalter. Prädiktoren späterer Rechenleistungen? In: Mathematik differenziert, Heft 4, Dezember 2010. S. 13–15.

Franke, M. (2000): Didaktik der Geometrie. Heidelberg: Spektrum.

Friedrich, G. und Galgóczy, V. (2004): Komm mit ins Zahlenland. Freiburg: Christophorus-Verlag.

Frostig, M. (1972): Wahrnehmungstraining. Dortmund: Crüwell.

Fthenakis, W. (Hrsg.) (2009): Natur-Wissen schaffen. Band 2: Frühe mathematische Bildung. Troisdorf: Bildungsverlag Eins.

Fuson, K. C. (1983): Matching, counting and conservation of numerical equivalence. Child Development 1983/54, S. 91–97.

Fuson, K. C. (1988): Children's counting and concepts of numbers. New York: Springer.

Gasteiger, H. (2010): Elementare mathematische Bildung im Alltag der Kindertagesstätte. Münster: Waxmann.

Gelman, R. (2000). The epigenesis of mathematical thinking. In: Journal of Applied Developmental Psychology. Heft 21. S. 27–37.

Gelman, R. & Cohen, M. (1988): Qualitative differences in the way Down's Syndrome and normal children solve a novel counting problem. In Nadel, L. (Hrsg.) (1988): The psychobiology of Down's Syndrome. Cambridge: MIT-Press. S. 51–99.

Gelman, R. & Gallistel C. R. (1986): The child's Understanding of Number. 2. Auflage. Cambridge: Harvard University Press.

Gisbert, K. (2004): Lernen lernen. Lernmethodische Kompetenzen von Kindern in Tageseinrichtungen fördern. Weinheim: Beltz.

Grassmann u. a. (2002): Mathematische Kompetenzen von Schulanfängern. Teil 1: Kinderleistungen-Lehrererwartungen. Potsdam: Universitätsverlag.

Grassmann, M. u. a. (2009): Kompetent im Unterricht der Grundschule. Hohengehren: Schneider Verlag.

Grube, D. (2006): Einführung in das Themenheft „Determinanten und Prädiktoren von Rechenkompetenzen bei Kindern". Psychologie in Erziehung und Unterricht, 53, S. 233–235.

Grüßing, M. (2006): Handlungsgeleitende Diagnos-tik und mathematische Frühförderung im Übergang vom Kindergarten zur Grundschule. In: Grüßing, M. & Peter-Koop, A. (Hrsg.): Die Entwicklung mathematischen Denkens in Kindergarten und Grundschule: Beobachten-Fördern-Dokumentieren. Offenburg: Mildenberger. S. 122–132.

Grüßing, M. & Peter-Koop, A. (2007a): Mathematische Frühförderung – Inhalte, Aktivitäten und diagnostische Beobachtungen. In: Brokmann-Nooren, C. u. a. (Hrsg.) (2007): Bildung und Lernen der Drei- bis Achtjährigen. Bad Heilbrunn: Klinkhardt. S. 168–184.

Grüßing, M. & Peter-Koop, A. (2007b): Bedeutung und Erwerb mathematischer Vorläuferfähigkeiten. In: Brokmann-Nooren, C. u. a. (Hrsg.) (2007): Bildung und Lernen der Drei- bis Achtjährigen. Bad Heilbrunn: Klinkhardt. S. 153–166.

Hasemann, K. (2003): Anfangsunterricht Mathematik. Heidelberg: Spektrum.

Hasselhorn, M. (1992): Metakognition und Lernen. In: Nold, G. (Hrsg.) (1992): Lernbedingungen und Lernstrategien. Welche rollen spielen kognitive Verstehensstrukturen? Tübingen: Narr. S. 35–63.

Hasselhorn, M. (2005): Lernen im Altersbereich zwischen 4 und 8 Jahren: Individuelle Voraussetzungen, Entwicklung, Diagnostik und Förderung. In: Guldimann, T. & Hauser, B. (2005): Bildung 4- bis 8-jähriger Kinder. Münster: Waxmann. S. 77–88.

Heinze, A. & Grüßing, M. (2009): Institutionelle Übergänge im individuellen Bildungsverlauf. In: Heinze, A. und Grüßing, M. (Hrsg.): Mathematiklernen vom Kindergarten bis zum Studium. Münster: Waxmann. S. 11–13.

Heinemann, F. (2010): Vorstellungen von Kindergartenkindern, Eltern und Erzieherinnen zum Mathematiklernen in Kindergarten und Schule. Unveröffentlichte Examensarbeit. Pädagogische Hochschule Heidelberg.

Höglinger, S. & Senftleben, H.-G. (1997): Schulanfänger lösen geometrische Aufgaben. In: Grundschulunterricht 44/5. S. 36–39.

Hoenisch, N. & Niggemeyer, E. (2007): Mathekings. Junge Kinder fassen Mathematik an. 2. Auflage. Weimar: Verlag das Netz.

Hoffmann, E. (1971): Vorschulerziehung in Deutschland. Witten: Luther Verlag.

Hughes, M. (1986): Children and Number Difficulties in Learning Mathematics. Oxford. Basil Blackwell.

Hülswitt, K. L. (2004): Verstehen heißt Erfinden: Eigenproduktionen mit gleichem Material in großer Menge. In: Scherer, P. & Bönig, D. (Hrsg.) (2004): Mathematik für Kinder – Mathematik von Kindern. Arbeitskreis Grundschule. Frankfurt/Main.

Hülswitt, K. L. (2007): Freie mathematische Eigenproduktionen: Die Entfaltung entdeckender Lernprozesse durch Phantasie, Ideenwanderung und den Reiz unordentlicher Ordnungen. In: Graf, U. & Moser Opitz, E. (Hrsg.) (2007): Diagnostik und Förderung im Elementarbereich und Grundschulunterricht. Lernprozesse wahrnehmen, deuten und begleiten. Entwicklungslinien der Grundschulpädagogik. Band 4. Hohengehren: Schneider Verlag. S. 150–164.

Jugendministerkonferenz (2002): Beschluss. Bildung fängt im frühen Kindesalter an. Jugendministerkonferenz vom 06./07. Juni 2002 in Osnabrück.

Jugendministerkonferenz (2004): Gemeinsamer Rahmen der Länder für die frühe Bildung in Kindertageseinrichtungen – Ergebnisse der Jugendministerkonferenz am 13. und 14. Mai 2004 in Gütersloh.

Jugendministerkonferenz (2005): Weiterentwicklung der Erzieherinnen- und Erzieherausbildung – öffentlicher Beschluss der Jugendministerkonferenz 2005 in München.

Jugendministerkonferenz (2006): Beschlüsse der Jugendministerkonferenz 18./19.05.2006 in Hamburg.

Jugend- und Familienministerkonferenz (2008 in Berlin): Stärkung der landesrechtlichen Gestaltungsmöglichkeiten nach der Föderalismusreform.

Jugend- und Familienministerkonferenz (2009 in Bremen): Beschlussprotokoll.

Katz, L. und Chard, S. (2000): Der Projektansatz In: Fthenakis, W.E./Textor, M.R. (Hrsg.): Pädagogische Ansätze im Kindergarten. Weinheim: Beltz. S. 209–223.

Kaufmann, S. (2003): Früherkennung von Rechenstörungen in der Eingangsklasse der Grundschule und darauf abgestimmte remediale Maßnahmen. Frankfurt: Peter Lang.

Kaufmann, S. & Lorenz, J. H. (2009): Elementar – Erste Grundlagen in Mathematik. Braunschweig: Westermann.

Kaufmann, L. u. a. (2009): TEDI-MATH. Test zur Erfassung numerisch-rechnerischer Fertigkeiten vom Kindergarten bis zur 3. Klasse. Göttingen: Hogrefe.

Klatte, M. (2007): Gehirnentwicklung und frühkindliches Lernen. In: Brokmann-Nooren, C. u.a. (Hrsg.) (2007): Bildung und Lernen der Drei- bis Achtjährigen. Bad Heilbrunn: Klinkhardt. S.117–139.

Knauf, T. (2000:) Reggio-Pädagogik. Ein italienischer Beitrag zur konsequenten Kindorientierung in der Elementarerziehung. In: Fthenakis, W. & Textor, M. (Hrsg.): Pädagogische Ansätze im Kindergarten. Weinheim: Beltz. S. 181–201.

Konrad, F. M. (2004): Der Kindergarten. Seine Geschichte von den Anfängen bis in die Gegenwart. Freiburg: Lambertus.

Krajewski, K. (2003): Vorhersage von Rechenschwäche in der Grundschule. Hamburg: Verlag Dr. Kovac.

Krajewski, K. & Schneider, W. (2006): Mathematische Vorläuferfertigkeiten im Vorschulalter und ihre Vorhersagekraft für die Mathematikleistungen bis zum Ende der Grundschulzeit. Zeitschrift für Psychologie in Erziehung und Unterricht, 53, S. 246–262.

Krajewski, K. u. a. (2007): Mengen, zählen, Zahlen. Die Welt der Mathematik verstehen. Förderkonzept. Berlin: Cornelsen.

Krauthausen, G. & Scherer, P. (2001): Einführung in die Mathematikdidaktik. Heidelberg: Spektrum.

Kultusministerkonferenz (2004): Beschlüsse der Kultusministerkonferenz. Bildungsstandards im Fach Mathematik für den Primarbereich. München, Neuwied: Wolters Kluwer.

Lorenz, J. H. (1998): Anschauung und Veranschaulichungsmittel im Mathematikunterricht. Mentales Operieren und Rechenleistung. 2. unveränderte Auflage. Göttingen: Hogrefe.

Lorenz, J. H. (2003): Lernschwache Rechner fördern. Berlin: Cornelsen.

Lorenz, J. H. (2005): Hamburger Rechentest. Test zur Früherfassung von Lernschwierigkeiten im Mathematikunterricht. Hamburg: Behörde für Bildung und Sport.

Lorenz, J. H. (2006): Mathematik ist die Regel. In: Grundschule Mathematik. Heft 8. Velber: Kallmeyer. S. 4–5.

Lorenz, J. H. (2009): Ist 9 größer als elfundzwanzig? In: Grundschule. Heft 4, April 2009. Braunschweig: Westermann.

Manning, B. H., White, C. S., Daugherty, M. (1994): Young children's private speech as a precursor to metacognitive strategy use during task engagement. In: Discourse Processes, 17. S. 191–211.

Merschmeyer-Brüwer, C. (2003): Raumvorstellungsvermögen entwickeln und fördern. In: Die Grundschulzeitschrift. Heft 167. September 2003.

Montada, L. (1998): Gegenstand und Aufgaben der Entwicklungspsychologie. In: Oerter, R.; Montada, L. (Hrsg.) (1998): Entwicklungspsychologie. 4. Auflage. Weinheim: Beltz. S. 1–24.

Moser-Opitz, E. (2001): Zählen, Zahlbegriff, Rechnen. Bern: Haupt.

Müller, G. & Wittmann, E. (2002): Das kleine Zahlenbuch. Spielen und Zählen. Velber: Kallmeyer.

Müller, G. & Wittmann, E. (2004): Das kleine Zahlenbuch. Schauen und Zählen. Velber: Kallmeyer.

Müller, G. & Wittmann, E. (2006): Das kleine Formenbuch. Legen-Bauen-Spiegeln. Velber: Kallmeyer.

Müller, G. & Wittmann, E. (2007): Das kleine Formenbuch. Falten-Bauen-Zeichnen. Velber: Kallmeyer.

Müller, G. & Wittmann, E. (2008): Das kleine Denkspielbuch. Probieren und Kombinieren. Velber: Kallmeyer.

Nagel, B. (2000): Der Erzieherberuf in seiner historischen Entwicklung. In: Bildung, Erziehung, Betreuung von Kindern in Bayern, Heft 1, S. 11–13.

Nolte, M. (2000): Rechenschwächen und gestörte Sprachrezeption. Bad Heilbrunn: Klinkhardt.

Nührenbörger, M. (2004): Das Mess-Denken von Kindern im Kontext von Längen. In: Scherer, P. & Bönig, D. (Hrsg.): Mathematik für Kinder – Mathematik von Kindern. Frankfurt: Grundschulverband. S. 39–49.

OECD 2003: OECD: School students still being held back by gender perceptions, OECD study shows. (http://www.oecd.org/document/27/0,3343,en_2649_34487_42844123_1_1_1_1,00.html; Stand: 03.06.2009.

Oerter, R. (1998): Spiel und kindliche Entwicklung. In: Oerter, R.; Montada, L. (Hrsg.) (1998): Entwicklungspsychologie. 4. Auflage. Weinheim: Beltz. S. 250–267.

Padberg, F. (1996): Didaktik der Arithmetik. Heidelberg: Spektrum.

Peter-Koop A., Hasemann K., Klep, J. (2006): SINUS-Transfer Grundschule Mathematik Modul 10 G: Übergänge gestalten. (http://www.sinus-grundschule.de).

Peter-Koop, A. & Grüßing, M. (2006a): Mathematische Bilderbücher – Kooperation zwischen Elternhaus, Kindergarten und Grundschule. In: Grüßing, M. & Peter-Koop, A. (Hrsg.) (2006). Die Entwicklung mathematischen Denkens in Kindergarten und Grundschule. Beobachten – Fördern – Dokumentieren. Offenburg: Mildenberger. S. 150–159.

Peter-Koop, A. u. a. (2007): Elementarmathematisches Basisinterview. Offenburg: Mildenberger.

Pflaum, H. (2009): Wahrscheinlichkeitsverständnis von Grundschulkindern. Unveröffentlichte Examensarbeit. Pädagogische Hochschule Heidelberg.

Piaget, J. (1972): Die Entwicklung des Erkennens. Das mathematische Denken. Stuttgart: Klett.

Piaget, J., & Inhelder, B. (1986): Die Psychologie des Kindes. Stuttgart: dtv/Klett-Cotta.

Pousset, R. (1993): Fingerspiele und andere Kinkerlitzchen. Reinbek bei Hamburg: Rororo.

Pramling, I. (1990): Learning to learn. A study of Swedish preschool children. New York: Springer.

Preiß, G. (2007a): Leitfaden Entenland 1. Kirchzarten.

Preiß, G. (2007a): Leitfaden Entenland 2. Kirchzarten.

Preiß, G. (2007b): Leitfaden Zahlenland 1. Kirchzarten.

Preiß, G. (2007b): Leitfaden Zahlenland 2. Kirchzarten.

Prenzel, M. u. a. (2004): Soziale Herkunft und mathematische Kompetenz. In: PISA-Konsortium Deutschland (Hrsg.). PISA 2003. Der Bildungsstand der Jugendlichen in Deutschland – Ergebnisse des zweiten internationalen Vergleichs. S. 273–282. Münster: Waxmann.

Radatz, H. & Rickmeyer, K. (1991): Handbuch für den Geometrieunterricht an Grundschulen. Hannover: Schroedel.

Radatz, H., Schipper, W., Dröge, R. & Ebeling, A. (1996): Handbuch für den Mathematikunterricht – 1. Schuljahr. Hannover: Schroedel.

Rasch, R. (2010). Vortrag auf der Fachtagung Mathematik 23.02.2010. IFB Speyer.

Resnik, L. B. (1989): Developing mathematical knowledge. In: American Psychologist, 44, S. 162–169.

Roux, S.: PISA und die Folgen: Der Kindergarten zwischen Bildungskatastrophe und Bildungseuphorie. In: Textor, M. (Hrsg.): Kindergartenpädagogik. Online-Handbuch. Ausdruck vom 5.08.2010.

Roux, S. (2004): Übergang von der Familie in den Kindergarten. In: Denner, L. & Schumacher, E. (Hrsg.) (2004): Übergänge im Elementar- und Primarbereich reflektieren und gestalten. Bad Heilbrunn: Klinkhardt. S. 75–90.

Roux, S. (2008): Bildung im Elementarbereich – Zur gegenwärtigen Lage der Frühpädagogik in Deutschland. In: Hellmich, F. & Köster, H. (Hrsg.). Vorschulische Bildungsprozesse in Mathematik und Naturwissenschaften. Bad Heilbrunn: Klinkhardt. S. 13–25.

Ruwisch, S. (2007): Die Zeichen der Zeit erkennen. In: Grundschule Mathematik, Nr. 13. Velber: Kallmeyer. S. 4–5.

Schäfer, G. (2004): Einführung in pädagogisches Wahrnehmen und Denken. Vorlesungsskript zum WS 2004/05. Universität Köln. (http://www.uni-koeln.de/ew-fak/paedagogik/fruehekindheit/texte/WahrnehmenUndDenken4.pdf).

Schipper, W. (2009): Handbuch für den Mathematikunterricht an Grundschulen. Braunschweig: Schroedel.

Schmidt, S. & Weiser, W. (1986): Zum Maßzahlverständnis von Schulanfängern. In: Journal für Mathematik-Didaktik 7/2–3, S. 121–154.

Schmitt, J. (2009): Interviews zum Wahrscheinlichkeitsverständnis von Vorschulkindern. Unveröffentlichte Hausarbeit. Pädagogische Hochschule Heidelberg.

Schneider, W. & Stern, E. (2000): Die Entwicklung von Kompetenzunterschieden. Grundschule, 32, S. 22–24.

Schuler, S. & Wittmann, G. (2009): How can games contribute to early mathematics education? CERME 6, Lyon 2009.

Selter, C. und Spiegel, H. (2004a): Zählen ohne zu zählen. In: Müller, G. u. a: Arithmetik als Prozess. Velber: Kallmeyer. S. 81–90.

Selter, C. und Spiegel, H. (2004b): Elemente der Kombinatorik. In: Müller, G. u.a: Arithmetik als Prozess. Velber: Kallmeyer. S. 291–310.

Shouse, A. C. (2000): Das High/Scope Vorschulcurriculum. In: Fthenakis, W. E./Textor, M. (Hrsg.): Pädagogische Ansätze im Kindergarten. Weinheim: Beltz. S. 154–169.

Sodian, B. (1998): Entwicklung bereichsspezifischen Wissens. In: Oerter, R. & Montada, L. (Hrsg.) (1998): Entwicklungspsychologie. 4. Auflage. Weinheim: Beltz. Psychologie Verlags Union. S. 622–653.

Sodian, B. (2005): Entwicklung des Denkens im Alter von vier bis acht Jahren – was entwickelt sich? In: Guldimann, T. & Hauser, B. (Hrsg.) (2005): Bildung 4- bis 8-jähriger Kinder. Münster: Waxmann. S. 9–28.

Sophian, C. (1988): Limitations on preschool children's knowledge about counting: Use counting to compare two sets. In: Development Psychology 24/1988/5, S. 634–640.

Sophian, C. (1995): Representation and reasoning in early numerical development: Counting, conservation and comparison between sets. Child Development 1995/66, S. 559–577.

Spiegel, H. (1996): Spiegeln mit dem Spiegel. Leipzig: Klett.

Spiegel, H. und Selter, C. (2004): Kinder und Mathematik. Was Erwachsene wissen sollten. 2. Auflage. Seelze: Kallmeyer.

Starkey, P., Spelke, E. S., & Gelman, R. (1990): Numerical abstraction by human infants. Cognition, 1990/36, S. 97–127.

Stern, E. (1998): Die Entwicklung des mathematischen Verständnisses im Kindesalter. Lengerich: Pabst.

Stiftung Bildungspakt Bayern (2007): Das KIDZ-Handbuch. Köln: Wolters Kluwer.

Strätz, R. (2000): Bildungsziele im 21. Jahrhundert – Didaktische Konzepte in Kindergarten und Grundschule. Vortrag bei der Veranstaltung „Lebenssituation der Kinder im Übergang Kindergarten/Grundschule – Möglichkeiten der Kooperation". 14.9.2000. Gladbeck.

Straulino, A. (2010): Vorstellungen von Kindergartenkindern, Eltern und Erzieherinnen zum Mathematiklernen in Kindergarten und Schule. Unveröffentlichte Examensarbeit. Pädagogische Hochschule Heidelberg.

Sundermann, B., Zern, M., Selter, C. (2001): Geschichte der Zeitmessung – ein lohnendes Thema für den Unterricht und die Lehrerbildung. In: Selter, C. & Walter, G. (Hrsg.): Mathematik lernen und gesunder Menschenverstand. Leipzig: Klett. S. 193–202.

Textor, M. (a): Piagets Theorie der kognitiven Entwicklung. In: Textor (Hrsg.): Kindergartenpädagogik. Online-Handbuch. Ausdruck vom 5.8.2010.

Textor, M. (b): Gehirnentwicklung und Lernen im Kleinkindalter – Konsequenzen für die Erziehung im Kindergarten. In: Textor (Hrsg.): Kindergartenpädagogik. Online-Handbuch. Ausdruck vom 5.8.2010.

Textor, M. (1999a): Leo Wygotski – entdeckt für die Kindergartenpädagogik. In: Klein & groß 1999, Heft 11/12, S. 36–40.

Textor, M. (1999b): Projektarbeit im Kindergarten. In Kinderzeit 1999, Heft 3, S. 13–15.

Textor, M. (2000): Lew Wygotski. In: Fthenakis, W. & Textor, M. (Hrsg.): Pädagogische Ansätze im Kindergarten. Weinheim: Beltz. S. 71–83.

van Luit, J. E. H. u. a. (2001): Osnabrücker Test zur Zahlbegriffsentwicklung. Göttingen: Hogrefe.

Vernooij, Monika (2005): Die Bedeutung des Spiels. In: Guldimann, T. & Hauser, B. (Hrsg.) (2005): Bildung 4- bis 8-jähriger Kinder. Münster: Waxmann.

von Aster, M. (2005): Wie kommen Zahlen in den Kopf? In: von Aster, M. & Lorenz, J. H. (Hrsg.): Rechenstörungen bei Kindern. Neurowissenschaft, Psychologie, Pädagogik. Göttingen: Vandenhoeck & Ruprecht.

Weinert, F. E. (Hrsg.) (1998): Entwicklung im Kindesalter. Weinheim: Psychologie Verlags Union.

Weinert, F. E. & Helmke, A. (Hrsg.) (1997): Entwicklung im Grundschulalter. Weinheim: Psychologie Verlags Union.

Wember, F. B. (1986): Piagets Bedeutung für die Lernbehindertenpädagogik. Heidelberg.

Wiater, W. (1998): Der Praktikumsbegleiter. Donauwörth: Auer Verlag.

Williams, R. B. (1991): Relations among tasks assessing young children's number concept. Perceptual and Motor Skills, 1991/72, S. 1031–1038.

Wunderlich, G. (1997): 1, 2, 3 mit allen Sinnen. AOL-Verlag, Buxtehude – AAP Lehrerfachverlage GmbH

Wynn, K. (1992): Addition and subtraction by human infants. Nature, 1992/358, S. 749–750.

Xu, F. & Spelke, E. S. (2000): Large number discrimination in 6-month-old infants. In: Britisch Journal of Developmental Psychology, Vol. 25, S. 103–108.